科学之美 人文之思

发现大脑

谁开启了我们的心智之旅

顾凡及 著

上海科技教育出版社

图书在版编目(CIP)数据

发现大脑:谁开启了我们的心智之旅/顾凡及著.
—上海:上海科技教育出版社,2021.12
ISBN 978-7-5428-7627-0

Ⅰ.①发… Ⅱ.①顾… Ⅲ.①脑科学—普及读物 Ⅳ.①Q983-49

中国版本图书馆CIP数据核字(2021)第251620号

责任编辑 王 洋
装帧设计 杨 静

FAXIAN DANAO
发现大脑:谁开启了我们的心智之旅
顾凡及 著

出版发行 上海科技教育出版社有限公司
(上海市闵行区号景路159弄A座8楼 邮政编码201101)
网 址 www.sste.com www.ewen.co
经 销 各地新华书店
印 刷 常熟华顺印刷有限公司
开 本 720×1000 1/16
印 张 20
插 页 1
版 次 2021年12月第1版
印 次 2021年12月第1次印刷
书 号 ISBN 978-7-5428-7627-0/N·1139
定 价 68.00元

名家推荐

天才毕竟是少数，而科学大家也并非皆是天才；科学发现似乎更垂青于勤于思考的科学探险者。这正是《发现大脑》一书给绝大多数科研工作者的启示。

——杨雄里（中国科学院院士，复旦大学教授）

本书以清晰而生动的笔触，介绍了诸多脑科学大师形形色色的成长过程、治学之道，以及其做出最大贡献时的故事，值得读者借鉴，以便思考如何通过实践找到适合自己的成才之路。

——王威琪（中国工程院院士，复旦大学教授）

一个人如何成才？如果是做学问，科学巨匠的治学之道是什么？这是许多年轻人和家长们关心的问题。本书介绍了29位卓越的脑科学家如何从孩童到做出重大贡献的真实经历，用讲故事的方式来探讨这些问题，具体、生动，引人思考。

——唐孝威（中国科学院院士，浙江大学教授）

这是一本极好的书，对我们在科学与人生道路上的抉择和奋斗具有重要的启发和指导意义。我喜爱25篇文章中每一位科学发现者生动的求索故事。多年以来，作为脑科学工作者，我特别喜爱卡哈尔根据光镜手绘的小脑皮层的蒲肯野细胞，它是一件伟大的艺术作品。读了《发现大脑》我才了解为什么卡哈尔有如此强大的科学与艺术功力。他从一位“问题少年”成长为“神经科学之父”的传奇故事发人深思。当下流行的“不能让孩子输在起跑线上”的观点，令人忧思，我在许多场合说过：“人生不是百米跑，人生是马拉松，在人生道路上抉择的拐点很重要。”很巧，《发现大脑》的作者也持有相同的观点，“灌输式学习和功利化学习”有悖于我们培养德智体美劳全面发展的新时代创新人才。

借鉴先秦荀子的“唯乐不可以为伪”，《发现大脑》的“拓荒—探索—挑战”三部曲告诉我们“唯学不可以为伪”。科学探索要有反潮流精神，要敢为天下先。让科学发现的辉煌历史照亮未知的未来，感谢顾凡及教授能创新性地提供此等精神产品，它必将助力科学人才的健康成长和脑智科学的前进步伐。

——郭爱克（中国科学院院士，中国科学院大学教授，中国科学院神经科学研究所和生物物理研究所研究员）

目录

开场白

开启认识心智之旅

自古以来，人们就对自己怎么会有一个内心世界，为何会有知觉与记忆，怎么会有七情六欲，如何能与他人心意相通，怎样知道自我……感到无比好奇。无数哲人贤士冥思苦想，企图寻找答案。在古代，科学和技术都不发达，人们只能靠内省和思辨，这自然很难得出正确的回答。比较靠谱的是，观察脑外伤病人所表现出来的行为异常，这种方法直到现在依然是启发科学家深入研究脑功能的重要手段。不过，古人缺乏科学的观察手段，更不知道主动设计实验去检验自己的猜想，所以即使有正确的思想火花，也很难区分它和其他猜想孰是孰非。直到文艺复兴时期，科学实验的方法成为科学研究的主流，科学家才开始通过实验来研究脑，这是脑研究上的一大飞跃。20世纪中叶，数理科学的蓬勃发展使脑科学对观察和实验结果从描述阶段提升到理论分析的探索阶段，而这则是脑科学的又一次飞跃。

脑科学的发展主要是由问题驱动的，人们试图回答前面所讲的种种问题；但是能不能回答这些问题，则取决于有没有合适的研究手段可以用来发现事实和检验猜想。虽然在脑科学史中很少有人谈起新技术的发明者及新技术的影响，但是适于脑研究的新技术的出现及运用才是其取得飞跃的前提条件。在本书中我们会看到，正是显微镜技术的发展和高尔基(Gamillo Golgi)发明的染色法，推动了卡哈尔(Santiago Ramón y Cajal)提出神经元学说，奠定了现代神经科学的基础；放大器和示波器等电子技术的发展，催生了电生理学，使深入研究神

经系统功能机制成为可能；20世纪下半叶，分子生物学技术的发展，催生了分子神经生物学，使研究脑机制的分子机制成为可能；脑成像技术的发展则是认知神经科学诞生的前提；计算机技术的发展则使计算神经科学得以蓬勃发展；等等。未来的脑科学革命很可能也是以新技术的开发为前导。所以，像美国“脑计划”这样的超大型计划在第一阶段把完善现有技术和开发新技术作为重点，也就不足为奇了。

不过，光有技术并不能自然而然地使脑科学研究取得突破，要想解决问题还需要有科学家提出真正突破前人窠臼的新思想和假说，把正确的技术用在正确的问题上，再通过实践加以检验。比如，解剖学家维萨里(Andreas Vesalius)以亲手解剖得出的证据，公开宣布盖仑(Claudius Galen)错了，打破了统治欧洲十几个世纪的盖仑学说；再如，卡哈尔通过大量观察和种种间接证据提出神经元学说，打破了此前占统治地位的认为神经系统是一张网的错误认识。勒维(Otto Loewi)则以一个实验提出神经细胞是通过释放化学物质对其他组织起作用的假说，打破了之前普遍接受的“火花”(电)学说，如此等等。

无论是新技术的发明者，还是新思想及新假说的提出者，他们都在脑科学的发展历史中留下了浓墨重彩的一笔。正是这些敢于创新、勇于探索的科学家们，凭借其无穷的好奇心、不折不挠的毅力、对认定目标的执着和广博的知识，披荆斩棘，才使我们对脑科学有了一定程度上的认识。他们的杰出贡献与奋斗故事亦汇聚成人们不断认识脑与心智发展的洪流。在某种意义上，一部脑科学的发展史亦是一部脑科学家们的奋斗史。

为了让读者对人类如何认识心智的过程找到一条比较清晰的脉络，对脑科学有一个宏观的了解，本书将其发展分成彼此交织的三个部分，每个部分以所述领域的发展史为经线，选取部分对相关领域做出重大贡献的科学家，将其生平及科学发现的故事加以还原，希望读者由此展开一场别开生面的认识心智的愉快之旅！

本书的篇章结构是以人物来安排的，为了让读者在一开始就对其中所涉及的知识背景有一个宏观的了解，避免"只见树木不见森林"，下面我将从脑科学史的角度，做一简单概述。

本书第一篇介绍的是人们对心智所在地的物质基础的认识。在这里可以解决的问题包括但不局限于以下几个：

1. 心智的所在地究竟是脑还是心？要知道，在谈到心智时，我们首先会遇到这个问题。长期以来，人们普遍相信心智的所在地是心脏。这种信念的印象是如此之深，其烙印一直沿袭到我们今天的文字中，"内心""心灵""心智"就是明证。直到17世纪50年代，英国医生威利斯（Thomas Willis）在前人研究的基础上，通过对行为异常的病人的临床观察，以及在这些病人死后对其脑的尸检所做的对照研究，给出了明确且可信的回答：脑是心智的栖息地。

2. 完成某种脑功能究竟需要全脑，还是只需要部分的脑？18世纪末以前，人们普遍认为大脑皮层是一个单一的器官。最先明确提出不同脑功能定位在脑的不同区域之思想的是德国解剖学家、生理学家加尔（Franz Joseph Gall），但他的脑功能定位思想仅是一种假设，并无实验证据。真正使脑功能定位学说得到世人承认的是法国医生布罗卡（Paul Broca），他对失语症患者的观察和对其死后的尸检报告表明，患者在脑左半球额叶和颞叶邻接处有一块明显病变，进而提出大脑皮层是有功能定位的。1873年，德国医生韦尼克（Carl Wernicke）收治了一位脑卒中患者，他能说会听，但就是听不明白别人的话。待患者去世后，韦尼克对他进行了尸检，发现患者脑的顶叶和颞叶后方的交界处有病变，于是断定该区域负责对语言的理解，再次验证了脑皮层有功能定位的说法。1909年，德国神经学家布罗德曼（Korbinian Brodmann）根据皮层各个部位细胞构筑的细微差别，按自己研究的先后顺序命名了大脑皮层的52个分区。后来科学研究表明，这种基于组织学的分区在功能上也有意义。20世纪下半叶，美国神经科学家斯佩里（Roger Wolcott Sperry）和他的学生加扎尼加（Michael S. Gazzaniga）的工作则明确了大脑两半球在功能上确实存在分工。现在总的说来，科学家一般倾向于认为，除了简单的功能可能确实精准定位于某块脑区外，绝大多数稍微复杂一点的功能都需要多个脑区协同工作，然而并不需要全脑的参与。那么意识——这种极端复杂的功

能——究竟需不需要全脑参与呢?很遗憾,这一问题至今仍未得到解决。

3. 脑究竟是由一个个相对独立的细胞组成的,还是一张连通的网?1665年,英国科学家胡克(Robert Hooke)用显微镜观察一薄片软木切片,发现其由许多小室构成,他把这些小室称为细胞。1839年,德国动物学家施旺(Theodor Schwann)认为,无论动物还是植物,都是由一个个相对独立的细胞构成,建立了细胞学说。人们用显微镜观察了脑组织,发现其中有像细胞体这样的节点和大量纤维,但苦于没有合适的染色技术,未能看到完整的神经细胞。直到1873年意大利住院医师高尔基发明了以其名字命名的染色法,才把整个神经细胞染上了色,并认为神经系统是一张网而不是由相对独立的神经细胞构成。对此,西班牙医生卡哈尔不这样认为,他改进了高尔基染色法,观察了大量不同神经组织的切片,提出神经系统和其他生物组织一样都是由一个个相对独立的神经细胞(后来被称为神经元)组成。有意思的是,观点针锋相对的高尔基和卡哈尔竟在1906年同时获得了诺贝尔奖,他们甚至在颁奖典礼上"对簿公堂"。日后的研究肯定了脑确实是由一个个神经细胞组成的,但是也有少数细胞相互之间能直接交流物质和电信号。

4. 在知道脑是由一个个神经细胞组成之后,那么接下来的问题是,信息如何在神经细胞中传导?不同的细胞是如何进行交流的?在古代,人们相信人的精神活动是由于有一种神奇的"精气"在体内运行,所以无论心智的栖息地是脑还是心脏，人们都倾向于相信神经是某种中空的管道。然而，1674年，列文虎克(Antonie van Leeuwenhoek)用刚发明不久的显微镜观察牛视神经的断面时，却没有发现任何空心管道。18世纪末，意大利医生伽伐尼(Luigi Galvani)不仅发现用电刺激神经能使其所支配的肌肉收缩，而且还发现用一根神经的断面接触另一根神经也能使后者所支配的肌肉收缩，电成了取代精气的候选者。1868年，德国生理学家伯恩斯坦(Julius Bernstein)用自己发明的仪器记录到神经上传播的神经脉冲。没有受到任何刺激的神经，为何会在细胞膜内外存在基础电位差？伯恩斯坦借用当时物理化学家能斯特(Walter Nernst)等人提出的当半透膜两侧溶液中的离子浓度不同时扩散作用所造成的电位差公式来解释了这一现象。但是，当他试图以刺激使半透膜对所有离子都开放来解释神经脉冲的成因时，却解释不了神经脉冲的超射现象。1913年，英国生理学家阿德里安(Edgar Douglas Adrian)发现了神经脉冲发放的全或无定律。在前人的基础上，英国生物物理学家霍奇金(Alan Lloyd Hodgkin)和赫胥黎(Andrew Fielding Huxley)，通过实验和理论建模建立了举世闻名的霍奇金-赫胥黎模型，解决了伯恩斯坦未能解决的问题，揭示了神经脉冲在单个神经细胞中产生和传播的机制。至于不同神经细胞之间如何交换信息，这一问题又在几位诺贝尔奖得主之间展开了激烈的讨论，其中包括谢灵顿(Charles Scott Sherrington)、埃克尔斯(John

Carew Eccles)、勒维和戴尔(Henry Dale)。一方认为是通过电信号交换信息,而另一方则认为是通过化学信号交换信息,这就是科学史上著名的"火花"与"汤"之争。

本书的第二篇介绍的是如何感知外部世界。动物需要从环境中获取信息,以觅取食物,躲避敌害,寻找配偶,等等,只有这样才能维持个体的生存和种族的绵延。其中,从环境中获取外界信息依赖的是各种各样的感官,无怪乎人们常常把感官称为"心灵之窗"! 对感官的研究最初也仅限于对现象的观察。其中,对视觉的研究几乎和对脑的研究同时开始。在公元前500年前后,克罗托纳的阿尔克迈翁(Alcmaeon)解剖了感觉神经,并描述了视神经,这才开创了通过解剖观察感官结构的先河。在之后的2000余年中,人们陆续对外周视觉系统的解剖有了发现,如发现了视交叉(公元100年)、晶状体相对于虹膜的位置(1601年)、中央凹(1782年)等。当然,在此期间人们间或也有某些视觉功能上的发现,如发现晶状体对光进行聚焦,而视网膜是形成图像的地方(1583年);视网膜上的图像是倒立的(1587年);等等。以思辨和解剖观察为主的研究一直延续到20世纪初期,不过在19世纪感官的解剖研究已全方位铺开,这为20世纪二三十年代(此时正值电子技术蓬勃发展时期,实时记录变化迅速的微弱神经电变化已成为可能)之后的感官机制研究提供了充分的准备条件。阿德里安、巴特利(S. Howard Bartley)和哈特兰(Halden Keffer Hartline)应势而为，及时把电子管放大器和示波器用到实验研究中，成了把电子技术应用于神经科学的先驱。谢灵顿和哈特兰等提出了感受野的概念，随后，库夫勒（Stephen Kuffler）发表了关于猫视网膜神经节细胞中心—周边型感受野的工作。休伯尔（David Hunter Hubel）和维泽尔（Torsten N. Wiesel）研究了视觉皮层对线条朝向敏感的细胞以及视觉皮层可塑性和临界期，他们还把芒卡斯尔（Vernon Benjamin Mountcastle）在体感皮层上发现的功能柱组织推广到了视觉皮层。视觉研究取得了突飞猛进的进展。而在听觉、嗅觉及痛觉方面，科学家也有了极富科学价值的发现。如20世纪30年代，冯·贝凯希（Georg von Békésy）对耳蜗功能进行了详细研究；20世纪60年代，弗里曼（Walter J. Freeman）就嗅球对气味的分析做了系统研究，提出脑不仅对外来信息进行处理，而且还根据其经验提取意义；20世纪末，巴克（Linda B. Buck）和阿克塞尔（Richard Axel）成功地应用分子生物学方法解决了嗅觉识别的分子机制问题，成为通过分子生物学研究解决感觉机制的范例；1965年，梅尔扎克（Ronald Melzack）和沃尔（Patrick D. Wall）提出疼痛的门控理论；我国张香桐院士也在痛觉研究方面做出了开创性的研究，提出了针刺镇痛机制；等等。2021年，尤利乌斯（David Julius）和帕塔普替安（Ardem Patapoutian）因发现温度觉和触觉受体而获得诺贝尔奖。这样，在研究接受外界刺激的几乎所有感觉系统的领域都有科学家获得诺奖。直至今日，感知觉研究依然是脑研究中最活跃的领域。

脑研究的初衷和最后目标都是为了认识人类自己的心智,本书的第三篇将集中介绍20世纪以来的心智研究,其中最多的内容是记忆,也涉及脑的偏侧化和意识问题。

在20世纪的上半叶,一些科学家由于无法观察脑内的心智活动,认为科学只能研究可客观观察的行为,这被称为"行为主义",其中的代表人物为巴甫洛夫(Ivan Petrovich Pavlov)和斯金纳(B. F. Skinner)。前者深入研究了经典条件反射,后者研究了操作条件反射,他们的工作为研究动物的行为做出了重大贡献。但是行为主义的科学家中也有些人走向极端,认为根本就不存在心智,科学所能研究的只有行为。一直到20世纪下半叶,由于发明了各种各样的脑成像技术,使得科学家可以直接观察到当被试在执行某种智力任务时,脑内的哪些部位在发生变化,这样才又把心智研究回归到脑研究主流之中,并形成了认识神经科学这一领域。需要注意的一点是,脑成像技术主要是回答"在何处"的问题,而"在何处"并不等于"为什么"和"怎样"。为了回答后两个问题,看来还需要新的技术。

在记忆研究方面,20世纪上半叶,拉什利(Karl Lashley)通过毁损鼠不同部位、不同面积的皮层,观察其学习在迷宫中找到目标所需的时间或成功率,发现后者与毁损的部位无关,而取决于毁损的面积,因此他认为记忆并没有特定的部位,而是广泛发布在皮层各处。他的这一结论曾被广泛接受，后来人们才发现他的问题出在像迷宫探路这样的任务涉及许多不同的感觉模态，所以一种模态的损伤可以为其他模态所弥补。对拉什利的理论提出挑战的首先是英裔加拿大神经科学家米尔纳（Brenda Milner）。她的研究说明了记忆有不同的类型，不同类型的记忆储存在脑的不同部位，从而推翻了拉什利的学说。正是她的工作激励了犹太裔美国神经科学家坎德尔（Eric Kandel）对记忆机制进行了深入的研究。坎德尔发现，短期记忆和突触变化有关，而长期记忆还要牵涉蛋白质的合成和新突触的形成。1973年，布利斯（Timothy Bliss）和洛莫（Terje Lomo）发现了记忆的突触长时程增强机制。其实，加拿大心理学家赫布（Donald Olding Hebb）早在1949年就提出了有关学习记忆可能是突触联系强度变化的结果的思想。不过，他当时提出的只是一种假说，直到坎德尔和洛莫等人才给出了实验证据。有关空间记忆的最突出的成就是英国神经科学家奥基夫（John O'Keefe）发现了位置细胞，以及挪威科学家爱德华·莫泽（Edvard Moser）和梅－布里特·莫泽（May-Britt Moser）发现的网格细胞。

大量证据提示：记忆是一种重组过程。这可能造成记忆错误，但是，在另一方面也使创造性成为可能。

在情绪研究方面，1848年美国铁路建筑工头盖奇（Phineas Gage）因意外事故，造成前额叶损伤，性情大变，使得本以为没有显著功能的前额叶皮层引起了人们的注意。20世纪30年代，帕佩兹（James W. Papez）

的研究使人们认识到脑干周围的皮层区域,特别是杏仁体和情绪有关。

意识问题可以说是科学研究最后的边疆,由于意识问题的特殊性在于它的主观性,与研究客观对象相比存在很大差异,因此长期以来,人们只是限于内省和思辨,很难得出经得起检验的共识。得益于神经科学的发展和脑成像等新技术的出现,20世纪90年代,经过包括诺奖得主克里克(Francis Crick)和埃德尔曼(Gerald Mauric Edelman)等在内的许多神经科学家的倡导,才使对意识的自然科学研究成为当前研究的热点。

那么,人类现在对意识研究到什么程度了呢?是否像某些人乐观地认为的那样,在未来50年内我们就能解开心智之谜之中最难解的号称“世界之结”的意识?在几十年内就能成功复制出人脑?这是很多人非常关心的问题。在此,笔者想引用美国神经科学家弗里曼的一段话:“我们就像那些‘发现’美洲的地理学家一样,他们在海岸上看到的并不只是一串小岛,而是有待探险的整个大陆。使我们深为震惊的与其说是在脑如何思考的问题上我们做出的发现之深度,不如说是我们所承担的阐明和复制脑高级功能的任务是何等的艰巨。”的确,我们现在还只是站在脑科学新大陆的海岸边,极目眺望着这片广袤无际的处女地。不过无论如何,我们总算已经远渡重洋来到了这里,并且有了块基地。这也正是脑和心智之谜无穷的魅力所在,亦是无数科学家坚持不懈、上下求索的动力!

说到科学家，人们常常会想当然地认为，他们是一群智商卓绝的天才，或者出身名门望族，家学渊源，但事实并非总是如此。看完本书读者不难发现，书中所介绍的29位脑科学家，他们中固然不乏神童和学霸，但也有问题少年、街头儿童、文艺青年和邻家少女；既有人出身累代医学世家，也有人出身贫困移民家庭，甚至有人身世不明。不同的天资、不同的阅历，造成了他们各不相同的成功之路。如果一定要找出其共同点，那么笔者以为这些人都具有无穷的好奇心以及对认定目标的执着。在脑与心智不断认知的过程中，科学家们如何开展研究、彼此合作，如何提出问题、思考问题、解决问题，如何能在关键节点中把握时机脱颖而出……是吾等后辈需要积极汲取经验并不断感悟的。在这些治学之道方面，他们倒是也有许多共性，笔者试图在读者读完全书之后在收场白中加以归纳。希望读者阅读之后，每个人都会有各自的收获。

当然，限于笔者的水平和并非总是能找到合适讲故事的材料，某些大师的事迹未能收集在本书中，未免有遗珠之憾，这也是无可奈何的憾事。笔者只能用“The best is the enemy of the good”（过于追求完美反而得不到好结果）来自我安慰了。

第一篇

脑大陆的拓荒者

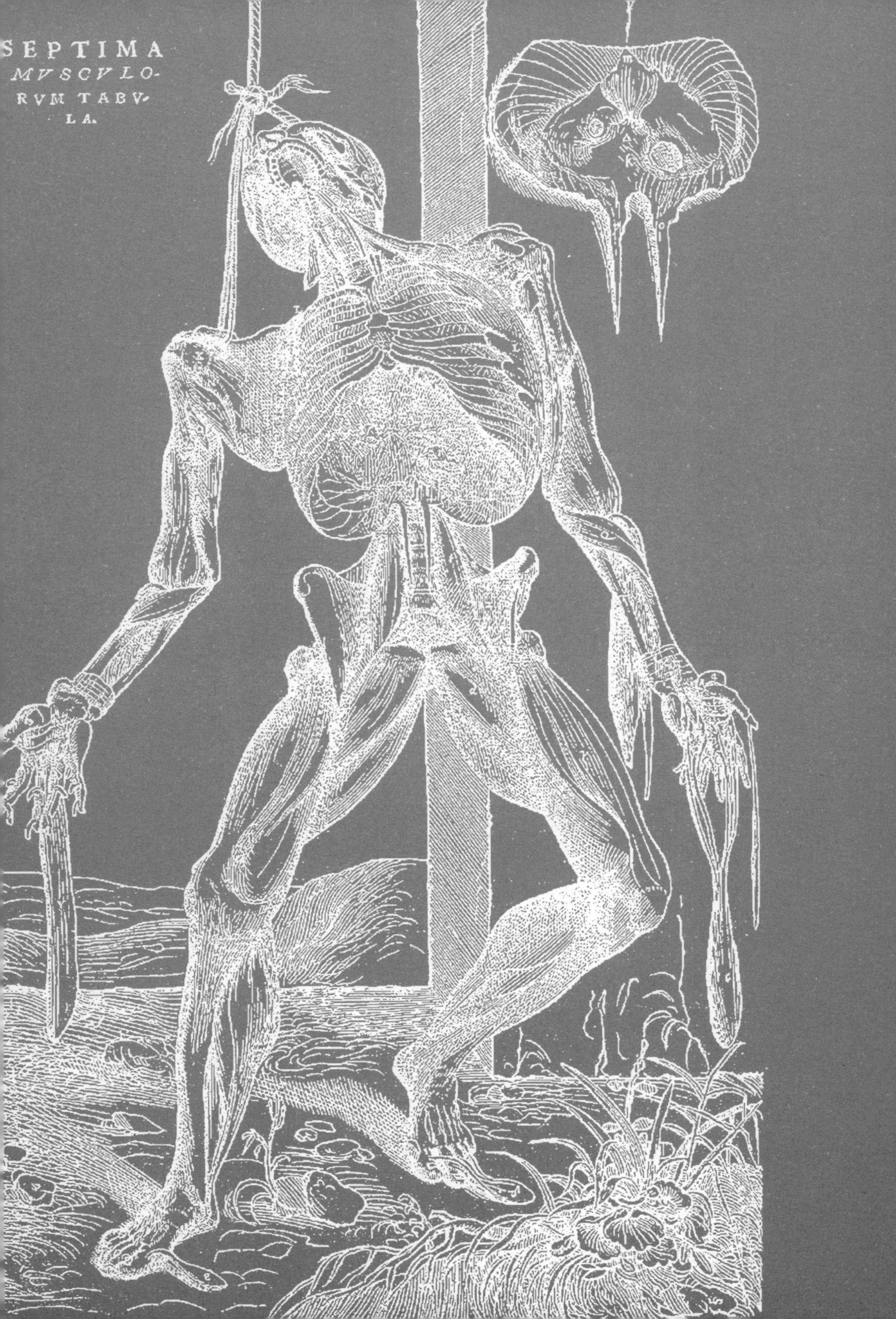
SEPTIMA
MVSCVLO-
RVM TABV-
LA.

莎士比亚(William Shakespeare)在《威尼斯商人》(*The Merchant of Venice*)中问道:"告诉我爱情生长在何方?是在脑海,还是在心房?"其实,这个问题与"心智源于何处"大同小异。长期以来,人们普遍相信"心脏"是精神活动的所在地。这种情况直到文艺复兴时期才得以改观。16世纪初,布鲁塞尔的解剖学家维萨里一改往昔解剖学教授不自己动手操作、仅尊崇盖仑定论的传统,亲自做人体解剖,于1543年出版了人体解剖的经典巨著《人体的构造》(*De Humani Corporis Fabrica*)。这本书与同年出版的天文学家哥白尼(Nicolaus Copernicus)的《天体运行论》(*De Revolutionibus Orbium Coelestium*)交相辉映,成为科学史上的佳话。维萨里的人脑解剖图谱对脑科学研究意义重大,由此拉开了人类认识心智的新篇章,本篇的故事就从他开始。

维萨里

近代解剖学的奠基者

图1　维萨里

欧洲的文艺复兴时期是近代自然科学孕育与诞生的时期，也是达·芬奇(Leonardo da Vinci)、哥白尼和伽利略(Galileo Galilei)等近代科学开创者风云际会之时。近代解剖学的奠基者、绘出人脑解剖图谱的巨匠维萨里，也诞生于这个时代，他为近代脑研究奠定了结构基础。

御医世家

1514年，维萨里出生于布鲁塞尔的一个医生世家，从他的高祖父开始到他，5代都是御医。说来也巧，正是在同一年，达·芬奇放弃出版他根据解剖人体所得人体结构的画册。这是因为教皇莱昂内十世(Leone X)禁止他再进行解剖，他不得不遵命放弃。他的那些素描也被束之高阁,在很长一段时间里不为世人所知。达·芬奇曾经解剖了30具左右的人尸和更多的动物,据此做了大量素描,遗存至今的还有550余幅,其中包括脑的解剖图。要是他的那些素描能及时出版的话,不但会成为人类有史以来最美的一本解剖图谱,而且一定会大大推进解剖学的发展,但是历史是不能假设的。

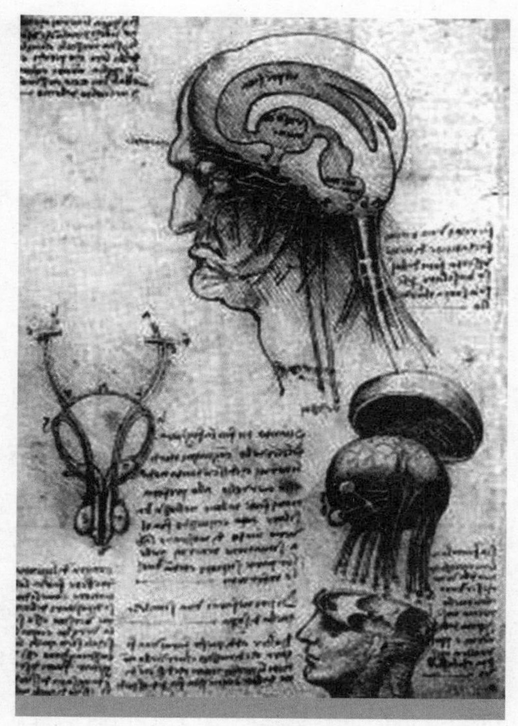

图2 达·芬奇的一幅解剖画作。达·芬奇画出了脑室,他曾把熔化的蜡灌入脑室以获取脑室的形状

教皇的扼杀阻止不了科学的发展,最终维萨里完成了达·芬奇的未竟之业。正所谓时势造英雄,他所处的年代正是文艺复兴时期,人的思想得到了很大的解放,欧洲人开始扬帆远航,探索未知的新世界,这催生了制绘学的兴起,一张地图比一长篇描述更能说明问题,印制高质量地图的技术有了很大的发展。维萨里目睹了一些集学者、艺术家和工匠于一身的巨匠打破界限,对地理学和天文学做出了诸多贡献。作为一位思想开放的年轻人,他如饥似渴地汲取着新思想。

他的家在布鲁塞尔远郊,俯瞰加洛山。那里是对死囚行刑之处,尸体就暴露在外,任凭飞鸟啄食。虽然这对孩子来说绝算不上什么理想的环境,不过倒也激起了他对解剖的兴趣。他把抓住的动物进行解剖,然后到他父亲的书房里找解剖书对照。到14岁时，他就已立志当一名医生。15岁那年，他进入父亲的母校勒芬大学的城堡学院艺术系求学，这所学院是当时人文运动的中心，崇尚个性和独立思考，而不迷信教条。学校不仅教授当时任何有教养人士都要学的拉丁文，还教授希腊文和希伯来文，这为他在后来得以阅读解剖学书籍的原作奠定了基础。

完成学业

三年学业结束之后，18岁时，维萨里到了巴黎去学习他的最爱——解剖学和医学。当时，巴黎大学医学院所用的教材大部分都是西方医圣盖仑的著作。由于盖仑时代的罗马法律禁止人体解剖，所以盖仑只能对牛、猪和猴进行解剖观察。在他之后的1000多年中，人们把他的著作奉为金科玉律。由于以往的译本有不少误译，因此当时又有人重新把他的著作由希腊文译为拉丁文，这些译者中有两位成了维萨里的老师，他们是西尔维于斯（Jacobus Sylvius）和京特（Johann Guenther）。他们很喜欢维萨里的热情，所以就让他在做解剖演示时进行实际操作。通过实践，维萨里的得益比老师们教给他的更多，尽管他们都是当时名重一时的解剖学家。西尔维于斯对制订解剖名词颇多贡献，而京特则把许多盖仑的著作从希腊文翻译为拉丁文，后来还在维萨里的协助之下写了本大学教科书。尽管维萨里很尊重他们的教导，但是由于人兽之差，盖仑的描述和他亲身做解剖之所见不尽一致，这使他越来越感到苦恼。西尔维于斯解释说这只是因为自盖仑以后人体结构有了变化，盖仑的话是不会错的。

1536年，在维萨里还未毕业时，法国和神圣罗马帝国之间爆发了战争，他作为敌国的公民不得不逃离巴黎而回到勒芬，并在1537年完成学业。在勒芬，他认识了不少有钱有势的人，在他们的帮助下，他获准进行公开的解剖演示。通过解剖死囚的尸体，他对人体的真实结构有了越来越深入的认识，也更向往当时的医学中心——意大利。

初出茅庐

帕多瓦大学是意大利最古老的学府之一，其医学院在解剖学和医学教学方面很有名声，而学校又有提倡学术自由和不受教会干涉的传统，这对于像他这样性格的人来说自然很有吸引力。因此，在取得学位之后，他就启程前往意大利。途经巴塞尔，在当地稍事停留期间，维萨里结识了他未来的印刷商温特（Robert Winter）和奥波林于斯（Johannes Oporinus）。

1537年，他终于到达帕多瓦，并在同一年成了帕多瓦大学的外科教授，还负责进行尸体解剖的公开演示。此后，甚至还到远在博洛尼亚和比萨的其他单位进行演示。他的演示大获成功。学生蜂拥而至，复制他的解剖图。他打破了原来教授解剖的老方法：教授高坐堂上，照本宣科，朗读盖仑的"经文"；一位身兼理发匠和外科医生的操作者在堂下的解剖台上进行解剖；边上一位助手则当教授提到某处或是操作者解剖到某处时指点给学生看。维萨里对这种教学方法进行了改革，集此三者于一身。正是因为亲自进行了人体解剖，他才看出盖仑教导的谬误之处。例如，盖仑曾声称有一种所谓的"血管奇网"使得"动物精气"进入脑，但维萨里根据自己的解剖观察，公开宣布并不存在这种网络。他曾不止一次地指出，盖仑的结论是根据对动物解剖所做的观察得来的，因此在一些地方和人体解剖不符也就不足为怪了。他由此培养起一个强烈的信念，就是如果不是通过自己的解剖实践或是亲眼观察得出的结论，他绝不轻信，宁肯不提。他对学生的劝告是要注意尸体解剖，仔细观察，"将来不要过于相信解剖书上所说的一切"。他的这一态度也遭到了传统势力的激烈攻击。他们攻击维萨里除了自己所见之外什么都不信。

维萨里在教学上的成功使他产生了一种强烈的愿望，要把自己之所见所知写成一本书。他的这本书与前人不同的一个突出特点就是采用了根据他自己的观察所绘制的大量图谱，这是他对解剖学的又一贡献。当时许多医生都反对插图，

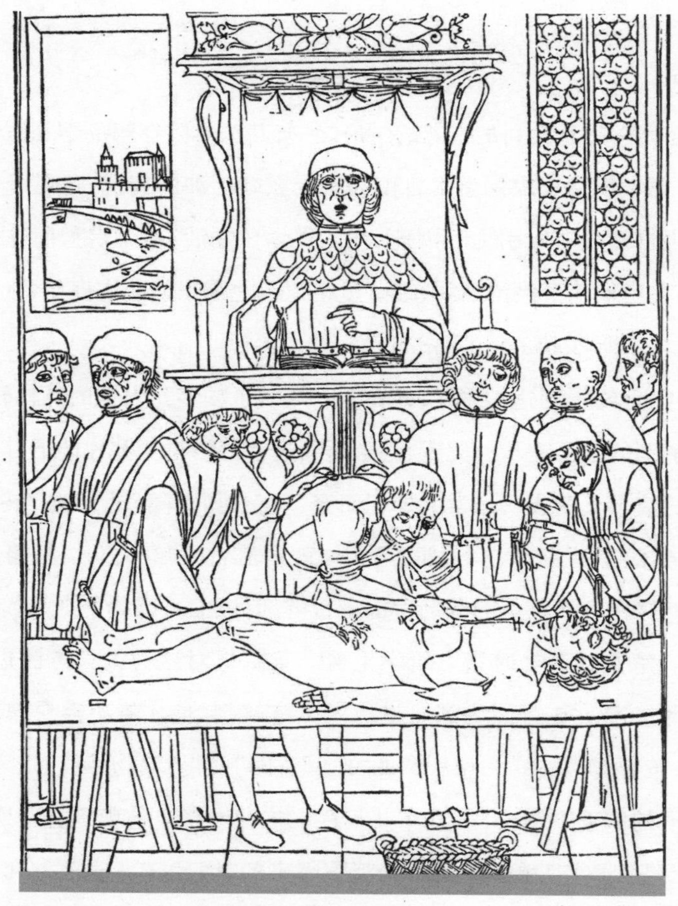

图3　文艺复兴时期一本医学书上的插图。图中一群学生围着解剖台，讲师高坐堂上，解剖者操刀解剖

他们认为图画会降低学术性，并且使那些不用插图的经典著作中的深奥知识显得似乎很浅薄。维萨里不为这些反对意见所动，于1538年出版了由6幅可用作挂图的解剖图谱集合而成的《解剖图表六集》(*Tabulae anatomicae sex*)，这样学生就不用为临摹他的图谱不准确所苦了。这6幅图是有关生殖系统、血管、内脏和骨骼的大体图，配有简要的文字说明和图注。不过要完全和传统决裂并不那么容易，图谱里依旧包含了不少盖仑的错误。同一年晚些时候，他又对他的老师冯·安德纳

赫(Guenther von Andernach,当年维萨里曾协助他进行解剖)编写的一本教科书重新编辑,改正了其中的不少错误。这本书基本上依旧是对盖仑著作的摘要。不过重编这本书也使他深入地回顾了盖仑的论述,并和自己在人体解剖中之所见进行对照。这种对照使他越来越怀疑盖仑的教条,同时也越来越坚定自己的信念,那就是解剖学必须基于直接的解剖观察,而不是靠"猜测和沉思默想"。这一点,他在次年出版的《放血术通信》(*Venesection Letter*)中做了公开宣示。

传世之作

接下来,维萨里做了个勇敢的决定,对维系了1000多年的盖仑医学体系进行挑战,出版一本前无古人的解剖学图谱。为此,他全力以赴,研究、解剖、写作、绘画,检查全部插图和木刻,还常常把部分尸体带回家工作。他花了5年时间,终于在1543年完成了《人体的构造》一书。该书共7卷(骨骼、肌肉、血管、神经、腹腔内脏、胸腔内脏、脑),约700页,包括250余幅插图。最后一卷(脑)有60页,其中包括11幅人脑及脑的各个部分的插图。书中提到最多的前人是盖仑,不过其中绝大多数都是在指出盖仑的错误。他写道:"我对自己的愚蠢和盲目相信盖仑感到无比惊奇,这让我之前没能看到事实真相。"他的这种"欺师灭祖"之语自然为卫道士们所不容。

在书中,维萨里抛弃了盖仑根据动物解剖得到的,但在人体中不存在的组织。虽然他把血管和神经都称为"管道",但是他指出血管是中空的,而神经不是。维萨里认为,神经的作用是传递感觉和运动,他驳斥了当时关于韧带、肌腱和腱鞘是三种神经单位的说法。他首次发现了胼胝体、丘脑、基底神经节中核团、大脑脚等组织,并在最后一卷有关脑的部分中,描写了脑、眼睛、感觉器官和四肢神经的结构和功能,介绍了解剖脑的方法。他认为脑和神经系统是心智和情绪的中心,这与当时居主导地位的亚里士多德心脏中心说截然不同。根据他自己的观察,维萨里认为,神经本身并不是源于心脏,而是源于脑。虽然这一事实在古希腊时期就

图4 《人体的构造》一书的封面。图中维萨里身兼教授、解剖者和助手三个角色站在中心处旁。图的中心是一具待解剖的女尸，维萨里把尸体放在图的中心位置，暗示人体解剖的重要性和对死者的尊重

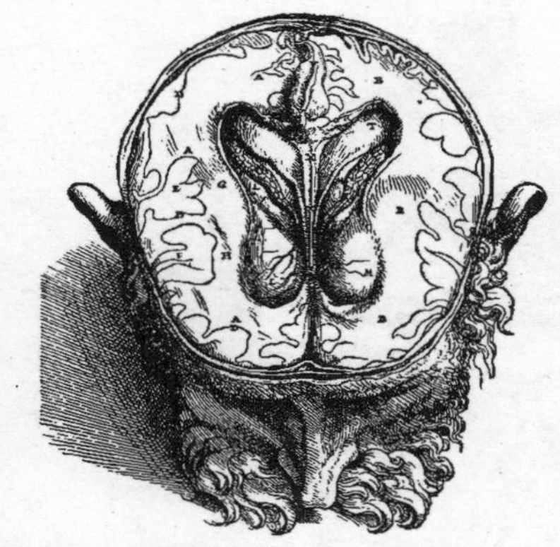

图5 《人体的构造》中的一张俯视的脑水平切面图。这幅图清楚地画出了中空的脑室

有人提出过，但在中世纪漫长的岁月里，这种说法已被天主教会采用亚里士多德的教条湮没。有几张有关神经系统的插图已和当今神经科学教科书中的标准插图相差无几，这着实令人称奇！这也就是为什么几乎所有神经科学史和神经科学家群传中都要浓墨重彩地对维萨里进行介绍的原因。

要完成这部“大部头”的书籍，维萨里的工作量实在太大了，所以他找了一些画家和他共同工作，其中贡献最大的是曾在大画家提香(Titian)处工作过的卡尔卡(Stephen Calcar)。要组织这样一支队伍共同工作并不容易，后来维萨里回忆说：“美术家和雕刻师的坏脾气，比我要解剖的尸体更令我为难。”不过，得力于富有艺术修养的画家之助，其中部分插图不仅具有科学价值，还极具艺术价值。例如，其中的一幅图画的是一具骨骼双腿交叉，一

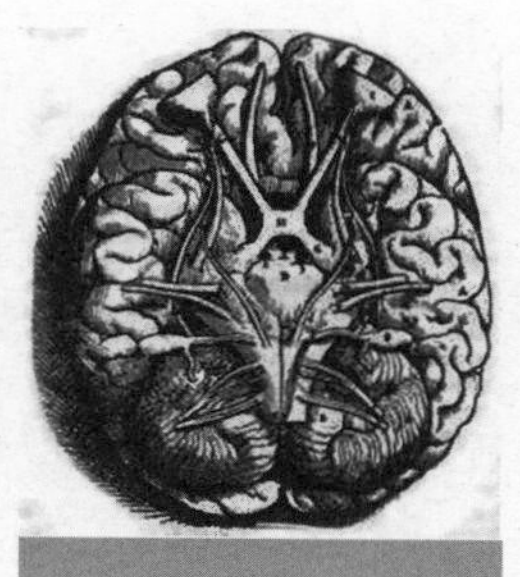

图6 《人体的构造》中的一张脑底部的仰视图。从中可以清楚地看到嗅球、视交叉、小脑等结构

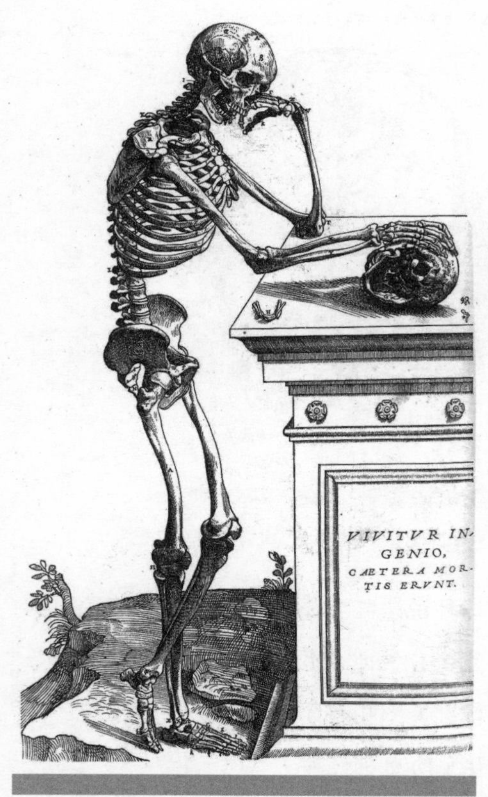

图7 《人体的构造》中的插图。图中的人体摆出别有深意的姿势

手支头，另一只手摸着墓碑上的另一个骷髅，做沉思状。也许正是这张图启发了莎士比亚描写哈姆雷特和骷髅说话的情景。可能也得力于这些画家之助，他的图谱不仅显示了组织的细节，而且一些大图还把各个部分联结成一个统一整体。也许正是这种对部分联结成整体的认识，使他在完成这一巨著之后，决定把自己的事业从解剖学转向医学。

要找出版商出版这样一本离经叛道的书绝非易事。幸而当年他在巴塞尔结识的出版商帮助他顺利地解决了问题。他们和维萨里一样不怕争议，就在此前不久，奥波林于斯出版了世界上第一本《可兰经》的拉丁文译本，而在一片反对声刚刚平息时，他又同意出版维萨里的《人体的构造》。当此书付印时，维萨里亲自到巴塞尔"照看"，直到书最后出版。

不过，传统势力依然十分强大，维萨里对盖仑的批评惹恼了许多盖仑的卫道士。令维萨里伤心的是，在他最激烈的批评者中有他当年在巴黎的两位老师西尔维于斯和冯·安德纳赫。西尔维于斯把维萨里描写成"一个非常无知而又倨傲无礼的家伙，他无知、忘恩负义、无礼以及不知敬畏，妄自否定一切他那浅薄和疯狂的目光所看不到的东西”。他还把维萨里称为瓦萨那[Vaesanus,拉丁文中的“疯子”一词,这和维萨里(Vesalius)拼法相近]。西尔维于斯甚至向神圣罗马帝国的皇帝查理五世(Charles V)告御状,斥责自己的前弟子毒害了欧洲的氛围,要求给维萨里严厉处罚。他竭力贬低《人体的构造》的价值,把这本书说成“如果把图略去,(其内容)只要一张纸就够了,一文不值”。他的这种攻击或许并不出乎维萨里的意料,因为维萨里在批评盖仑的解剖学时,也间接地批评了这位老师的教学方法。他在《人体的构造》一书的前言中说道:现在医生们自己不去动手,而让别人去做解剖,这样就会使自己不再熟悉解剖结构。后来,他在应对这些攻击时曾经说过“我的老师[①]除了在餐桌上之外,从来也不碰刀”。事实上,说来令人啼笑皆非的是,从教学思想上讲起来,与盖仑更接近的倒是维萨里而不是以盖仑卫道士自居的西尔维于斯,盖仑也只相信解剖,甚至是活体解剖。他也曾经语重心长地告诫后人:“如果谁要观察大自然的作品,他不应信任解剖书而要相信自己的双眼,找我商量或者找我的同事商量都行,也可独自刻苦地进行解剖;但是如果他只是阅读书本,那么他可能相信所有早期的解剖学家,因为他们为数多得很。”那些号称是盖仑忠实信徒的卫道士们恰恰违背了祖师爷的最重要

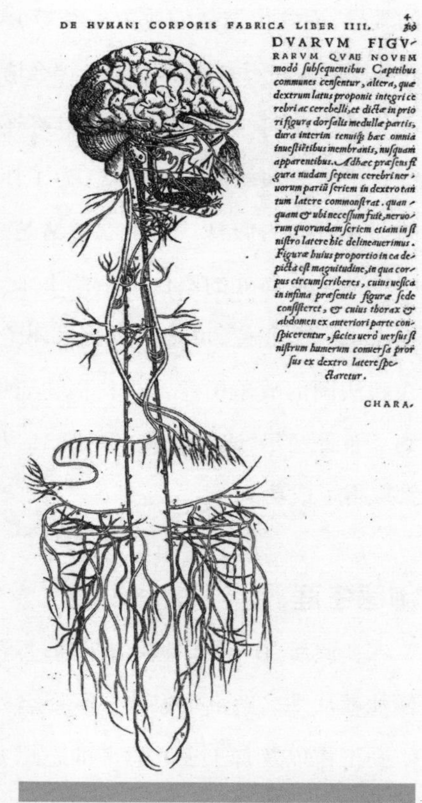

DE HVMANI CORPORIS FABRICA LIBER IIII. 4 319

DVARVM FIGVRARVM QVAE NOVEM modò ſubſequentibus Capitibus communes cenſentur, altera, quæ dextrum latus proponit integri cerebri ac cerebelli, et dictæ in priori figura dorſalis medullæ partis, dura interim tenuiq; hæc omnia inueſtientibus membranis, nuſquam apparentibus. Adhæc præſens figura nudam ſeptem cerebri neruorum pariū ſeriem in dextro tantum latere commonſtrat. quanquam & ubi neceſſum fuit, neruorum quorundam ſeriem etiam in ſiniſtro latere hic delineauerimus. Figuræ huius proportio in ea depicta eſt magnitudine, in qua corpus circumſcriberes, cuius ueſica in infima præſentis figuræ ſede conſiſteret, & cuius thorax & abdomen ex anteriori parte conſpicerentur, facies uerò uerſus ſiniſtrum humerum conuerſa prorſus ex dextro latere ſpectaretur.

CHARA.

图8 《人体的构造》中的一张神经系统整体图。从中可以清楚地看到脑、脊髓和神经

① 指冯·安德纳赫。

的教导，而这位被他们斥为离经叛道者却继承了盖仑最宝贵的思想遗产："如果你对我之所言和所画有怀疑的话，那么请你自己去做解剖，请你自己去观察一下吧。"

无论如何，《人体的构造》最终还是取得了很大的成功，意大利各地纷纷邀请维萨里去表演解剖。有一次，为了让更多的人能去观看，当地甚至把维萨里演示的那天宣布为假日。为了看得清楚一点，许多人不顾危险把身子前探，有位外科医生甚至从高处的座位上跌落下来。佛罗伦萨的一位公爵甚至给维萨里在比萨提供了一个职位，可维萨里婉言谢绝了，因为这时他已决定返回老家。查理五世在和法国的战争中急需外科医生，他给维萨里提供了一个职位，就这样维萨里回到了布鲁塞尔，成家生女。到他31岁那年，无论在事业还是私人生活方面，维萨里都取得了成功。

御医生涯

在此后20年中，他决心把通过解剖尸体而获取的知识用于对活人的治疗。这样他就从一名解剖学家变成了一名外科医生。这样的转型并不轻松。但是，他的辛勤工作以及善于独立思考的思想方法使他在医学界声名鹊起，并受到查理五世的赏识。大量的外科手术和尸体解剖不断地丰富了他的学识，而他对解剖学的热情也从未消退。1555年，他出版了《人体的构造》的第二版，其中补充了不少新发现，在叙述中也增添了更多细节。1556年，他被封为巴拉丁伯爵(Count Palatine)，达到了他一生中职位的最高点。不过，这也引起了他人的嫉妒和敌视，而赏识和提拔他的查理五世又宣告退位，其子腓力二世(Philip of Spain)继位。虽然维萨里依然保持了皇家医生的职位，但是在西班牙长大的腓力二世更愿意相信西班牙医生的话，而这些医生信奉的是传统的学说。因此，维萨里明白他的仕途到此为止了。此后两年中，由于两位经过他手的显贵不治身死，因而使他的敌人找到了攻击他的好借口："他总是宣称病人已经病入膏肓，这样如果病人死了他就有了借口，而如果病人好了，那么他就创造了奇迹。"

1559年,腓力二世把朝廷从布鲁塞尔迁到了马德里,维萨里也跟着去了,但是不再是作为御医,而只是给一些官员看病。更糟的是,腓力二世作为一名虔诚的天主教徒,制定了许多限制思想自由的法律。国王还禁止西班牙人到国外大学学习,环境迅速变得封闭起来。维萨里得不到尸体供其研究,他开始怀念在帕多瓦的那些日子。

惺惺相惜

1561年,维萨里收到了继任他为帕多瓦解剖学教授的法洛皮阿(Gabriele Falloppia)的新著《解剖观察》(*Observationes Anatomicae*)。法洛皮阿在书中称赞了《人体的构造》,不过他也对书中的一些细节和自己的观察做了比较,他以维萨里之道还治维萨里之身,指出"神圣的维萨里"所做出的某些不准确的观察,而"神圣的"这几个字正是当初维萨里用来称呼盖仑的。这年年底,维萨里写了一封长达260页的私人信件托威尼斯驻西班牙大使在回威尼斯时带给法洛皮阿。

他在信中说道:

> 亲爱的法洛皮阿,三天前我从布鲁塞尔的医生埃尔托格(Gilles de Hertogh)那儿收到了大作《解剖观察》。我感到非常高兴,这不仅由于这本书是您写的,大家都认为您在尸体解剖以及医学的其他方面都技术高超,而且还因为这本书是由帕多瓦大学的人写的,该校是全世界最好的学校,我有幸作为您的前任在那里工作了差不多有6年之久……我衷心希望您能坚持研究……每当我想起我们共同的母校就感到非常珍贵,祝母校由于您的聪明才智和勤奋工作而进一步名声大噪。

维萨里从年轻的法洛皮阿身上看到了自己的影子,这也许是为什么他能那样大度地接受批评的缘故吧。在许多问题上他直截了当地承认自己错了,在另一些问题上则坚持自己的意见,还有一些问题他只能遗憾地说由于在西班牙保守的气氛下他无法进行解剖学研究而不能回答。这封信反映出他实事求是的科学精神。这一事件更使他决心回帕多瓦重新从事学术工作。

力排众议

不过,西班牙宫廷办事拖拉,一拖就是两年。最后国王终于批准他离开西班牙,可真要走时还是问题重重,尽管那些西班牙御医们竭力贬低他,但是一些达官贵人真有了大问题还得找他,这往往使他左右为难。1545年,腓力二世的儿子和皇位继承人堂·卡洛斯(Don Carlos)从楼梯上摔了下来,头部严重受伤。事发之后,国王立刻就把御医们找了来,但是几天后堂·卡洛斯头部仍感染了,病情不断恶化,生存希望渺茫。直到这时,腓力二世才决定召见维萨里。在怎样治疗的问题上,顿时出现了两种对立的立场:一方是坚持盖仑传统的御医们,他们还在那里引经据典,争论不休,以致腓力二世都忍耐不住要他们不要再引经据典而把话说明白了;另一方是与他们对立的维萨里,他根据自己的解剖学知识和行医的经验指出,在当时的情况下只有在病人的头颅上打个小孔,以减轻颅内压才是唯一的希望。开始时没有人愿意听他的话,但是病情继续恶化。病急乱投医,于是就有了在伤口上涂江湖庸医的油膏,结果反而使皮肤被灼伤了;在病人的床旁安放去世已有100年之久的迭戈的木乃伊化了的遗骸,据说他生前曾创造了许多奇迹;在一片宗教狂热中,组织了成千人鞭打自己的苦行大游行。但是,这一切都无济于事。最后,只能采取维萨里的建议了,说来也神奇,在切开眼窝并从伤口处吸出大量脓液后,堂·卡洛斯开始恢复了。可宫廷并未将这一结果归功于维萨里,反而认为这是迭戈身后显灵的又一次奇迹!

巨星陨落

有关维萨里的最后三年究竟是怎么回事,现在已经很难搞清了,特别是他为什么没有直接回帕多瓦，而要先去耶路撒冷。有的说是维萨里因进行活体解剖而被宗教裁判所判了死刑，国王虽然赦免了他的死罪，但是还是要他到圣地朝圣赎罪。还有一说是因为维萨里在这时对草药很感兴趣，特别是在巴勒斯坦生长的药用植物。不管怎样，在1564年他终于离开了马德里。在西班牙和法国边界处他和妻女发生了争吵，结果是他的妻女北上布鲁塞尔，而他则继续东行。不管他自己是否意识到了，这倒真的实现了他在离开帕多瓦时所做的一则签语："一个献身科学的人决不要讨老婆，因为他不能同时忠于两者。"他取道威尼斯，可能是为了见一些有影响力的人物以求他们帮助自己重获在帕多瓦大学的职位。他还在一个书店里会见了一些著名医生，他们谈到他托威尼斯大使带给法洛皮阿的信，由于法洛皮阿过早去世，这封信还在大使处，大家都想要份副本。店主答应在从大使处拿到此信后就把它印出来，保证人手一份。

他在巴勒斯坦停留了4个月，在那儿他对搜集当地植物的兴趣要远高于做祷告。到1564年夏，他终于准备回威尼斯和帕多瓦了，但是就在归途的船上，维萨里一病不起。有人说这是因为途中船翻了，维萨里虽经逃生免于葬身鱼腹，但是还是因此得病了。最后，他被葬在希腊的扎金索斯(赞特)岛上。

历史往往有惊人的巧合。1543年一年里出版了两本为后世带来革命性影响的科学巨著——哥白尼的《天体运行论》和维萨里的《人体的构造》。前者推翻了托勒密的地球中心说，使人们从一个全新的角度来认识宇宙；而后者则纠正了盖仑的许多谬误，使人们正确认识自己的身体。两者都沉重打击了教条主义传统，开创了通过观察和实践进行科学探索的新时代。在达·芬奇不得不舍弃了他的解剖图稿的同一年里诞生了维萨里，而在维萨里去世的那年里，伽利略诞生了，他后来也成了帕多瓦大学的教授。正是伽利略创造了实验科学的方法，这种方法是基于直接观察以及对现象的定量化。而现代医学正是建构在维萨里的解剖学方法和伽利略的定量方法之上，观察和实验开启了现代科学发展之路。

威利斯

心智所在地的发现者

图1　威利斯

虽然达·芬奇和维萨里是脑解剖的开拓者，但是脑在他们的解剖工作中都只占了一小部分。真正专攻脑的解剖，把对病人的行为观察和死后脑的病理解剖联系起来，并把人脑和各种动物的脑进行深入比较，从而提出大脑皮层才是使人区别于其他动物并具有高度智力的关键所在的，是英国医生和解剖学家威利斯。因此，世人称他为临床神经科学和比较神经解剖学的奠基者。

乱世鸿运

威利斯生活在一个动荡不安的年代，英国发生了资产阶级革命，把国王查理一世(Charles Ⅰ)送上了断头台，后来王室又复辟了。文艺复兴后，英国建立起了皇家学会，许多学科都得到了巨大的发展。维萨里在解剖学上掀起了革命，推翻了人们长期以来对希波克拉底（Hippocrate）和盖仑教条的迷信。新一代解剖学家开始拒绝通过别人的眼睛看问题，他们自己动手解剖和观察标本，而不是重复前人的教条。威利斯就是在这样的一种氛围下开始了他的科学生涯。

1621年1月27日，威利斯出生在牛津附近，他的父亲是贵族的庄园管家。1637年威利斯进入牛津大学学习，先是取得化学学士学位，然后在1642年取得硕士学位。他为基督堂学院的咏礼司铎艾尔斯（Thomas Isles）及其夫人当助手，艾尔斯夫人私下行医，威利斯在帮助她配制药剂时，对医学产生了兴趣。1642年，他开始学医。同年年底，英王查理一世驻跸基督堂学院，御医哈维（就是发现心血管运动的那位）也随侍在侧，威利斯得以从哈维的课堂中获知当时医学方面的最新进展。威利斯在政治上是一名保皇派，他加入了多佛伯爵（the Earl of Dover）的辅助团，但可能没有参加任何战斗。就在新教徒接管之前，威利斯对国王的忠诚得到了回报。1646年年底，在这段混乱的时期里，威利斯只学了6个月医学课程，就被授予了医学学士学位。这使他能够在议会军接管牛津之前开始合法行医。在资产阶级革命后，因为威利斯并不是基督堂学院的正式成员，且他学的又是医学，主要工作是做医生，因而没有受到牵连。

说来令人难以相信，动荡的时代居然对威利斯起了好影响。如果不是内战频繁，作为一名医科学生，他本应该受到严苛的传统医学训练。传统上，牛津大学医学课程长达14年，医学生都必须反复阅读亚里士多德、希波克拉底和盖仑的“过时”作品。这种训练足以扼杀大多数学生的主动性和原创性。17世纪中期的动荡不安使威利斯免于这种命运。

他的另一个好运是，在威利斯进入牛津大学学习前不久，大学刚修订了章程，解剖成为医学训练的一部分。查理一世在1636年颁发特许状，允许大学的解剖学高级讲师认领牛津21英里（约34千米）范围内被处决死囚的尸体。医学生除了解剖学讲座和解剖外，还必须参加两次公开解剖，才能获得医学学士学位。

1649年,威利斯加入了牛津实验哲学俱乐部(英国皇家学会的前身),由此结识了不少科学名人。比如,被世人称为现代化学之父的玻意耳(Robert Boyle)、物理学家胡克、医生兼哲学家佩蒂(William Petty)。这些人经常聚在一起讨论科学课题或进行实验。威利斯就经常到佩蒂家中与他一起进行解剖。为了参加讨论,威利斯开始研究"理性灵魂"及其与大脑的相互作用问题。对他来说,最重要的一点是必须观察真实的结构,而不是为了适应某种理论而歪曲事实。威利斯想通过认识神经系统的正常功能来认识病理机制。

悬壶济世

当威利斯开始行医时,牛津有许多有名望的医生,为了让病人相信他,威利斯首先得显示出自己的医术才行。他在牛津以外的地方开诊所,到邻近村庄的市场上为大众提供服务。威利斯不得不与庸医竞争,精进自己的技术,建立自己的声誉。

1650年12月14日,威利斯与佩蒂一起救活了一位名叫格林(Anne Green)的死囚,这使他们名声大噪。格林被控谋杀自己的新生儿,在牛津的广场上被处以绞刑。她被吊了半个小时。应她临刑前的要求,她的几个朋友拉住了她那摇摇晃晃的身体,一个士兵用火枪托击打了她四五下,以加速她的死亡,"驱散她的痛苦"。半个小时后,她被正式宣布死亡,放入棺材,交给佩蒂和威利斯进行解剖。等到他们在佩蒂的住所打开棺材准备解剖她时,她的喉咙里发出了奇怪的声音,并开始呼吸。威利斯和佩蒂往她嘴里倒了一些热的果汁饮料,并用羽毛挠她的喉咙,以引发更多的咳嗽。他们揉搓她的胳膊和腿,直到她睁开眼睛,然后给她放了5盎司(约142克)的血。他们还在她的身上贴了一些加热膏,随后让另一个女人陪她睡,以保持温暖。12个小时后她能说话了,一天后能回答问题,4天后能吃固体食物,一个月后她就完全康复了。之后她还结了婚,并生了3个孩子。她得以起死回生被认为是神的意志,以说明她是无辜的,因此人们不再追究其刑事责任。

格林事件使威利斯有了起死回生的美誉而门庭若市。此后不久他被晋升为教授。17世纪50年代，就在威利斯在牛津任教之时，那里爆发了两次大的流行病——脑膜炎和睡眠病。尸体解剖的结果都发现死者的脑出了问题。他对几例手、脚麻痹的病人做尸检，其结果表示他们的纹状体变性，因此他猜测纹状体对运动有作用。[1]

图2 格林被执行死刑和起死回生的过程

1663年，就在英国皇家学会成立的次年，威利斯当选为会员。17世纪60年代中期，他移居伦敦，之后他把主要精力放在行医上面，并成为欧洲最著名的医生。他向富有的病人收取高额服务费，而对穷人则免费治疗。

传世杰作

威利斯在1664年出版了《大脑解剖学》(*Cerebri Anatome*)。这本书在近200年的时间里一直是神经解剖学中最重要的著作之一，它描述了脑的大量结构，其中有不少结构是威利斯发现并命名的，有些名称一直沿用至今，如纹状体、视丘、迷走神经等。如果考虑到当时人们还不知道如何将脑组织固定，那么威利斯的成就

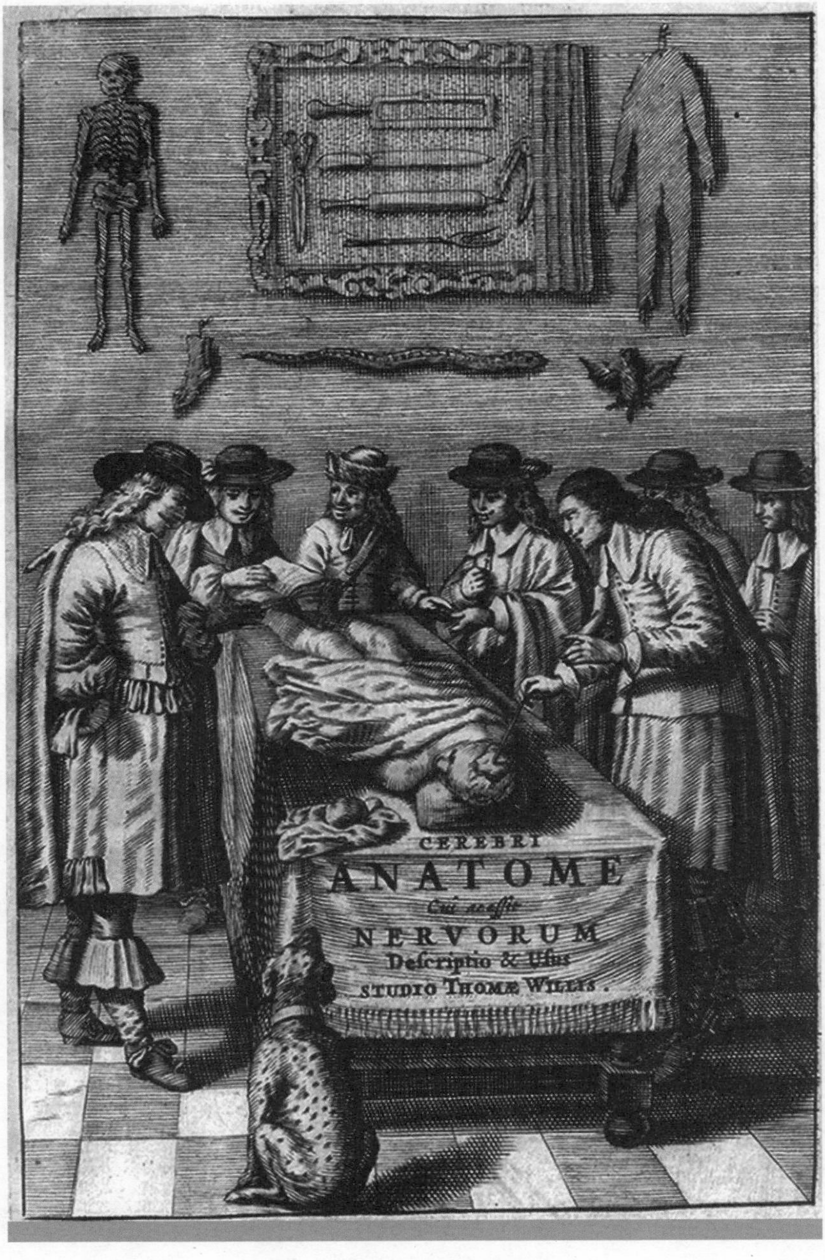

图3 《大脑解剖学》的卷首插图[2]

尤其令人印象深刻了。威利斯在解剖技术上有许多创新。例如,他用乙醇纯液体保存脑,并通过将墨水注入颈动脉显示颈动脉及其分支。威利斯意识到,以前的解剖学家在打开颅骨穹窿后,连续提取脑的切片。这种方法虽然可以让他们仔细研究脑室,但更难看清脑干的精细结构。而威利斯则完整地取出了整个脑,这使得他所研究的脑更少畸变。对后人颇有启发的是,他在《大脑解剖学》一书中还明确阐述了他的科学方法。比如,他写道:"我慎重地决定,每当得到一具新的尸体,就毫不拖延地进行处理,我只靠它,而不是寄托于先前学到的他人的说法,也不凭我自己的怀疑和猜测,我只相信大自然和亲眼之所见。因此,从今以后,我要全身心地投入到解剖学研究中……这样不仅可以为建立起一门比我在学校里学到过的更为可靠的生理学奠定坚实的基础,还可以为建立起我长期以来所思考的、脑的病理学奠定坚实的基础。"[2]

威利斯常年跟踪病人的情况,并在他们死后对其进行解剖。因此,他能够将病人生前的行为改变与其脑部异常联系起来。例如,他认识到"脑膜炎和脑部化脓状态不会引起幻觉,而会导致昏睡和昏迷"。他描述了先天性智力低下病例的脑部形态异常;还注意到一名长期半身瘫痪的患者,其大

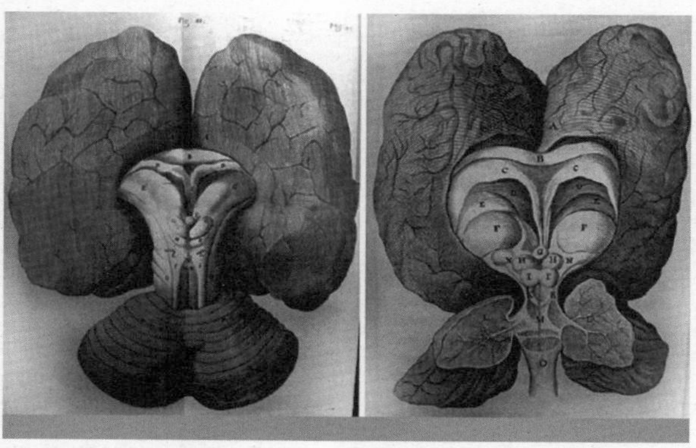

图4　威利斯笔下的正常脑(左图)和先天性智力低下的病人的脑(右图)

脑脚(通往脊髓的主要输出通路)出现了单侧退化等。

威利斯认为:灵魂共有三种形式——生命的、理性的和不朽的;人和所有的动物都有生命和理性的灵魂,但只有人才有不朽的灵魂。并且,他认为,将各种物种的外周神经系统和中枢神经系统与人类的同等系统进行比较,可以解释在认知功能方面人类为什么远超其他动物。为此,他研究和比较了许多不同生物的神经系统。虽然他的出发点是错误的,但是这种比较研究的方法促成了他在科学上的巨大成功。在《大脑解剖学》一书中,威利斯指出,在体积上,人类的大脑皮层明显比其他物种的皮层大。人类和其他动物的大脑皮层之间的惊人差异使威利斯认为,“大脑是人类理性灵魂和动物感觉灵魂的主要所在地。它是运动和思想的来源”。他还发现脊椎动物的小脑都很相似,由此推断小脑可能负责一些各种脊椎动物都具有的基本功能。他研究了很多物种,甚至包括蚕、牡蛎、龙虾和蚯蚓,这些动物的神经系统以前并没有被详细研究过。由于他的开创性发现,因而威利斯被称为“比较解剖学之父”。

颠覆认知

在中世纪,承继古希腊和罗马科学思想的是伊斯兰世界的一些学者。10世纪的伊斯兰学者阿巴斯(Haly Abbas)翻译了盖仑有关脑的结构和作用的一些作品,其中明确宣称:“脑是精神活动的主要器官。记忆、理智和智能都居于脑中,而力量、感觉和随意运动也源自脑。”阿巴斯还提出了一个盖仑没有讲过的观点,即脑的3个脑室中充满了“动物精气”,这些精气源于心脏,并通过血液输送,而每个脑室又有着不同的精神作用。他曾说道:“前脑室中的动物精气创造了感觉和想象,中脑室负责智能或理性,而输送到后脑室的动物精气则产生运动和记忆。”虽然这些思想并无根据,但是在欧洲和中东盛行了近千年。甚至像达·芬奇、培根(Roger Bacon)等大思想家都对此深信不疑。直到威利斯的出现,才颠覆了这一错误的认知。

威利斯观察到人类大脑皮层富于褶皱，而在鸟类和鱼类的大脑中，平坦且均匀的表面几乎完全没有什么褶皱，他认为这可以解释为什么人类有高超的智力，而鸟与鱼类的理解和学习能力则较差。

威利斯将生理状态与脑的功能或功能障碍联系起来。他认为，头痛与脑部血流量突然增加有关，他认为疼痛的原因是鼓胀的血管压迫了附近的神经。这一极具远见的观点直到最近才被广泛接受。威利斯对睡眠、梦游、失眠、嗜睡、昏睡和昏迷都有开创性的想法。他将昏睡与阻塞性脑积水、脑肿瘤和脑卒中联系起来。当他解剖自己的病人的遗体时，他试图将不同精神疾病的症状，包括躁狂症、忧郁症和歇斯底里症，与脑部病理联系起来；而他同时代的许多人都还在其他器官中，如子宫、肺和脾脏，寻找病因。

通过对各种动物脑的比较研究，以及把病人临床表现与脑的异常联系起来，威利斯第一个提出：大脑皮层才是人高级智能的所在地，而不是前人所认为的脑室。他以临床应用为目的进行基础研究也开辟了当今转化研究的先河。

当然，我们不能期望古人对脑的认识达到今人的高度，威利斯也一样有些错误观点。例如，虽然他认为“动物精气”是在大脑皮层中产生的，但是他认为大脑皮层把血液中的某种东西转换成了精气，而对这些精气是如何产生行为的，他也是一头雾水。人们认识智能的所在地是大脑皮层而不是心脏是一个长期的过程，许多人对此做出过贡献，而威利斯则可能做出了最初且最重要的贡献。

布罗卡

皮层功能定位论的开拓者

图1 布罗卡

在人类认识自己的长河中，通过前面的介绍，我们知道首先是维萨里从科学上论证了心智来源于脑，然后是威利斯论证了大脑皮层而非脑室才是心智的所在地。然而心智的各种功能究竟是需要整个脑的参与，还是只要脑的一部分参与，依然是个争论不休的问题。德国解剖学家和生理学家加尔率先较有影响地提出脑的各种功能定位在不同脑区的观点，但是这一观点纯粹出于猜想，并没有实验证据，虽然曾经红极一时，但最终灰飞烟灭，连其脑功能定位的思想一同被世人抛弃了。第一位提供可靠的科学证据说明语言功能定位在特定脑区，使脑功能定位思想死而复生的是法国医生、解剖学家和人类学家布罗卡。此外，布罗卡在人类学方面也花了大量精力，并做出诸多贡献，甚至还创建了全世界最早的人类学学会。

在此，我们仅聚焦其对脑科学的主要贡献。

早早起跑

1824年6月28日，布罗卡出生在法国波尔多的一个外科医生家庭。他16岁就获得了学士学位，17岁进入巴黎的医学院，20岁毕业。而同时代同龄的大多数医学学生才刚刚开始学业。毕业后，布罗卡在经过多次实习之后，23岁时成了著名解剖学家和外科医生盖尔迪(Pierre Nicolas Gerdy)的助手。25岁时取得博士学位，而29岁时成了教授。1868年，布罗卡当选为医学科学院院士。

世纪之争

布罗卡发现大脑皮层的语言中枢，源于当时有关大脑皮层是否有功能定位的一场大争论。19世纪初，加尔在提出颅相学后，把语言功能定位在额叶。他这样做并没有科学的根据，仅是根据他对头骨形状的观察。1815年，法国生理学家弗卢朗(Pierre Flourens)通过局部切除鸽子等动物的皮层而观察其行为变化，反驳了加尔皮层功能定位的思想。[1]然而，加尔以前的学生布约(Jean-Baptiste Bouillaud)虽然放弃了颅相学中诸多与事实不符的说法，但是仍然坚持大脑皮层功能定位假说(尤其是关于"语言中心"的说法)。1848年，布约基于他对脑损伤患者的工作，向反对者提出挑战，要求他们找出一例不伴有语言障碍的额叶损伤病例来推翻他的观点，甚至许诺给这样的反对者500法郎的奖金。他的女婿奥贝坦(Ernest Aubertin)继承了他的观点，并找到了几个支持该理论的病例。他甚至以一位"自杀未遂者"做了演示，此人向自己的头部开枪，但是只射掉了额骨，而大脑内部仍然完好无损，仅是暴露在外。他的智力和语言都完好无损，并活了好几个小时。在这期间，这位"自杀未遂者"接受了一个特殊的实验。当他说话时，一位医生用刮刀的平坦表面压迫他裸露的大脑的不同部位。当轻轻地按压到额叶时，他就停止说话了。停止按压时，语言功能又恢复了。这本应该是一个可能引起公众兴趣的话题，但是不知道什么原因，却没有引起人们注意。[2]

布罗卡创建的巴黎人类学学会经常要讨论语言在种族和民族方面的问题，常常会涉及语言的生理方面。当包括奥贝坦在内的几位解剖学家加入该学会后，语言在大脑皮层功能定位的争论就成了经常性的话题。虽然有很多专家并不支持加尔的论点，但奥贝坦坚持不懈地举出新的病例来反驳他们的观点。然而，争论一直没有平息下来。

不会说话的“他先生”

1861年，布罗卡诊视了一位名叫莱沃尔涅(Louis Victor Leborgne)的病人。这位病人在30岁时丧失了说话的能力，在巴黎郊区的一家医院里住了21年。入院时，他除了“他(tan)”这个音之外，无法清楚地说出任何其他词汇，因此被人起了个绰号“他先生”。他很想和他人交谈，但是只能发出“他”这个音节，并且每次重复两遍，同时伴随丰富的手势和不同的音调及语调。他似乎能听懂别人问他的一切，并尽力做出有意义的回答。莱沃尔涅是一位右利手，他不仅不会说话，也不会写字，然而他可以用左手做手势，虽然很多手势都无法令人理解，但当涉及数字时，他非常敏锐，可以把手表上的时间精确到秒，也清楚地知道自己在医院里待了多长时间。[1]

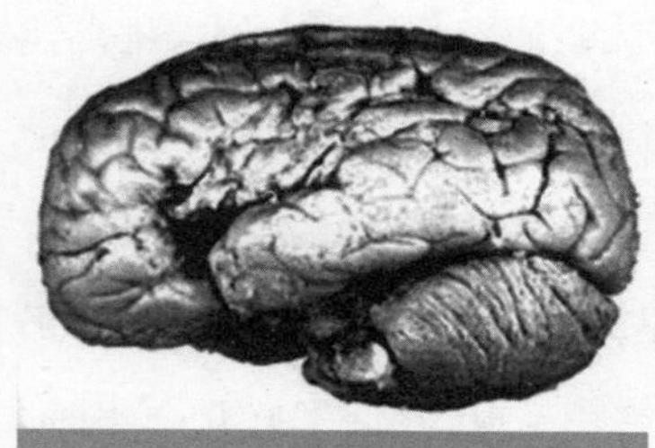

图2　莱沃尔涅脑的侧视图。由图可见，他的左半球额叶腹下侧有一处明显的损伤，这一脑区以后就被称为布罗卡区

后来，他的右臂和右腿相继瘫痪，视力恶化。1861年4月，莱沃尔涅得了坏疽。他的整

个右侧发炎,几乎不能动弹。4月11日,医生决定对他进行手术。正是由于这个原因,布罗卡诊视了他,然而已无力回天,4月17日上午11时,莱沃尔涅撒手人寰。布罗卡对他进行了尸检,希望找出病因。尸检发现,莱沃尔涅大脑左半球额叶的下后侧面发生了病变,病变部位紧挨外侧沟。莱沃尔涅死后次日,布罗卡就在人类学学会会议上介绍了他的发现。布罗卡断言说:"这一病例使我深信,额叶损伤是失去说话能力的病因。"[3]

并非孤例

莱沃尔涅的病例虽然是对语言功能定位假设的极大支持,但是只靠孤例并不能下结论,能否找到其他病例来支持这一假设呢?几个月之后,布罗卡果然发现了第二个病例。病人是一位名叫勒隆(Lazare Lelong)的84岁工人。1860年4月,勒隆突然失去意识,苏醒过来之后除了5个简单的单词外,说不出任何其他的话,他能说的5个法语单词是:oui(是)、non(不是)、tois(来自triis,即"3";勒隆用它来表示任何数字)、toujours(总是)和Lelo(他对自己姓的错误发音)。1861年10月,勒隆在一次摔倒中股骨骨折,被转入外科,12天后死亡。在他死后,布罗卡根据尸检结果发现他和莱沃尔涅有类似的病变。在接下来的两年里,布罗卡又从更多病例中找到了支持语言定位的尸检证据,他们都几乎不会说话,脑部损伤的位置都是类似的。这样,以大量病例为据,布罗卡表明,语言表达是有功能定位的,而且这种中枢位于左脑。不过,当他总结这些结果时,他依然非常谨慎。他说道:"引人注意的是,所有这些病人的损伤都在左半边。我不敢就此下什么结论,我还要等进一步的发现。"[3]布罗卡之所以这样谨慎也确实有其道理,因为从解剖学的观点来看,大脑的左右两半球是完全对称的。而从其他器官来看,如果器官成对出现,或者左右对称,那么这些部位的功能是完全一样的。不过,布罗卡指出,大脑左右两半球在发育过程中略有不同,在胚胎期左半球发育得要稍早一点,这也许会使其功能略有区别。虽然后来的研究表明这些病人受到损伤的部位比布罗卡认为的要广，但是他的主要思想并没有错。

值得指出的一点是，布罗卡发现大多数失语症患者会在几周内恢复部分语言能力，特别是如果受到训练的话。布罗卡猜想这可能是大脑右半球正在接管左半球的一些功能所致。实际上，这就是现今我们关于脑可塑性的思想，布罗卡远远走在了他的时代的前面。

图3　韦尼克

1865年，布罗卡发表了他对这12名患者的尸检结果。他的工作启发了其他人，他们进行尸检时非常仔细，目的就是将更多脑区与感觉或运动功能联系起来。其中影响最大的是德国医生韦尼克。1873年，他收治了一位脑卒中病人，虽然这位病人能说会听，但是他既听不懂别人的话，也看不懂文字材料。他自己说的话也混乱不堪，甚至完全表达不出任何意思。在他死后，韦尼克对他做了尸检，结果发现他的脑的顶叶和颞叶靠后方的交界处有病变。韦尼克认为，该区域负责理解语言，为了纪念他，以后这个区域就被称为韦尼克区。它和布罗卡区一样在绝大多数人中都仅限于左脑。韦尼克认为，说话需要一条通路连接一些执行相对比较简单任务的区域，韦尼克区负责理解语言，而布罗卡区则负责把话说出来。

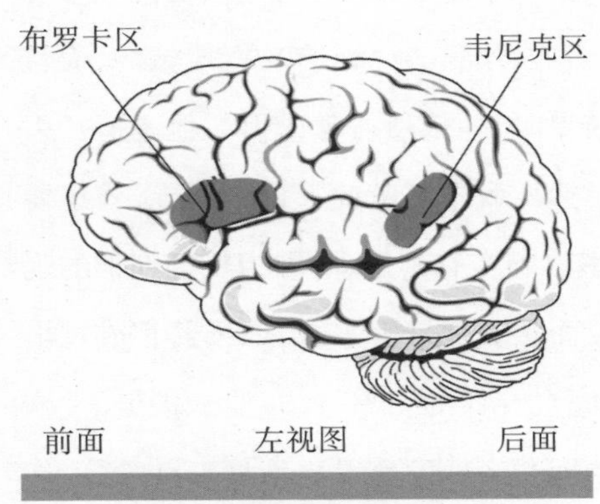

图4　布罗卡区和韦尼克区

在他们工作的基础上，到了20世纪，人们普遍同意在一定程度上皮层是有功能定位的。1909年，德国神经学家布罗德曼根据皮层各个部位细胞构筑的细微差别将大脑皮层划成52个区。后来有证据表明，基于组织学的分区在功能上也有意义，不过对于高级功能是否有定位的问题依然存在争论。总之，目前人们一般认为脑的绝大多数复杂功能既不需要整个大脑皮层都参与其间，但也不是由单个小片脑区完全负责，而需要若干不同脑区的协同工作。

高尔基

首次看到神经细胞全貌的人

图1　高尔基

虽然人们已经知道大脑皮层是心智活动的所在地，并且特定功能定位在皮层的某些特定区域，但是关于这些功能的细胞机制依然无人了解。1839年，德国动物学家施旺认为，无论动物还是植物，都是由一个个相对独立的细胞构成的，从而建立了细胞学说。人们也用显微镜观察了脑组织，发现其中有像细胞体这样的节点和大量纤维，但由于当时没有合适的染色技术，所以始终未能看到完整的神经细胞。这个任务直到1873年意大利的一位住院医师发明了以自己姓名命名的染色法，把整个细胞染上了色，才让世人看到了神经细胞的全貌。他就是高尔基。

高尔基是最早获得诺贝尔生理学或医学奖的两位神经科学家之一，他为神经科学做出了多方面开创性的贡献，也在生理学和医学的其他领域多有建树。他既能抓住机遇,从偶然的发现中开创出一片新天地;又在某些时候坚持己见,拒不接受他人的正确见解,以致错失良机。瑕不掩瑜,他的历史贡献是巨大的。无论是他的成功经验,还是失败教训都对后人多有启发。

早年立志

1843年7月7日,高尔基出生在意大利布雷西亚省的小山村科尔泰诺(为了纪念他,该地已经更名为科尔泰诺·高尔基)的一名医生家里。他子承父业,在帕维亚大学攻读医学,22岁毕业以后顺理成章地在多个医院行医,并成为卓越的精神病医生隆布罗索(Cesare Lombroso)的助手,正是后者激发了他以研究脑为业的志向,他们在一起探讨精神疾病和神经疾病的起因。后来,隆布罗索成了高尔基的导师,在其指导之下,高尔基于1868年取得了博士学位。有空的时候,高尔基还到比佐泽罗(Giulio Bizzozero)领导的普通病理学研究所学习当时正在兴起的以使用显微镜为标志的实验医学,也正因为此事,他对组织学研究产生了浓厚的兴趣。他和比佐泽罗结下了深厚的友谊,不仅与其住在同一栋房子里,后来还娶了比佐泽罗的外甥女为妻。高尔基深信理论必须得到事实的支持,因此逐渐放弃了对精神病学的研究,而把精力集中到有关神经系统结构的实验研究上。当时,组织固定和染色技术才刚刚兴起,神经组织由于其复杂性,并不适用现有方法,这也大大增加了他的研究兴趣。

在28岁左右时,高尔基终于发表了几篇论文,其中最重要的是有关神经胶质细胞的研究,并受到国际学术界的引用。到29岁时,他已经是一名小有名气的临床医生和病理组织学家了,不过这还不足以使他在大学中谋得一个令人满意的职位。迫于父命和经济上的考量,他不得不申请到米兰附近的一个小城里去当一家慢性病医院的主治医师。几乎所有人都认为,在这样一所小镇医院中任职似乎就意味着研究生涯的终结。但是高尔基并不是一个轻言放弃的人,在经过初始的困难阶段之后,他终于把医院的厨房改造成一间简陋的实验室。实验室内有一台显微镜，还有少量其他仪器，这样他就可以在业余时间继续自己的研究了。

意外发现

条件是艰苦的，研究工作大多只能晚上在烛光下进行，但是高尔基乐此不疲。一天，他偶然把一块用重铬酸钾固化的脑组织放到盛有硝酸银溶液的碟子里。几个星期后，高尔基想起了这块还浸在碟子里的脑组织。令他大为懊恼的是，这两种物质发生了化学反应，脑组织标本发黑了。但是，当他把标本放到显微镜下，高尔基惊奇地发现脑块显现出复杂的花纹：在一团缠结的网络中散布着黑色的斑点——神经细胞体。他又用不同脑区的标本进行实验，包括嗅球、小脑和海马，结果是类似的。万幸的是，不知道什么原因（直至今天仍无人知道），标本中只有很少一部分神经细胞（只有1%—5%）被染了色。神经细胞排列得非常密集，如果所有的细胞都染上色的话，那么标本就会变得漆黑一片，那就与未染色时一样了，人们很难看清它们的结构。同样幸运的是，一个神经细胞如果有部分能被这种方法染上色的话，

图2 狗的嗅球的组织学结构图。这是高尔基根据其发明的染色法画出的第一张图

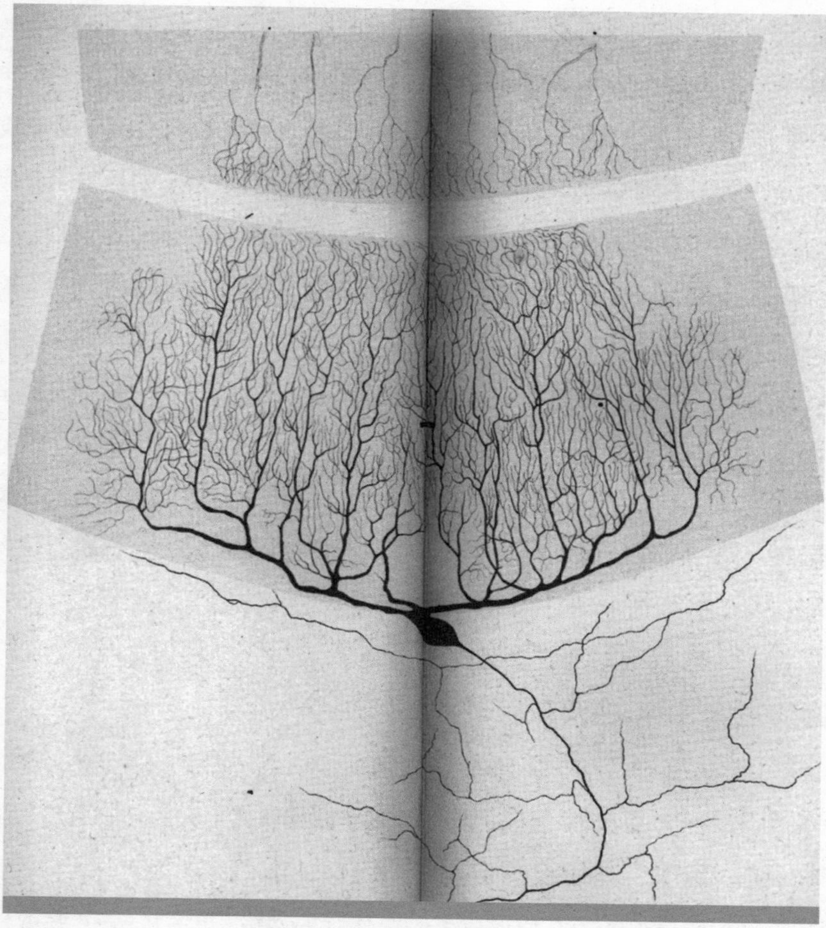

图3　高尔基笔下的小脑皮层

那么整个神经细胞都将被染上色。高尔基的染色方法使人们第一次看到了整个神经细胞的外形。这简直是一个划时代的重要发现。诚然，在高尔基之前，许多科学家早就看到脑组织标本中有许多颗粒状结构和纤维状结构，但是从来没有人像他一样观察到了如此清晰且全面的标本。

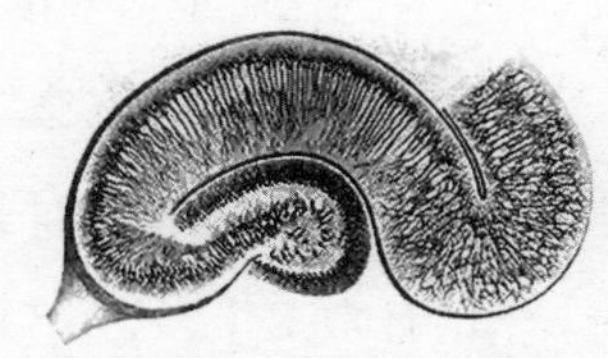

图4　高尔基笔下的海马

得出这一重大的发现后，高尔基按捺不住兴奋的心情，立刻给他的朋友曼弗雷迪(Niccolò Manfredi)写信道："我花了大量时间用显微镜进行观察。我非常高兴发明了一种新方法，即使是盲人用了这种方法也可以看到大脑皮层基质的结构。我把用重铬酸钾固化了的脑组织放在了硝酸银溶液中，它们发生了反应。我得到了一些非常漂亮的结果，并希望在今后还会得出更好的结果。"[1]后来，这种染色法被命名为高尔基染色，这是对脑结构研究的一大突破。[2]这种方法使人们可以清楚地看到神经细胞非常复杂的形态及其各种细节，甚至可以追踪到离细胞体很远的地方。正是这一重要发现使高尔基在学术界声名鹊起，并在33岁时成了帕维亚大学的组织学教授。

可惜的是，他所发明的方法不太稳定，别人照他的方法去做不一定每次都能得到理想的结果，而他本人也没有对这个问题做进一步研究，而把精力转到了其他课题上去了。这使他错失了成为神经科学之父的良机。

正确的方法，错误的解释

高尔基用正确的方法得到了正确的结果，但是限于当时显微镜的分辨率，并非所有细节都能看得一清二楚，怎样解释这些结果就成了大问题。虽然高尔基相信各个细胞体和树突是分开的，但无法说服自己相信最细的轴突分支也是彼此分离的，于是他错误地认为它们形成了一个连续的网络，并将其称为"弥散性神经网"。他认为可以用这种网络来解释统一的神经功能。

这种想法听上去好像很合理，也能为神经功能的统一性提供某种简单明了的解释。但遗憾的是，它违反了高尔基自己告诫后人的话："胡思乱想得不出可靠的科学知识，这只能在表面上似乎取得了进展；可靠的科学知识靠的是缜密的、有条不紊的日常工作，只有这样才能可靠地获得一个个事实，创造出有关生命规律的颠扑不破的知识。"

并非所有人都同意高尔基的这种神经网说法，其中一位就是年轻的西班牙医生卡哈尔。他对高尔基染色法做了改进,并多方面论证了神经系统和其他生物组织一样也是由独立的细胞组成的,神经细胞彼此并没有融合成一张网,提出了神经元学说(关于这一点,我们将在《卡哈尔:神经科学之父》中详细展开)。可能是过于钟爱自己的学说,也有可能是过于自负,高尔基对卡哈尔的神经元学说嗤之以鼻。

1906年,诺贝尔生理学或医学奖颁给了持对立观点的高尔基和卡哈尔。令人惊异的是,高尔基获奖演说的题目居然是"神经元学说:理论和事实",他在演讲中对卡哈尔的神经元学说大加抨击,声称:"由于面对一个具体的解剖事实,我不能同意现在流行的说法。这个事实就是存在一种我称之为弥散神经网络的结构。我认为这个网络非常重要,我毫不犹豫地把这种网络称为神经器官,这种网络的组成方式本身就表明了它的重要性。事实上,中枢神经系统的每个神经元件都对中枢神经系统的结构有所贡献,尽管它们在方式上可以有所不同,在程度上也可以有所不同。"[3]

图5 高尔基在他的实验室

在高尔基和卡哈尔在世的时候,虽然种种间接证据都已表明神经细胞是彼此分离的独立单位,但是由于不同神经细胞邻接之处靠得实在太近(20纳米或更小),最近处只有光学显微镜分辨率极限(100纳米)的几十分之一到五分之一,因此不可能在光学显微镜下直接看见。一直到20世纪50年代有了电子显微镜之后,人们才终于看清了那些邻接最近的地方,实际上中间还是有间隙隔开的,神经细胞确实是彼此分开的。卡哈尔是对的,神经系统和其他生物组织一样,也是由一个个的细胞组成的。不过后来人们发现,也有少数神经细胞彼此之间的间隙实在太窄(只有3纳米左右),以致某些离子可以直接从一个细胞流到相邻的另一个细胞,电流也是这样。从物质和能量能直接交流的意义上来说,高尔基的神经网学说对这些细胞也是成立的。

当然,高尔基拒绝神经细胞彼此独立也有历史原因。在19世纪末,当时的神经学权威大多信奉网状学说。不过,正如卡哈尔在多年之后所说:“这在1886年还情有可原,当时人们还不清楚神经元间联系的基本事实。但是到1906年,事过20年之后,在神经系统的微观解剖上已经取得极大进展的情况下,他还坚持陈旧的观念,就有点说不过去了。”

图6 高尔基的诺贝尔奖获奖证书。这一证书现陈列在帕维亚大学校史馆的高尔基大厅中

硕果累累、生荣死哀

图7 用以纪念高尔基的邮票

高尔基是一位多产的科学家，除了使他流芳百世的高尔基染色法之外，他还在生理学和医学的其他方面留下了印记。例如，正是他发现了机械感受器中的高尔基腱器官，也正是他确定了疟原虫在红细胞内的整个发育周期——高尔基周期。他还发现了肾小球血管端和远小管之间的关系，这在血压调节中起着重要的作用。此外，他还在腹膜输血、肠寄生虫感染、肾组织再生和病变等方面都有建树。50岁后，高尔基又回到了神经系统研究，通过他发明的染色法，发现了脊髓神经节细胞中的内网结构（即后世所称的高尔基体）。这一发现成为细胞学上的一大突破，关于是否真有这样一种结构也发生过激烈的争论，最终也是到有了电子显微镜之后才得以肯定。[4]这一细胞器也使他成为细胞和分子生物学上被引用次数最多的科学家之一。在高尔基过世后，他的母校帕维亚大学在校史馆专门开辟一个展室展示他的成就，并命名为高尔基大厅。1994年，欧洲共同体还专门发行了一枚纪念高尔基的邮票，真可谓生荣死哀了。

卡哈尔

神经科学之父

图1　卡哈尔

卡哈尔是举世公认的“神经科学之父”，他手绘的大量神经细胞图谱尽管已逾百年，但至今仍被用作教材，是神经科学研究的重要资料。人们一般会认为，像他这样的科学巨匠，应该从小就是一位神童，或者至少是一位品学兼优的模范生，但令人大跌眼镜的是，情况完全不是这样，年幼时的卡哈尔是一个令其父亲头疼不已的“问题少年”！

问题少年[1]

1852年5月1日，卡哈尔出生于西班牙边陲小镇的一个医生家庭里。在他的姓名中，Santiago（圣地亚哥）是名，Ramón y Cajal中的Ramón（拉蒙）是父姓，Cajal（卡哈尔）是母姓，y是连接词“和”的意思。现在按照约定俗成翻译成卡哈尔。他的父亲是一位乡村外科医生，后来成了萨拉戈萨大学的解剖学教授。他从小就不是一个循规蹈矩的孩子，个性很强。对喜欢的东西似痴如狂，而他不喜欢的东西，也很难强加于他。例如，他很喜欢观察鸟的行为，有一次彻夜未归，让许多人找了一夜，直到早上人们才发现他被困在悬崖半山腰的鸟巢旁边，不上不下，只能在那里等天亮。他的另一个爱好是画素描，只要给他一张纸，他就手发痒，总想画点什么东西：扬蹄的骡子、孵蛋的母鸡、高处的城堡等都是他画素描的对象。他的父亲不但没有对他的这种性格和才能因势利导，加以培养，反而大加反对，他担心这样做会使儿子分心（然而，我们在下文中就会看到，他的这些出色的艺术才能对其日后的成功颇有助益）。在学校里他非常不听话，喜欢恶作剧，而且目无尊长，成绩也很差，还因为逃学而被责打。1863年，在他才11岁时，就因为用一门自制的火炮轰垮了邻居院子的大门而被监禁了些日子。

父亲把他送到了一所神学院学习，在那里，教学用的都是拉丁文，且要求学生大段背诵。学院的纪律非常严厉，动辄用棍棒、监禁来对犯错学生进行惩罚。卡哈尔自然不吃这一套。无奈之下，父亲只好让他转学。这次在学校里倒是不用学拉丁文了，但是他对课程里的数学和科学同样不感兴趣。相反，他偶然发现在邻居的阁楼里存放有一批冒险小说，其中《鲁滨孙漂流记》（*The Adventures of Robinson*）和《堂吉诃德》（*Don Quijote de la Mancha*）等书成了他的最爱，不过这又被父亲发现了。他的父亲很绝望，只好让他去给理发师当学徒。

于是，卡哈尔不得不整天给人理发，而他的师傅却常常弹吉他、聊天、谈《山海经》，他的心里很不是滋味。下班后，他和一帮年轻的小混混打成一片，成了他们的头儿。他们假扮强盗，捉弄警察玩。在这些恶作剧中，他能像蜥蜴一样爬上高墙。家长们要自己的孩子不要和他一起玩。卡哈尔的自尊心受到了很大的伤害，他很不服气，也很痛苦，这时，一个友好的鞋匠给了他安慰，鞋匠说他有成为一名优秀鞋匠的条件。于是，他的父亲让他去给鞋匠当学徒。这次他做得很好。一年后，他的父亲对他重拾信心，让他再次入学；这次他表现不错，不过还是出了一次

“事故”:在月光下,一堵刚刷白的墙对他的诱惑力实在太大了,他用一根烧焦的棍子在墙上画了许多老师的漫画,这些让老师们非常生气。

1868年夏,他的父亲带他去墓地寻找人体遗骸进行解剖学研究,希望能引起他对医学的兴趣,子承父业。谁知这下倒是歪打正着,触发了他喜欢绘画的天性,他对描绘骨架着了迷,这成了他人生的转折点,从此走上医学研究之路。卡哈尔进了萨拉戈萨大学的医学院就读,并在1873年21岁时毕业。

在父亲的亲自指导下,他开始学习解剖学。后来,在大学里,他还在解剖室里帮助父亲。他的解剖图画得非常好,以至于有人说可以出一本解剖学图谱。可惜的是,未能找到出版商。不过那时,大学里教的都还是过时的教条,即使在诊所里也很少有实际的指导,因此产科教学就变成了纯粹的口头教学。卡哈尔后来回忆说:“这就好像以为没有枪我们也能学到枪法一样。”

对于这段大学生活,他后来回忆道,四年的大学学习在他身上没有留下多少痕迹。当然,这并不是说这四年的学习毫无收获,而只是说这四年的学习对他的成长助力不大。他说,在那些年里自己热衷于三件事:首先,受雨果(Victor Hugo)和凡尔纳(Jules Gabriel Verne)的影响,写诗和创作小说;其次,通过“英式训练”,胸肌和手臂肌肉都非常发达;最后,狂热阅读哲学书籍,尽管他所有的朋友都不赞成他这样做。

迷上给神经细胞画像

毕业后卡哈尔成了一名军医,并随军到了古巴。不幸的是,他在那里得了疟疾和肺结核,这样在从军两年之后,不得不回到西班牙,并于1877年到马德里参加医学博士学位考试。正是在博士学位的组织学考试中,他第一次看到了显微镜下的实际标本,这引起了他的极大兴趣。考试结束以后,他回到萨拉戈萨,在生理系找到了一台老式显微镜。他第一次看到了青蛙血管中的血液流动,后来他回忆说:“一个惊人的景象,这是我生活中一件难忘的事件。”这时卡哈尔想起他曾在马德里的一家商店里看到过一台法国显微镜，于是他几乎用尽了在古巴从军时节省下来的积蓄订购了这台仪器。

他被任命为萨拉戈萨大学的博物馆馆长，但是一个新的打击来了，他得了严重的肺结核，病势一度凶险，以至于几乎绝望。他努力使自己振作起来，对生活保持兴趣，这终于使他摆脱了悲观情绪。说来奇怪，经过15个月之后，他居然康复了，还结了婚。婚后他曾在巴伦西亚大学等任职。1887年，他到巴塞罗那大学担任教授。最后到马德里大学担任组织学和病理解剖学系的系主任，直到退休。

1887年，他第一次看到了用高尔基染色法染色的神经组织标本。虽然高尔基发明这种染色法已经有14年了，但遗憾的是，这并没有产生很大的影响。因为当时在德国和法国，科学家认为使用他人的方法是不名誉的，[2]而高尔基原始的染色法又不够稳定，他人不易重复出同样的效果。另外，当时西班牙的神经学界游离于欧洲主流之外，卡哈尔一直不知道也就不足为奇了。1887年，他到马德里去访问西马罗(Luis Simarro)，后者刚从巴黎访问法国解剖学家朗维埃(Louis-Antoine Ranvier)归来，在那里看到了用高尔基染色法染色的脑切片。当他把这种切片显示给卡哈尔看时，卡哈尔深深地为标本的清晰和美丽所震撼。他当晚一宿未眠。第二天，他又去拜访西马罗，想再

图2 实验室中的卡哈尔

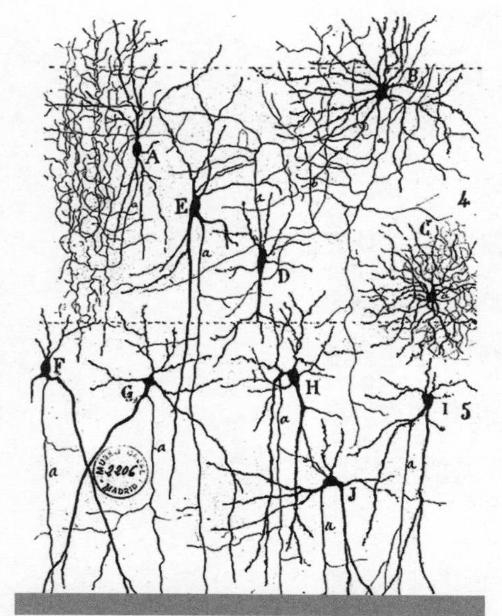

图3　卡哈尔笔下听觉皮层中形态各异的各种神经元。图中可以清楚地看到一个个细胞体和从它上面发出的树突和轴突[3]

看一次标本。“在清晰的背景之下，矗立着黑色的线头，有些细长而光滑，有些粗壮而多刺，在一个由星状或纺锤状的小密集点所点缀的图案中。所有这一切都像用中国墨汁在透明的日本纸上画出的素描一样清晰。想想看，同样还是那些组织，当用胭脂红或洋苏木来染色时，眼睛看到的会是纠缠不清的一团，再怎么努力看也看不清楚。而在这里，恰恰相反，一切都清晰明了，就像一张图。看一眼就够了。我目瞪口呆，无法把目光从显微镜上移开。”回去之后，他就照着高尔基的方法进行实验，尽管这种方法不太稳定，有时行，有时不行；但卡哈尔一点都不气馁。在短短几个星期里，他实际上重复出了高尔基描述过的几乎一切。那时，卡哈尔关注神经系统研究才一年时间，主要是为一本组织学技术书收集合适的插图，他常为用传统方法研究神经组织很不理想而苦恼。用高尔基法染色的标本让他脑洞大开。他后来在自传中回忆说，神经细胞“一直到其最细小的分支都染上了棕黑色，在透明的黄色背景中异常清晰。一切都像用墨汁绘成的素描”。[4]有意思的是，朗维埃虽然知道得早，却对高尔基染色法缺乏热情，而卡哈尔当即理解到自己发现了一个丰富的领域，然后迅速利用这一方法投身工作，他曾表示：“这并非只是急切，而是拼命。”[4]卡哈尔真是一位善于抓住机遇的大师！

要知道，在高尔基发明其染色法之前，人们对神经系统的基本组成了解极少，这是因为没有适当的染色方法可以清楚地看到整个神经细胞。那时的染色法只能看到细胞体和少量近端突起，以及某些染色不良的孤立的神经纤维。即使在高尔基发明了以他名字命名的染色法之后，人们也错误地认为神经细胞彼此融合在一起，构成了像心血管系统那样的一张大网。这一看法被称为“网状学说”。卡哈尔对高尔基染色法做了改进，浸泡更长的时间，并且更多采用少髓鞘的幼小动物的脑组织，使染色的效果更为稳定。他迫不及待地用这种方法对许多不同物种的神经系统的许多不同部位做了染色，其中包括小脑、视网膜、嗅球、大脑皮层、脊髓、脑干和听觉皮层。后来当他回忆这一段时间时说道：“在我的标本中发现了许多新现象，脑中的想法纷至沓来，发表的狂热充满了我的心灵。”[4]卡哈尔的绘画天赋也使他得以把他多次观察到的结果综合成一张图，在他的生花妙笔之下，原来死气沉沉的标本都被画得栩栩如生。

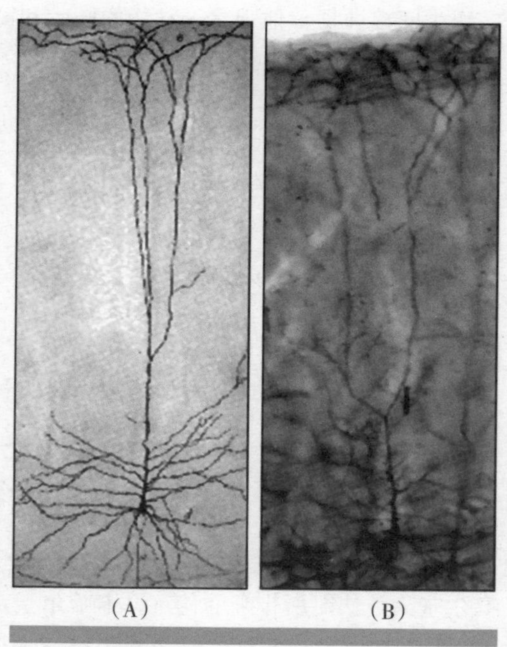

图4 卡哈尔笔下的锥体神经细胞(A)和他所做标本的显微摄影照片(B)[5]

右图是他笔下的锥体神经细胞(A)以及他所做标本的用现代显微摄影术所拍的照片(B)，通过对比，人们不得不感叹卡哈尔画得是多精确而清楚啊！就像有人称赞艺术家所画的某人肖像："比他本人更像他自己！"

这时候他已经37岁了，对于科学家来说，已属于大器晚成了。不过，从他所达到的高度来说，他绝对不必为此悔恨。正是卡哈尔所做的改进和大量工作，使高尔基染色法广为人知。而高尔基本人则已把注意力放到了其他课题上去了。

神经元学说的奠基人

正是在这样大量的研究之下，卡哈尔发现神经纤维虽然非常复杂，但是并没有确切的证据表明轴突的细枝是融合在一起的。因此，他认为神经细胞并不是当时已经建立起来的细胞学说的一个例外，神经系统也是由一个个独立的神经细胞构成的。当然，卡哈尔并不只是单纯出于自己的信念提出这一学说，他有实验事实作为间接证据。他观察了动物的胚胎和没有发育成熟的动物，发现发育中的神经纤维首先是从神经细胞体上长出来的，只是在稍后才长向肌肉和别的神经细胞。在轴突的末梢他发现有膨起的组织，也就是现在所称的"终扣"，他认为这是两个不同神经细胞的分界处。他还观察到，如果切断神经纤维，那么失去了和细胞体联系的那段纤维就会退化。他还指出，神经脉冲在神经纤维上的传导是单向的，因此细胞和细胞之间应该有一个像阀门那样的间隙，只允许这种单向的传导；如果神经系统是一个互相连通的网，那么这种传导就应该是弥散性地扩布到四面八方，但是事情并非如此。他的这些发现得到了其他科学家的证实。这是对高尔基弥散神经网学说的沉重打击。

卡哈尔的另一个重要发现是在某些神经细胞（有棘神经元）的树突上有被称为"树突棘"的结构。当时，许多科学家（包括高尔基在内）认为，这些棘只是采用高尔基染色法时所带来的伪迹。卡哈尔于是采用了不同的染色方法，都得到了同样的结果，这就表明确实存在树突棘。他看到了同时代许多科学家用类似的显微镜、类似的标本所没有看到的事实。

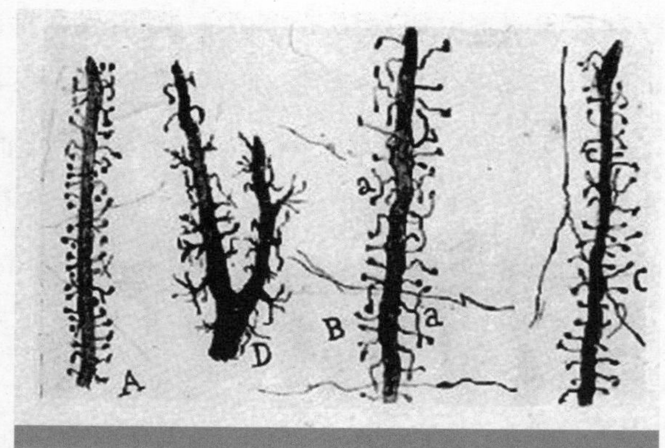

图5 卡哈尔笔下的树突棘。材料取自兔子(A)、两个月的婴儿(B)、一月大的幼猫视区(C)、猫的有棘运动神经元(D)[5]

他意识到自己发现的重要性,而西班牙文在当时并不是科学上的通用语言,因此他把文章译成了德文,并带到国际学术会议上去宣读。为此,他还自掏腰包办了份杂志——《正常和病理解剖学季度评论》(*Quarterly Review of Normal and Pathological Anatomy*),每期都有60份分送给其他国家的解剖学家。当时他已有6个孩子,家庭经济负担很重,为了节省,只好不再去他本来很喜欢的国际象棋俱乐部。

为了宣传自己的发现,卡哈尔在1889年自费到柏林去参加德国解剖学会柏林学术大会,他在会上向听众展示了他那些奇妙的显微切片。后来他回忆道:

> 我开始用蹩脚的法语向好奇者介绍我的标本,有些组织学家围在我身边,虽然人数不多……无疑,他们是来看笑话的。但是,当我在他们的眼前展示出一系列极度清晰的无可挑剔的标本时……他们那原本傲慢的皱眉消失了。最后,对卑微的西班牙解剖学家所持的偏见给予热烈而真诚的祝贺。[4]

会上,卡哈尔认识了德高望重的瑞士组织学"大咖"

克利克(Rudolph Albert von Kölliker),尽管克利克自己以前是一位神经网状学说的拥护者,但是他被卡哈尔的工作深深地打动了,事后他重复了卡哈尔的观察并一一加以证实。为了介绍卡哈尔的工作,虽然已届古稀之年,但他仍然自学了西班牙文,并把卡哈尔的文章译成德文。克利克还不无幽默地说道:“我发现了你,我还希望德国会知道我的这个发现。”[2]卡哈尔在事后说道:“正是由于克利克是位‘大权威’,我的想法才得以迅速传播,并得到科学界的赞赏。”[4]1891年,卡哈尔的另一位支持者瓦尔代尔(Wilhelm von Waldeyer)给神经细胞起了个专门名字“神经元”,他赞同卡哈尔认为神经细胞是神经系统的结构单元,也是其生理单元的想法,于是这一学说就被称为“神经元学说”。而卡哈尔也就成了“神经元学说”的开山鼻祖。

“对簿”诺奖颁奖典礼

1906年10月,卡哈尔收到从斯德哥尔摩发来的一份德文电报,通知他和高尔基分享了本年度诺贝尔生理学或医学奖。卡哈尔苦笑了起来:“我们两人同时获奖,命运开了一个多么残酷的玩笑,我们两个性格迥异的科学对手就像双肩连在一起的连体双胞胎一样。”[4]要知道,高尔基是网状学说的卫道士,而卡哈尔创立的神经元学说则正是网状学说的对立面。两人分享诺贝尔生理学或医学奖,这意味着两人都要在颁奖典礼上介绍自己的观点,显然不可能“你好,我好,大家好”。

尽管卡哈尔曾称颂高尔基发明了一种非常好的染色方法,给人们提供了一种观察神经系统的新工具,但是高尔基固执己见,在其获奖演讲中对卡哈尔的神经元学说大加抨击。[6]

卡哈尔不得不做了针锋相对的回应,他指出大自然并不是按从“逻辑”上听来更“合理”的方式来工作的,实验上找不到任何神经细胞彼此融合成网的证据。他说道:“没错,如果仅仅从逻辑的角度看问题,那么假定所有的神经中枢都是由介于运动神经和感觉神经之间的连续的中介网络构成的观点既方便又经济。遗憾的是,大自然看来并不理会我们智力上对方便和统一的要求,它常常更喜欢复杂多样……我给你们谈过的有关网状复合体的诱人想法(这种想法在形式上每5—6年就变化一次)使得一些生理学家和动物学家反对神经流可以通过接触或者隔开一定间隙进行传播的学说。他们所有的主张都是基于一些由不完善的方法所得出的结果,远远不如据以构建神经元概念的那些发现……我想说的只是,尽管我竭力想从用各种染色方法所得到的标本中找到人们所假定的细胞内管道……但我还是没有找到哪怕一丁点儿确凿无疑的证据……"[6]

多年之后,当卡哈尔回忆起这一幕时,依旧不免心情激动:"他有权选择他演讲的主题①,但遗憾的是,他在为自己不切实际的网状学说辩护时,表现出了过度的骄傲和自我崇拜,这给听众留下了很不好的印象。若这发生在1886年还情有可原,毕竟当时人们还不清楚神经元间联系的基本事实。他对意大利以外(甚至包括意大利)发表过的几乎数不清的神经学著作连提都不提。无论是来自帕维亚的解剖学家,还是他的同胞卢加洛(Lugaro),都没有给他以前的发现增加任何有价值的东西。同样,他认为没有必要对他以前的理论错误或观察中的失误进行任何修正。高尚的、没有一点利害关系的雷丘斯(Retzius)为此惊愕不已;霍姆格伦(Holmgren)和亨申(Henschen)以及所有瑞典的神经学家和组织学家都呆呆地看着他这位演讲者。我不耐烦地颤抖着,因为我明白出于对传统最起码的尊重,我无法对这么多令人生厌的错误和这么

① 指高尔基的演讲题目:"神经元学说:理论和事实"。

多故意的遗漏提出适当而明确的纠正。”[4]

不过，卡哈尔并未因此一概抹杀高尔基的巨大贡献，他公正地评价说：“我钦佩高尔基的工作和他的科学品格，我对他极为尊重和敬重。正是由于他卓有成效的首创，我们才有了这种宝贵的方法，使我们能够如此清楚地看到构成神经中枢的细节。”[4]

对年轻科学家的忠告[6]

卡哈尔热爱研究，可以说他在生命的最后时刻还在写《神经元学说还是网状学说》(*Neuronismo ó Reticularismo*)。他的学生彭菲尔德(Wilder Penfield)这样描述与其最后一次见面的情景：“我们发现他在床上正襟危坐地写着手稿，床边堆满了书，靠他右手边的墙上洒满了墨汁。最近出现的耳聋和虚弱，正在向他关上通向世界的大门，但他的眼睛在毛茸茸的眉毛下闪闪发光，显示出未熄灭的火焰。”[1]

早在1897年时，卡哈尔就出版了《对来自边远地区的年轻研究人员的忠告》(*Advice for a Young Provincial Investigator*)，下面是笔者摘录的书中部分要点，供读者参考：

1. 争取胜利的唯一途径就是做好准备。

没有办法可以保证一定成功，没有任何逻辑规则可以保证你有所发现。但是你可以做好准备，而且你必须做好准备，这样当意想不到的发现、奇怪的现象或技术突破发生时，你就成了那个最能认识到其意义的人。

2. 不要迷信“聪明”。

不要总是自叹能力不足，科学需要是多方面的。勤奋可以弥补天赋，甚至可以创造天赋。科学家唯一最重要的美德就是坚持不懈。

3. 尊重权威要适度，不能盲目崇拜。

没有一种理论、方法和实验范式是完美的。不要捍卫或否认你老师的错误,而要从中找出需要解决的新问题。

4. 张弛有度。

在一段时间里集中全力研究某个问题。但是,如果经过一段时间仍未奏效,那么就应该休息一下。智慧来自工作和放松的适度结合。

5. 不要过分担心研究有用没用。

所有的科学发现最终都是有用的。如果我们总是得在研究之前就知道这项研究会有什么用,那么我们现在就不会有电池、摄影和X射线等工具。好的科学总会有用。

6. 对待失败的态度只有简单四个字:继续尝试。

正如卡哈尔所说,可以从转述者的话中学到点东西,但是不要完全相信。况且,即使笔者所述完全是卡哈尔的原意,读者也不应不加思考地全盘接受。

谢灵顿

脊髓功能机制研究的先驱

图1 谢灵顿

英国生理学家谢灵顿是卡哈尔神经元学说的热忱捍卫者。1897年，他提出使用“突触”这个术语来描述两个相邻神经元的接触部位，并认为两个神经元在这个部位沟通信息。由于神经作用速度很快，因此他推断这种作用必然靠的是“电信号”，这在后来被称为“火花”学说。

身世不明

谢灵顿的官方传记上记述，他于1857年11月27日出生在英国伦敦，是乡村医生詹姆斯·诺顿·谢灵顿(James Norton Sherrington)和妻子安妮·瑟特尔(Anne Thurtell)的儿子。然而，老谢灵顿是一名铁匠和彩绘师，根本就不是什么医生，并且在1848年就去世了，比小谢灵顿出生还早了近9年。按照1861年人口普查的记录，小谢灵顿是和瑟特尔(寡妇、户主)、凯莱布·罗斯(Caleb Rose,访客、已婚、外科医生)住在一起的。1871年,凯莱布·罗斯成了户主,但是一直到1880年其妻子去世后才和瑟特尔结婚。所以,人们一般都认为他是凯莱布·罗斯的非婚生子。在旧时代,“私生子”往往受到极大的歧视。即使在思想相当开放的现在,“私生子”往往依然是人们八卦(绝非好意)的话题。在谢灵顿的时代,从“私生子”成为“爵士”绝对是一件奇闻。[1]

少年学霸

19世纪60年代,谢灵顿一家搬到了伊普斯威奇居住。凯莱布·罗斯在那里很有名望,他喜好艺术,家里藏有许多精美的画作、书籍和地质标本,并且经常有知识分子来拜访。在谢灵顿进大学之前,凯莱布·罗斯就送给他一本穆勒(Johannes Peter Müller)的《生理学手册》(*Handbook of Physiology*)。他希望“儿子”也能从医。正是在这样的氛围之下培养起了谢灵顿的文化素养。谢灵顿也不负“父”望,1879年最终进入剑桥大学,师从“英国生理学之父”迈克尔·福斯特爵士(Sir Michael Foster),学习生理学。

1881年,在自然科学三联考第一部分的考试中,谢灵顿获得了生理学的星级第一;1883年6月,在自然科学三联考第二部分的考试中,他又获得了第一。他的老师汉弗莱(George Humphry)当时对他的评价是:“他的能力和勤奋给我留下了深刻的印象。他工作做得很好,学生们都很喜欢他。他和蔼可亲的品质使他大受欢迎,他也是最讨人喜欢的同事。”

在剑桥的日子里对他影响最大的一位老师是加斯克尔(W. H. Gaskell)。多年以后,谢灵顿深情地回忆起恩师对他的影响:

> 他对我以及我想做的事一直都有所启发,而且这种启发往往都是潜移默化的。我想,这种启发之所以起作用多数是因为它的潜移默化。人不喜欢被赶着鸭子上架,但启发和赶着鸭子上架不一样。

他和我都认为，如果没有抑制，随意肌就不可能正常工作。但我们都猜测这种肌肉有传出的抑制性神经……渐渐地，通过反射实验，我突然意识到，对于随意肌来说，抑制作用并不是直接作用于肌肉，而是作用于驱动肌肉的脊髓运动细胞，从这个意义上说，这些抑制都是传入的或中枢的。当我告诉他这个想法时，他放下了自己手头已近完成的工作，不惜花费时间仔细考虑我的想法及其所有优缺点。……那种注意倾听他人想法的天赋，以及无私地放下自己的问题而去关注学生的问题，这些都是他天性的特点。

他那超凡脱俗的真诚，使他的批评或赞同力量倍增。他是真理的化身。在许许多多方面，我都要感谢他的帮助和启发。[2]

作为学霸，谢灵顿绝不是一位只知道死读书的学生，他在课余热爱体育活动，他曾在多个球队里踢过球，也是牛津大学赛艇队的成员，对体育活动的热爱维持终身。他还酷爱诗歌、文学、读书和旅游。

崭露头角

1884年，即谢灵顿获得剑桥大学医学和外科学士学位的前一年，他的导师兰利(John Newport Langley)和他联名发表了一篇文章，报告了当时一场震动神经科学界争论公案的"裁判"结果，这使他在学术界崭露头角。

事情是这样的：在1881年的第7届国际医学大会上，两位学界大咖——英国的费里尔(David Ferrier)和德国的戈尔茨(Friedrich Goltz)，就大脑皮层是否有功能定位进行了激烈的争论，他们各自把自己的实验动物带到了会场当场表演来支持自己的观点。

在会上，戈尔茨给听众看了一条鲜蹦活跳的狗，他告诉听众这条狗已经在顶叶皮层和枕叶皮层动过5次手术，然而这条狗既不瞎，也不聋，其他感觉也一切如常，能跑会跳。他讽刺定位论说："某种水果看起来可能非常诱人，但是穿芯烂。

我们并不难发现有关皮层定位假说的烂芯子。”

比戈尔茨年轻9岁的费里尔在会上展示了两只猴子，其中一只在7个月大时脑部发生病变后出现半身不遂，另一只猴子则在10周前损毁了两侧颞上蝶回。虽然后者没有瘫痪，但听不见声音了，哪怕是雷管的爆炸声。费里尔曾用非常微弱的电流刺激猴脑初级运动皮层上的不同部位，观察由此引起的对侧肢体的运动，得出了很精细的猴脑运动皮层图谱。因此，费里尔极力主张功能的局部化。对于戈尔茨的观点，他说："我拒绝他的结论。"

两人都有实物为证，究竟谁是谁非一时难明真相。会议主办方最后组织了一个包括兰利在内的4人委员会进行调查。委员会取出狗和猴子的脑送第三方进行检查。狗的右半球被送到剑桥进行检查，谢灵顿作为兰利的助手对该半球进行了组织学检查，结果发现这条狗的脑部损伤比戈尔茨所讲的要少得多。特别是包括运动区在内的额叶保持完整，视区也没有受到损伤。委员会觉得这条狗剩下的皮层完全可以负责感觉和运动功能。兰利和谢灵顿的联名论文是谢灵顿的第一篇论文，而委员会对费里尔的猴子所做的检查，说明其大脑皮层的损伤部位确实和费里尔报告的完全符合。这样，这一"公案"终于水落石出。也正因如此，谢灵顿声名鹊起。

黄金岁月

1891年，谢灵顿被任命为伦敦大学布朗高级生理和病理研究所所长，那里条件很好，谢灵顿不仅进行医学微生物学的研究，同时还开始了对脊髓的系统研究。当时，人们对神经系统的认识还很肤浅，甚至对神经细胞是否由一个个独立的神经细胞构成的都尚未有定论。在这种情况下，要想研究复杂的神经功能的机制，显然时机还不成熟。于是，选择可以着手研究的突破口就非常重要。被诺奖得主坎德尔誉为20世纪最伟大生物学家的克里克在讲到研究意识这一难题时曾说，不应一开始就屯兵坚城之下研究像自我意识之类的难题，而应该挑选较易见效的突

破口，比如视知觉的神经相关集合。谢灵顿的恩师加斯克尔当初建议他从脊髓开始研究，无疑也是出于同样的战略考虑。正如诺奖得主哈特兰评价自己所选择的研究对象时所说，这是一个简单到可以着手进行研究，又复杂到可以由此得出某些普遍原理的标本。谢灵顿是幸运的，他同哈特兰一样，"找对了"方向。

不过，谢灵顿集中精力研究神经系统是在1895年他到利物浦大学担任霍尔特生理学教授之后。他继承了前人分析神经活动基本成分的思想，并把注意力集中到如何由一系列简单的反射弧组成复杂的反射行为的问题。1906年，他在其名著《神经系统的整合作用》(*The Integrative Action of the Nervous System*)中写道："当我们把动物的生命当作一台机器的活动来进行分析时，我们可以把动物的整个行为分解成许多部分来研究，这样处理起来可能要方便得多，尽管这样做带有人为性。"[3]在这种思想指导之下，他开始研究狗的诸多反射活动。比如，他运用"电蚤"研究了狗的抓搔反射，当刺激狗的腹侧时就会引起狗用爪子抓搔刺激部位的反应。他发现每根体感神经都联结到皮肤的特定区域，他把这个区域称为该神经的

图2　神经细胞的轴突和树突构成了一张密网，控制着人的各种生理活动

“感受野”。这一概念对神经学研究至关重要，有关它的深入研究及故事，后文会介绍。

谢灵顿从抓搔反射研究中得到的另一重要发现是，在狗抓搔之后，抓搔反射会有一段抑制期。而施用马钱子碱可以消除这种抑制作用，于是他认为这种抑制作用必定是一种脑内的过程。由此他推测：“神经抑制在心智作用方面必定也起到重要作用。”[3]

谢灵顿研究的另一个简单反射是膝跳反射。他发现支配膝跳反射的屈肌收缩时，伸肌就舒张，两者的神经支配是互逆的，即支配屈肌的运动神经元发生抑制时，伸肌的运动神经元必发生兴奋。在谈到兴奋与抑制的关系时，谢灵顿总结道：“兴奋和抑制过程可以看成两极对立……其中一个能够中和另一个。”后来，人们把这种交互神经理论称为“谢灵顿定律”。谢灵顿认为，我们必须把反射看成整个机体的综合活动，而不是“孤立的”反射弧个别活动。谢灵顿的工作奠定了我们对脊髓机制的认识。

对多数人来说，谢灵顿的另一杰出贡献是，创造了“突触”这一术语。如果卡哈尔提出的神经元学说是正确的，那么科学界需要对神经元如何相互作用做出解释。1897年，福斯特邀请谢灵顿在其主编的《生理学教程》(*Textbook of Physiology*)再版本中另增一卷。谢灵顿在书中写道：“按照我们目前所知的情况，我们认为细枝的顶端并不和作为其目标的树突或细胞体连成一体，而仅仅是与它们有接触。神经细胞连接到另一个神经细胞之处也许可以称之为‘突触’。”[4]“突触”一词正式亮相。谢灵顿之所以对突触感兴趣，还来自导师兰利告诉他的法国生理学家贝尔纳(Claude Bernard)所做的一个实验。贝尔纳的朋友送给了他一支南美洲土著所用的毒箭，箭头上的毒素会使猎物的呼吸肌失去作用从而窒息致死。贝尔纳把一块神经肌肉标本放到箭毒溶液中，刺激神经，肌肉果然不再收缩。然而奇怪的是，如果直接用电刺激这块肌肉，那么它还是能收缩的。另外，如果只把支配这块肌肉的神经放到箭毒溶液中，但是留出神经肌肉的接触点不碰到箭毒溶液，这时刺激神经依然能使肌肉收缩。谢灵顿认为,箭毒作用的地方一定是神经肌肉的接触点,也就是他后来所称的"突触"。虽然谢灵顿本人没有对突触机制做进一步的研究,但是他把突触说成是两个神经细胞的分隔处,就让人特别注意这样一个前人未加注意的微观部位,这意味着该部位隐含了神经脉冲从一个神经细胞跨越到另一个神经细胞的秘密。

谢灵顿早就向往着有朝一日能到牛津大学工作,1913年机会终于来了。牛津大学在不考虑其他竞争对手的情况下,一致决定聘请他来校工作。可惜的是,不久"一战"就爆发了,学生纷纷从军,而谢灵顿也瞒着其他人到炮弹工厂劳动,后来又开始研究工业疲劳的问题,把神经系统的研究搁置了。

名师高徒

前文说过,谢灵顿在他剑桥求学的日子里有幸得到一位恩师加斯克尔身体力行的影响,而在他功成名就于1913年到牛津大学任教之后,同样也影响了一批学生和后辈,其中包括彭菲尔德、约翰·埃克尔斯爵士、格拉尼特(Ragnar Granit)和弗洛里(Howard Florey)等人。

谢灵顿喜欢和年轻人以及心态年轻的人交往,他总是试图了解他们的想法和问题,而不是自以为高人一等。他是一位异常勤勉的科学家,一直到临近75岁时,他仍每周至少安排一次长时间的实验,而且花大量时间去分析结果。[2]他是一位异常谦虚的科学家,当他获得某种荣誉时,不止一次大呼:"这一定是搞错了,这不该是给我的,应该给某某才合理。"[5]终其一生,他都对自己的工作要求非常严苛,不断从各个角度去进行评判,使之不要出错;对别人的作品或思想,他虽然也抱着同样的批判精神,但很少公开批评,只在私下和少数人讨论。他的工作态度和品行深深启发着后辈们。

有人曾问过谢灵顿:"牛津大学应该在世界上起什么作用?"他说道:

积数百年的经验,我想我们已经都学会了如何在牛津大学教授已知的知识。但不可否认的是,如今的科学研究突飞猛进,我们不能继续仅仅依循旧规,我们必须学会教学生用正确的态度去对待还不知道的东西。这可能需要经过几个世纪的时间才能做到,但我们无法逃避这一新的挑战,也不想逃避。[5]

这也是谢灵顿身为教师的理念!

阿德里安

探索神经密码的先行者

图1 阿德里安

古代人们相信人的精神活动源于体内运行的一种神奇的“精气”。无论心智所在地是脑还是心，至少神经是某种中空的“管道”。然而1674年，列文虎克用刚发明不久的显微镜观察牛视神经的断面时并未发现任何空心的管道。于是“精气”运行说遭到了前所未有的质疑。那么，信息是如何在神经元内部传播的呢？从意大利医生伽伐尼到德国生物学家伯恩斯坦，科学家已经认识到神经元内部的传播靠神经电脉冲。英国生理学家阿德里安是首批对神经脉冲研究做出重大贡献的学者之一。

学霸岁月

阿德里安生于1889年，祖上是胡格诺派教徒难民，他们在圣巴托洛缪大屠杀后从法国或佛兰德斯逃到了英国。他的父亲、祖父和曾祖父都是公职人员。

1908年，阿德里安进入剑桥大学三一学院学习。剑桥大学当时的科学课程安排与今天的相仿，分成两个阶段。第一阶段需要将近两年的时间，基础较好的学生在此阶段选修3或4门课程，然后进入第二阶段进行专业学习，大概需要一年时间。阿德里安在第一阶段选读了5门课程：物理学、化学、生理学、解剖学和植物学，各门成绩均为优秀。据说他从来不去听植物学的课，但还是在该课程上得了高分。他的导师弗莱彻(Walter Morley Fletcher)在写给阿德里安在威斯敏斯特念书时的前校长詹姆斯·高(James Gow)的一封信中对他赞誉有加。[1]这封信的原文如下：

亲爱的高博士：

毫无疑问，您已经知道阿德里安以全优的成绩通过了自然科学的学位考试。我想您会乐于知道他的表现可以用卓异一词来形容。这是我从主考官那里私下得知的。大多数人在学位考试中选考3门课，有些人选考了4门课，不过在第4门课上都得了低分。阿德里安选考了5门课，第5门课他仅读了一年，这门课也是他读得最差的一门，但是他的分数依然比大学里任何一个选修此课的学生的分数都要高。即使去掉他成绩相对较好的两门分数，仅计算剩余3门分数，他的成绩依然位列前茅。他学位考试的总分，比我记忆所及的以前的最高分高出30%左右。

阿德里安是在没有做任何所谓补习的情况下做到这一点的。当然，他一直在按部就班地工作，但还是有大量时间对许多课外知识和业余活动感兴趣。我现在发现最尴尬的是不知道该建议他往哪个方向发展，因为他在这么多不同的方向都有一流的能力。如果他的原创能力也与他的接受能力相当，他应当能在医学科学方面做出巨大贡献。请相信我。

您真诚的

W. M. 弗莱彻

1910年6月22日

在第一年结束时,阿德里安就获准参加剑桥大学的自然科学俱乐部。这是一个要求严格的精英团体,其时已有100多年的历史,其成员都是本科生或学士,每周六晚上都要举行讨论会。虽然每个时期的成员几乎超不过15人,但如果把其中后来成了皇家学会会员的成员名单列出来,可以罗列长长的一串。在第二阶段,他选了生理学作为专业,不出所料,他在1911年又取得了优秀的成绩,并获得进一步读研究生的资格。

发现神经脉冲的全或无定律

在三一学院学习期间,阿德里安很幸运遇到了名师卢卡斯(Keith Lucas)。卢卡斯的研究方向是神经和肌肉的特性。1911年起,阿德里安就在卢卡斯的指导下进行实验研究。

虽然人们早就发现了肌纤维服从全或无定律,即如果刺激超过一定的阈值,肌纤维就全力收缩;如果刺激低于阈值,那么它不会发生任何收缩。然而在20世纪初,人们对神经是否也有全或无的现象还一无所知。1909年,卢卡斯做的一个实验打开了认识的大门。卢卡斯通过一条只包含几根运动神经纤维的神经刺激一小块肌肉,其中每根神经支配着大约20根肌纤维,他发现肌肉的反应有4或5个相对较大的"台阶",这提示神经纤维和肌肉纤维都服从"全或无"规律。

科学上的范式转换常常以技术上的突破为前导。在前文中我们已经看到,正是由于高尔基发明了以他名字命名的染色法,才导致卡哈尔建立起神经元学说,奠定了神经科学的基础。肌肉收缩由于其力量比较大,收缩过程比较慢,所以可以用传统的烟熏记纹鼓技术进行记录,但是这种技术对微弱而又变化迅速的神经电活动就不再合适了。当时人们所用的弦线电流计,在这两方面也同样存在缺陷,特别是要想记录单根神经纤维上微弱而又快速变化的电活动,就亟须新的技术。1916年,卢卡斯因飞机失事而不幸去世。就在失事的前几个星期,卢卡斯曾和阿德里安谈起过用当时刚发明不久的电子管放大神经动作电流的巨大可能性。

遗憾的是，当时第一次世界大战战斗方酣，而卢卡斯不久又去世了，此事就被耽搁了。不过，阿德里安并未把它抛于脑后。

阿德里安在取得医学学位后，因为战争需要就到伦敦圣巴塞洛缪医院从事临床工作了，治疗患有神经损伤和神经紊乱的士兵，直到战事结束。1919年1月31日，他才重操旧业，并被任命为剑桥大学三一学院的自然科学讲师。同年3月，他刚回到科学研究岗位一个多月时，在给美国哈佛大学的生理学家福布斯（Alexander Forbes）的一封信中写道："用电子管放大电反应的想法似乎是个好主意……"福布斯于1921年5月21日抵达英国，到阿德里安的实验室进行访问研究，一直待到10月底。在阿德里安的建议下，福布斯带来了一些电子管，并造了一台单级放大器，配合弦线电流计使用。新事物的成长很少会一帆风顺，由于思想上的惰性以及由此形成的思维定式，再加上人们已经在旧技术上投入了大量的金钱、时间和精力，如果不是出于必需，人们往往不愿意彻底抛弃自己已经驾轻就熟的旧技术，而从头开始采用一项前途未卜的新技术。即使像阿德里安那样对新技术相当敏感的大师也未能免俗。所以，虽然他很早就认识到了电子管放大器的潜能，但是在开始时，他还是专注于自己用老方法所做的实验，在经过3—4年的举步维艰之后，他才下定决心建立起多级电子管放大器进行研究。正是阿德里安和后文要讲到的哈特兰等一批对电子学新技术敏感且将其应用到神经科学研究中来的神经科学家，才开辟了神经电生理学的新时代。

如前所述，当时人们已经有证据说明不仅肌纤维，而且运动神经也服从全或无定律。于是，阿德里安和福布斯就向自己提出了一个问题：感觉神经是否也服从全或无定律？通过实验，答案是肯定的。关于这一发现以及他如何最后转向运用多级电子管放大器的历史，阿德里安后来写了一篇相当详细的回忆文章：

那是在20年代初，我……花了大量的时间用弦线电流计记录动作电流，希望能够由此真正搞清楚当肌肉收缩时神经纤维中究竟发生了什么。我们当时知道,神经发出许多神经冲动作为信号,但我们对这些脉冲怎样一个接一个的发送方式一无所知。我们不知道它们是以高频率出现,还是以稳定的频率出现。我们不知道频率是否在变化。事实上,我们根本不知道这些神经信号是如何被控制的。福布斯曾经在剑桥和我一起工作过一段时间,我从他那里学到了很多有关弦线电流计和哺乳动物标本的知识,但我开始时做的那些实验越来越难于得出结论。你一定也知道此类情况——事情变得越来越复杂,证据越来越间接,一段时间后,很明显我根本就没有取得任何进展。但当时有一点变得相当清楚,即电子管放大器将使动作电位的记录变容易,特别是当动作电位非常小的时候,而且当时已经有了对各种电子管放大装置的描述。加瑟(Gasser)和纽科默(Newcomer)用一个三级放大器记录了膈神经的动作电位。我曾安装了一个单电子管的放大器,但效果不好,所以在无路可走的情况下,我写信给加瑟,向他请教他用来记录膈神经的装置的种种细节。当时,他正忙于用阴极射线示波器来研究不同大小的神经纤维的动作电位,但他还是给了我一份关于他和纽科默使用的放大器的完整描述,我也就依样复制了一台。

我对电子管放大器所知甚少,而且也相当害怕其中的种种复杂问题。当放大器造好后,我决定用实验室里的毛细管电测仪来对放大器进行测试,而那台毛细管电测仪还是由卢卡斯在15年前建造的呢。……在使用放大器时必须十分小心,因为当时的电子管噪声很大。我造的放大器的放大倍数大约为2000倍,所以我在一个屏蔽室中用了一对非极化电极,并把生理研究中常用的青蛙的神经肌肉标本放到电极上,看看是否能得到一根稳定的基线。当我发现基线一点也不稳定时,我很苦恼,但并不感到十分惊讶。它一直在快速振荡。一旦接通电路,就会出现这种持续的快速振荡,我自然会怀疑记录到的是不知从哪里来的伪迹。我觉得应该把整个仪器撤下来,重装一遍,这样又花了一个月左右的时间,其间,得不到任何结果。

我开始重新调整仪器，然后我发现，有时有振荡(精细而快速)，有时基线相当稳定。我看到了一线希望，在尝试了各种安排之后，我发现只有当肌肉从蛙神经-肌肉标本的膝关节处自由垂下时，才会有这种小小的振荡。如果肌肉被平放在一块玻璃板上，就根本没有振荡，基线相当稳定。我突然想明白了个中原因，这真是我经历过的极为高兴的一个时刻。如果你用心想一想，一块被拉伸的肌肉，一块受自身重量而下垂的肌肉，从肌梭发出的神经应该上传感觉冲动，告知中枢肌肉受到了拉伸。当你放松被拉伸的肌肉时，当你托住它时，这些冲动就应该停止了。

我想花不了一个多小时就能证明这就是产生这些小振荡的原因。我能够对它们进行拍照记录，在大约一个星期内，我几乎可以肯定，这些振荡中有许多是来自神经中的感觉纤维的动作电位，更重要的是，它们中有许多来自单根神经纤维。如果对这一技术加以改进，应该有可能发现，当与单根神经纤维相连的感觉器官受到刺激时，这根神经纤维中会发生些什么。

我想，那一天的工作具有人们所能希望的所有因素。新仪器看上去好像表现得非常糟糕，而突然间我才发现它表现得太好了，它开辟了一个全新的数据范围。我曾经为一系列毫无用处的实验所困，突然柳暗花明又一村，对于许多我曾搁置一边，认为它们超出了人们可以使用的技术范围的问题，有了获得直接证据而不是间接证据的前景，以及关于各种问题的直接证据。由此得到的另一点教益是，正如我所说，这并不涉及任何特别的艰苦工作，也和我是否特别聪明无关。这是实验室里有时会发生的事情之一，如果你把仪器连接好了，接着就看看你会得到什么结果。[2]

实验的成功，使阿德里安如痴如醉。1925年夏，他从瑞士写信给福布斯，说他醉心于放大器，甚至都不想度假了。上文是在1954年发表的，事隔30年，在有关日期的记忆上难免有不准之处，所以文首所说的20年代初虽然就福布斯来访一事来说并没错，但是文中所说的那个关键实验实际上是在1925年上半年做的。[1]关于他们在那一阶段的工作，阿德里安后来总结道："在证实了肌肉纤维的全或无定律之后，很快就有大量证据表明，它对神经纤维也适用。在每根神经纤维中传送神经信息的所有脉冲的大小都固定不变。"在卢卡斯和阿德里安的工作之前，没有人清楚神经冲动是一种"全或无"事件，其中传播的能量来自神经，而不是来自刺激。神经冲动的传导就像火药引线的燃烧，其传播的能量来自引线，而不像声波的传播，其能量来自声源。既然如此，单个神经脉冲就不携带有关刺激的信息，那么神经又怎样上传有关刺激的信息呢？这正是阿德里安下一步要着手的工作。这一工作主要是他和从瑞典来的索特曼（Yngve Zotterman）一起进行的。

探索神经编码

1925年9月22日，索特曼来到阿德里安的实验室工作。他们分离出蛙胸皮肌肉中的一个对拉伸敏感的感受器，然后研究当牵伸肌肉时单个感觉神经纤维中的脉冲序列。结果发现，拉伸引起有规律的脉冲放电，所有的脉冲大小相同，但频率随刺激强度而变化。

他们还研究了由触摸和压力引起的冲动。他们由这些工作中所得出的一般性结论可以用下面几句话来加以总结：在单根神经纤维中，神经脉冲是不变的，不随刺激的性质或强度而改变；感觉强度取决于放电频率和作用的纤维数量，而有关刺激性质的信息则取决于被刺激的神经纤维类型的中枢连接。他们的另一个非常重要的发现是，对稳定刺激的适应起源于外周，有些感觉器官，如与触觉有关的器官，适应很快，而另一些感觉器官，如肌梭，则适应很慢，或者可能根本就不适应。说得通俗一点，为什么通常我们对所穿的衣服没有什么感觉呢？这并不是因为脑习惯了恒定不变的神经脉冲流，而是因为皮肤中的触觉末梢迅速适应了，只有当局部压力或接触发生变化时才发放脉冲。

20世纪20年代是阿德里安科学生涯中贡献最多的年代。1923年年初，他当选

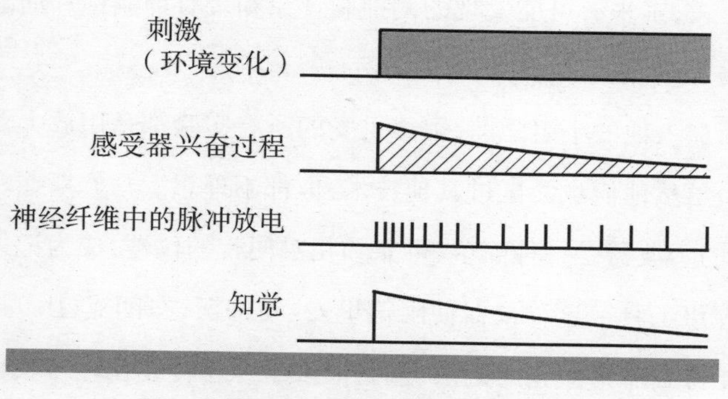

图2 刺激、感觉信息和知觉之间的关系[3]

为皇家学会会员。1926—1936年，他担任《生理学杂志》(*Journal of Physiology*)的编委。1932年，他和谢灵顿分享了诺贝尔生理学或医学奖。

视觉研究的先驱

1926年秋，阿德里安和埃克哈德[Rachel Eckhard，婚后改姓马修斯(Matthews)]合作研究视觉。下面是他对其发现的一段自述：

> 有一次，我在对蟾蜍视网膜做实验时，我在其视神经上安放了电极。房间里几乎一片漆黑，令我感到惊奇的是，我听到连接放大器的扬声器里不断有声音发出，这些声音表明正有大量的脉冲发放。直到我把这些声音与我自己在房间里的运动进行比较之后，我才领悟到我是在蟾蜍眼睛的视野里，而它正在发出我在做什么的信号。

他们观察到的一个出乎预料的视神经反应是"撤光反应"，即如果照明超过一秒，那么在关灯时就会重新爆发出一串脉冲。他们还发现，视网膜对照明变化的敏感性相对较高，视野中的光影运动是一种比稳定照明更有效的刺激模式。这些都为以后的视觉研究提供了线索。可惜的是，阿德里安觉得视觉过于复杂而没有进一步深入下去，本来有可能发现的侧抑制现象和带有抑制性外周的感受野要再过20—25年才被发现。

在马修斯加入他的小组之前，阿德里安的所有实验都是用放大器和毛细管电测仪完成的。虽然他们也尝试过其他技术，但都不理想。马修斯在实验设备方面贡献巨大，她的示波器是一种简单、可靠和相对便宜的仪器，成为记录自然发生的神经脉冲的理想工具。这种仪器使阿德里安、马修斯、布朗克(Detlev W. Bronk)、哈特兰等人能得到非常漂亮的记录，这些记录至今还转载在许多教科书之中。马修斯还是最早开发“推挽式”放大器及多通道墨水记录仪的人之一，这两项创新对于阿德里安和马修斯在20世纪30年代初共同进行的脑电研究都很重要。他们后来在痛觉、大脑皮层感觉区的空间分布、脑电和嗅觉方面也有不少发现。

语重心长

在他的第二本书《神经动作的机制》(*The Mechanism of Nervous Action*)的结尾，阿德里安说道：

> 在自然科学的所有分支中，都有两种研究方法：一种是战略家采用的，他可以设计一系列的关键性实验，通过某种黑格尔式的辩证法来揭示真理；另一种是经验主义方法，他只是四处寻找，看看能找到些什么。而电学技术的发展提供了一种新的观察方法，在神经系统中发生了如此多的事情，以至于很难抵制记录任何发现的诱惑。这种方法的优点是，它表明在神经系统不同部分的活动中有许多意想不到的相似性，但它给我们的只是事实而不是理论，而且这些事实可能并不总是很有意义的。

阿德里安本人大概属于后者。诺奖得主霍奇金在一篇纪念他的传记文章中写道：

令人高兴的是，他带着他的放大器一往无前，开辟了整整一个领域，在接下来的30年里结出了丰硕的果实。在这段时期里，他的著作中充满了原创性的结论，但这些想法似乎是从实验中自然产生的，而不是由某个坐在密室中、面前摆着一张白纸的假想天才凭空捏造出来的。[1]

勒维

化学突触的发现者

图1 勒维

当卡哈尔提出神经元学说，谢灵顿给出神经元彼此之间的接触界面为“突触”之后，摆在世人面前的重要问题是：神经元之间是如何相互作用的？虽然当时许多药理学实验已经证实，在肌肉上施加化学药物能引起肌肉收缩等生理反应，而且英国生理学家埃利奥特(Thomas Renton Elliott)表明这种反应和刺激神经所引起的反应类似，但是人们仍不知道体内是否天然就有这种化学药物，更不知道神经末梢是否会释放这些化学物质。相反，研究人员一再证明，应用电脉冲可以引起生理反应，这似乎表明电传递可能是唯一的内源性信号传递方式。所以，电传递(“火花”)学说是当时的主流。

不过，有3个现象对“火花”学说提出了挑战。首先，神经链中信息的流动是单向的：这种流动总是按轴突—

树突或轴突—细胞体的方向进行，而且必须通过突触来介导。其次，科学家们发现既有兴奋性突触，也有抑制性突触；然而动作电位的极性总是相同的，所以很难想象出一个纯粹的电突触既能传导兴奋又能传导抑制。最后，在简单的本体感觉反射中观察到存在传递冲动的明显延迟。这是“火花”学说解释不了的。

因此，到了20世纪初，越来越多的神经科学家开始相信，大多数突触是通过化学传递的，即“汤”学说。而首先给出“汤”学说重要实验证据的人正是勒维。

文艺青年学医

1873年6月3日，勒维出生在德国法兰克福一个富有的犹太葡萄酒商人家庭。他在中学时接受的是德国传统教育，学了9年的拉丁文和6年的希腊文。据勒维自己说，他文科成绩很好，但理科方面成绩相当差，特别是数学和物理。

到了考大学的时候，他想攻读艺术史，但是他父亲要他学有实用价值的科目。在他父亲的坚持之下，勒维最终同意学医，并在1891年进入斯特拉斯堡大学成为一名医学生。不过，他觉得医学很乏味，所以常常不听医学课，而去听有关艺术的讲演。这样做的结果是，在三年级的考试中他的成绩只是勉强过关。他以准备毕业事宜为名休学一年，并前往慕尼黑。在那里，他把大量时间花在流连于歌剧院、画廊和博物馆。虽然如此，他应该还是在学业上花了些力气的，毕竟回到斯特拉斯堡后，他顺利地获得了医学博士学位。或许是因为1882年加斯克尔有关迷走神经支配蛙心的一篇论文激发了勒维的研究兴趣，所以他的学位论文是关于药物对离体蛙心的作用问题。没想到论文中相关的实验方法为后来他一生中最重要的发现打下了基础。

在斯特拉斯堡的日子里，勒维结识了好朋友施特劳布(Walther Straub)。施特劳布发明了一种后来被称为施特劳布套管的器件，这种套管能同时向心脏注入和从心脏收集液体。勒维正是运用了这项技术对蛙心进行实验。他在取出蛙心(上面连有支配其活动的神经)之后，除主动脉之外，他把蛙心上的所有血管都结扎了起来，然后把施特劳布套管插入主动脉，在套管中注满了生理盐水。然后，用记纹鼓记录蛙心的跳动，他可以通过刺激迷走神经减缓心跳或通过刺激交感神经加速心跳，也可以往施特劳布套管的液体里加入药物改变心跳节律。这样他日后做出重要发现所需要的技术已经具备了，只缺“东风”，即设计一个关键实验来证明某个重要假说。

毕业以后，他先是在法兰克福市立医院当一名助理医师。在看到无数晚期肺结核和肺炎病人由于缺乏治疗手段而病死率很高之后，他决定放弃成为一名临床医生的打算，改为进行基础医学的研究，特别是药理学。

1898年，他转到马尔堡的著名药物学家迈尔(Hans Horst Meyer)的实验室工作。刚开始时，他从事的是新陈代谢研究，他证明了动物能够从其蛋白质的降解产物(氨基酸)重建蛋白质，这是当时营养学方面的一项重要发现。

对勒维来说，1902年是其一生中极为重要的一年。首先，这一年勒维在迈尔的帮助之下，到伦敦大学学院斯塔林实验室开展短期工作。当时，斯塔林(Ernest Henry Starling)及其合作者刚刚发现了十二指肠能分泌激素到血液中去，并创造了“激素”这一术语。在那里，勒维结识了一生挚友戴尔。两人在性格上很不一样，戴尔性格谨慎，万事都寻求尽善尽美(后文中我们会详细介绍)；而勒维则更勇敢和讲究效率。戴尔在他们相识不久就发现了这一点，本来勒维到英国进修的目的之一是完善他的英语，不过当戴尔尝试纠正他的语病时，勒维显得不耐烦起来了，他说道：“我没有时间把英语学得尽善尽美，我只想能流利地讲英语。”[1]其次，这一年勒维访问了剑桥大学兰利的生理学实验室，在那里遇到了英国生理学家埃利奥特。当时，埃利奥特正在研究兰利所发现的肾上腺素和刺激交感神经的作用有相似之处的问题。埃利奥特用了各种动物，对各种内脏器官做实验，结果发现肾上腺素对几乎所有内脏器官的作用和交感神经的作用非常类似。例如，刺激交感神经会使心跳加快，胃的肌肉舒张；如果把肾上腺素直接施加到这些器官的表面，也会产生类似的效果。因此，埃利奥特猜测刺激交感神经也许会释放出肾上腺素或者和它类似的化学物质(后来人们弄清楚了,绝大多数的哺乳动物的交感神经所释放的是去甲肾上腺素而不是肾上腺素)。不过,他并没有明确说明究竟是神经释放出肾上腺素,还是当有脉冲来临时肌肉本身释放出肾上腺素。后来,戴尔回忆说,很可能正是这次会面使神经可能分泌化学物质的思想植根到了勒维的头脑中去了。不过,具体细节已经无从考证了。虽然当时勒维相信突触可能是通过释放某种化学物质起作用的,但是一时又想不出怎样才能用实验来证实他的这种想法,只好暂时把它搁置一旁。勒维后来回忆说:"这一想法从我有意识的记忆中完全溜走了,直到1920年又突然冒了出来。"[1]

复活节夜之梦

勒维做出这一发现的经过非常富于戏剧性,并有大同小异的好几个版本,在这里仅采纳勒维本人提供的一个版本:

> 那一年①复活节的前夜,我在夜半醒了过来,把灯点亮,在一张小纸上匆匆记下几句话。接着又睡着了。次日清晨6点,我记起昨晚曾经写下过十分重要的话,但是我一点也辨认不出那些潦草的字迹了。②复活节第二天凌晨3点,我又做了同一个梦。这个梦有关一项实验设计,按此可以确定我17年前提出的有关化学传输的假设是否正确。我立刻披衣而起,冲进实验室,按照梦中的设计在青蛙

① 指1921年。

② 他在另一场合说过,这是他一生中最漫长的一天。

的心脏上做了一个简单的实验。[1]

在另一个场合，勒维的话使整个事件更富戏剧性：

> 到了早上5点，有关神经脉冲化学传输的结论就被毫无疑义地确定了。[1]

勒维喜欢故作惊人之语可能出于他喜好艺术的天性，他的急性子也可能使他甘于冒从某个初步的结果做出结论的风险。事实上，他的这些结论几乎经过了10年的激烈争论后才得到公认。这和戴尔谨慎小心的作风正好形成鲜明的对比，但是这并不妨碍他们之间的真挚友谊和相互欣赏。也许科学研究需要这样两种态度的互补，既需要小心谨慎地收集事实，又需要从事实背后提出大胆的假设，并以进一步的实践来支持或证伪。

那么，勒维在梦中的实验究竟是怎么做的呢？快来看看他是怎么说的：

> 分离出两颗蛙心，其中之一连着神经，而第二颗则把神经去除了。在两颗蛙心中都插入了充满任氏液①的施特劳布套管。对第一颗蛙心的迷走神经施加几分钟的刺激。然后把在刺激其迷走神经期间的蛙心中的任氏液移送到第二颗蛙心中去。第二颗蛙心的搏动也减慢了，甚至停止心跳，就好像其迷走神经也受到了刺激一样。类似地，当刺激了第一颗蛙心的加速神经②后，把此期间蛙心中的

① 一种生理盐水。
② 指交感神经。

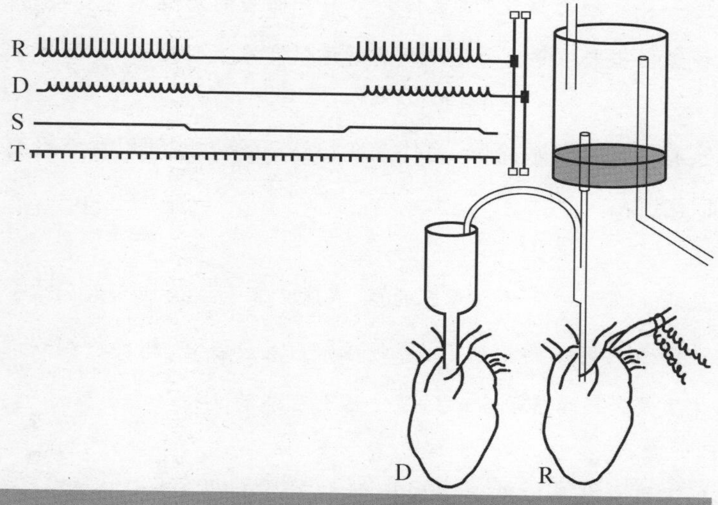

图2 勒维实验的示意图。用电刺激支配青蛙心脏R的迷走神经，使心跳暂时停顿，并把浸浴此心脏的液体泵送到第二颗心脏D。从上到下的波形分别为：第一行R表示心脏R的心跳；第二行D表示心脏D的心跳；第三行S向下表示在心脏R的迷走神经上给予电刺激；第4行T表示时标。注意D相对于R有一点延迟，这是因为把灌流R的灌流液泵到心脏D需要一点时间

任氏液移送到第二颗蛙心，后者的心跳也加快了。[1]

对于他的实验结果，后来勒维做了如下解释：

如果神经受到刺激而产生神经冲动，这种冲动就会在神经内传播，并传递到由神经支配的各种效应器官（心脏、肌肉、腺体）。问题来了，来自神经的冲动是通过什么方式传递到效应器官的？我通过实验解决了这个问题：证明神经内运行的冲动从其末梢释放出化学物质（分别为乙酰胆碱或肾上腺素）①，反过来，这又影响到效应器官，就像刺激了相

① 在勒维做实验时，他并不知道迷走神经和交感神经分泌的化学物质究竟是什么，而分别把它们称为迷走素（Vagusstoff）和加速素（Accelerans - stoff）。

应的神经一样。换句话说，刺激神经对某一器官的影响不是直接的，而是通过刺激神经在其末梢释放的化学物质对该器官产生间接影响。[1]

这个实验听起来非常简单，为什么在长达20年的时间里竟然没有一个人做过？勒维回忆道：

如果我是在大白天详加考虑的话，我肯定不会去做我所做的实验。因为神经脉冲释放的递质的量很小，它刚够影响效应器官，想要检测到灌入心脏内的液体里是否还留有剩余的递质是不大可能的。[1]

如果他不是在睡梦惺忪的状态中，他就不会去做这个实验。万幸的是，当他"清醒"地想到这一点的时候，实验已经做完了，并且有了结果。勒维的另一个幸运之处是，他的实验是在寒冷季节做的，因为后来人们鉴定出迷走神经分泌的神经递质是乙酰胆碱，低温时分解乙酰胆碱的乙酰胆碱酯酶少，因此比较稳定。当然，他的实验动物是冷血动物也是他实验成功的要素之一。如果他的梦是"仲夏夜之梦"，恐怕就要和诺贝尔奖失之交臂了。事实上，后来有些人确实没有重复出他的实验，原因之一就是做实验的季节不对。另外，之后的实验表明，即使灌流液中没有任何活性物质，把液体滴进套管中时的压力波动也可能引起心跳变化。诸如此类的因素都需要一一排除。因此，许多人还是对他的实验结果心存疑虑。勒维不断地从各方面做实验来证实他的结论，在这个问题上先后发表了17篇论文。

1926年，第12届国际生理学大会在斯德哥尔摩举行，勒维受邀在大会上做公开演示。尽管当时他已经能相当好地重复他的实验了，但是当他接到邀请时，还是犹豫了，因为在自己的实验室里自由自在地做实验是一回事，在大庭广众面前当众表演又是另一回事，往往在实验室里一切都顺利的实验，在当众表演时却会出洋相。会议要求他站在房间的一边，只是给出指令告诉实验人员怎样做，以防他的指甲里藏有某种化学物质并趁人不备时偷加到标本里去。幸而结果一切顺利，他在会议期间做的18次实验都成功了。他的成功实验吸引了许多人的兴趣，但并没有完全平息一些人的怀疑。不过，在经过诸多技术改进以后，勒维花了10年时间，针对论敌的质疑做了种种实验，使其一开始证据不那么充分的理论终于得到了公认。例如，为了排除这些化学物质是由受到神经刺激的肌肉本身产生的，他用高浓度的尼可丁麻痹供体心脏肌肉，但是在刺激迷走神经之后，其灌流液中依然有"迷走素"。虽然这并未彻底排除"迷走素"由肌肉产生的可能性，但是至少说明它并不是肌肉活动的结果。

平心而论，当勒维首次宣布他发现了神经释放递质的时候，他所根据的实验证据是不足的，他并没有做很多对照实验排除其他的可能性。但是当人们对他的结论提出异议之后，他把他的实验室工作聚焦到搜集进一步的证据，并经过10年的努力，才取得了举世公认。如果他不及早宣布他的假说和初步实验结果，就不会引起科学界的重视，也不会有人对他的实验证据提出疑问，他能否对这些疑问通过进一步的实验一一予以反驳，也就不好说了。事实上，启发了勒维的埃利奥特可能就是太遵循了他的老板兰利的教导："仔细观察，给出事实，如果你真这样做了，理论就会自然得出。"最终，埃利奥特只是报告了观察结果，并没有大胆提出交感神经分泌肾上腺素的假说，最终错过了获得诺贝尔奖的良机。

惺惺相惜

1936年，当提名诺贝尔奖候选人的时候，由于勒维是犹太人，且他生活所在地奥地利虽然暂未被希特勒吞并，但是纳粹的气焰已经极度嚣张了，因此尽管勒维做出了那么重要的贡献，但在他的国家仅有两位教授仗义提名了他，而他所在的大学甚至没有任何人提名他。最强烈推荐他的人是戴尔。戴尔认为，虽然埃利奥特和狄克逊(Walter Dixon)最早提出了化学物质可能介导了交感和副交感支配，但是并没有直接的实验证据可证明这一提法，它们只不过是一些有意思但未产生结果的猜想而已。戴尔表明，这种情况的改变完全归功于勒维的工作：

勒维通过最简单且最直接的方法，以一系列精彩的观察完全改变了这种情况。他从1921年开始发表论文，在接下来的10年间，他或他的学生连续发表了约15篇论文……这些简明的观察确认了一个以前被认为是无法用实验证实的概念。然而，勒维和他的学生以同样简单的技术很快证明其成就远远超越了仅仅显示神经效应是通过化学物质来传输的贡献。[1]

最终，勒维和戴尔分享了1936年的诺贝尔奖。在颁奖大会上，皇家卡罗林斯卡研究所的利耶斯特兰德（Gorän Liljestrand）宣读道：

您，勒维教授，首先证实了这种传输，并且确定了有效物质的性质。这一工作部分地建立在您，亨利·戴尔爵士的早期研究之上，您做出了实质性的贡献。而你们和你们的合作者又在许多重要方面巩固和补充了这些结果。你们和你们的学派大大扩充了由以后的发现所产生的新概念的范围。这些发现推动了世界各地的无数研究，再一次证明了科学的国际性……

利耶斯特兰德的这一评价恰如其分。勒维在对戴尔85岁的生日贺词中提醒听众，他在1933年曾说过："我个人不相信在横纹肌也有体液传输。"[2]他继续往下说道："在之后的几年中，戴尔揭示了从脊神经到横纹肌传输的化学本质。这是一个令我感到高兴的发现，虽然从我刚才的话来看，这样说似乎有点奇怪。但其实一点都不奇怪，事实上生理学家过去要感谢戴尔，以后还要感谢戴尔，是他让我们认识到所有外周到效应器官的传出神经的脉冲传输在本质上是化学的。"[1]勒维真不愧为一位名副其实的科学家，作为一位声名显赫的诺贝尔奖得主，他既不讳言自己以往的失误，也不嫉妒更不贬低其他科学家的成就，他完全是从对科学的贡献来评价这一切的。

戴尔进一步详细地描述了勒维对迷走神经分泌乙酰胆碱所给出的种种证据，以及后者对支配心脏的交感神经所分泌的大概是某种和肾上腺素有关的物质所做的支持。而对于自己,他则仅以谦卑的语气提到其早期工作为勒维提供了基础。戴尔指出,由于在包括脊运动神经在内的所有外周神经中都发现了有活性的神经体液物质,因此勒维的工作就显得更为重要了。他还写道:"因为这些最近发展中的大部分工作是在我的实验室中做出的,所以我满怀信心地声明,它们都源自勒维1921年的发现,如果没有勒维的发现,那么也就没有我们后来所做的进展。"[1]这真是科学家之间惺惺相惜的一个范例!

戴尔

发现神经递质的先驱

图1　戴尔

戴尔的一生堪称传奇，他证实了神经末梢释放的化学物质为乙酰胆碱，并成为突触传输信息靠的是化学物质学说（即“汤”学说）的坚定捍卫者。在科学界，他有诸多挚友及恩师。比如，与他分享诺奖的化学突触的发现者勒维，与他观点相悖但又鸿雁传书、惺惺相惜的生理学家埃克尔斯。再如，奠基其研究态度、为其指引方向的校长勃特勒（Edward Butler），风格迥异但均给予其充分信任及良好学术环境的导师兰利及加斯克尔。在其过往的点滴中，他们互相影响，互相成就，留下了科学史上的段段佳话。

天资聪慧

1875年6月9日，戴尔出生在伦敦的一个陶器制造商家里，他的上辈和其他6个兄弟姐妹中没有一个是从事科学研究的。戴尔 8岁时进入一所私立学校学习,学校的副校长勃特勒是一位博物学家和科普作家。正是受到他的影响,戴尔对自然科学产生了强烈的兴趣。勃特勒是一位优秀的教师,他总是要求学生能够把自己学到的东西向对此一无所知的人解释清楚,使其可以听得懂。他认为,只有这样才能表明学生确实掌握了知识。戴尔的聪明好学无疑很得勃特勒校长欢心,他让小戴尔放学后再多留半个小时,以便要求戴尔把他所写的解释一改再改,并告诉戴尔:"我的孩子,你要和我待在一起,直到你把东西写好,即使我是全世界最笨的人也绝不会对此有任何误解。"戴尔很喜欢这种挑战,他一改再改,直到最后校长在他背上一拍并且微笑着说:"你现在可以回家了,你写的不会使我有任何误解,而且我也找不到还需要修改的地方。回家去吧!"戴尔后来回忆说,虽然这样常使他回家时误了下午茶,但是他心中充满了成就感。这种训练对他一生都产生了积极的影响,后期当他把论文投寄到《生理学杂志》时,杂志的编辑约翰·兰利(John Langley)常常不需要他做任何修改就予以接受,这对素有"论文杀手"之称的约翰·兰利来说是极不寻常的。

戴尔称得上是一位神童,从15岁起,他就连续获得了多种奖项和奖学金,进而可以继续学业。若非如此,他们家早就想让他辍学到他父亲的工厂里工作了。其中一个重要的转折点是,有一次戴尔的父亲在旅途中向剑桥市雷斯中学的校长夸耀他的儿子,没想到校长让戴尔参加竞赛测试,结果戴尔得到了在该校就读3年的奖学金,而这种奖学金的获得者一共只有3人。雷斯中学的老师发现戴尔很有学习自然科学的天赋,就鼓励他在这方面多努力,以期获得剑桥大学的科学奖学金。这使他第一次有了不满足于做一个工厂办公室事务员的雄心。17岁那年,他通过了科学考试,有幸在科学大师赫钦逊(Alfred Hutchinson)的指导之下研修生理学。赫钦逊对学生的要求很严格,他不仅要求学生通读当时新出版的福斯特撰写的4卷本《生理学教程》,还指定他们阅读最新的补充读物。这种扎实的基本功使戴尔日后在剑桥大学的导师对他刮目相看。1894年秋,他终于得到了一小笔奖学金,进入了著名的剑桥大学三一学院,他修习了生理学、化学和物理学,甚至还在医院里接受了两年的医学训练。三一学院自由的学术气氛使他如鱼得水，12名志同道合的学生组织了一个大学自然科学俱乐部，会员们常在房间里宣读论文，或者讨论大家感兴趣的最新的科学问题，甚至有时还从实验室里借来仪器当众做演示实验。当然，主持者也要招待同伴一些小点心，通常是配有沙丁鱼的烤面包。

戴尔在三一学院的第三年年末（提前一年）就取得了学士学位。他之所以急于取得学位，是因为他在俱乐部中的大部分同伴都比他高一年级，且已取得了学位，他不想落在后面。学校给了他一份半薪工作，让他每周三次给一小群应试生讲生物学。他的父亲对此非常高兴，觉得这是儿子将来做中小学校长的第一步。但这并非戴尔自己的志愿。

戴尔在三一学院受到两位老师——兰利和加斯克尔——的指导，两人的风格很不一样。兰利非常聪明，要求严格，不喜欢猜想和假说；加斯克尔则把实验当作检验假设的手段，并把其看成某种令人兴奋的冒险。后来戴尔回忆这两位老师时写道：

> 这两位老师的态度形成了鲜明的对比，他们都是自己科研观念的卓越提出者和身体力行者，后来我回想起过往的点滴，通过与他们接触所获得的教益要远远超过当时我所认识到的，这是何等的幸运。

为了获得医学博士学位，1900年，戴尔到伦敦的圣巴塞洛缪医院实习两年。他一点也不喜欢那里的氛围，他发现那里的医学并没有多少科学根据，且医务人员只是根据自己的经验发表意见。他禁不住把这些医务人员“高深莫测的权威态度”和剑桥大学老师们平等讨论的态度进行对比。在剑桥大学，即使是伟大的加斯克尔也随时准备以平等的态度和最没有经验的学生进行讨论，并且竭力鼓励学生坦率而批判性地提出问题。

在完成学业后，1902年，他到伦敦大学学院斯塔林教授的实验室工作，正是在那里他遇见了来访的勒维。两人年龄相仿,兴趣相同,结下了深厚的友谊。在《勒维:化学突触的发现者》中,我们已讲过了他们之间惺惺相惜的故事,此处不再赘述。

诸葛一生唯谨慎

由于戴尔的优异表现,当医药企业家韦尔科姆(Henry Wellcome)请斯塔林推荐一位药物学家来韦尔科姆生理学研究实验室工作时,斯塔林便毫不犹豫地推荐了戴尔。许多朋友劝戴尔不要去,因为当时绝大多数药物公司的研究都必须与开发药物直接相关,而极少做基础研究。但是韦尔科姆答应给他充分自由,让他领导企业下属的一个实验室进行他自己感兴趣的研究,而韦尔科姆当初建立这个实验室的初衷也是要为长远的科学价值做出贡献。戴尔慎重地衡量了种种因素,他明白自己还没有做出过重大的科学发现,如果有了自己的实验室,他就会有机会,用他的话来说,"犯自己的错误"。此外,韦尔科姆给了他丰厚的薪酬,这对于准备结婚的他当然也是非常有吸引力的。

就在戴尔履新后不久,韦尔科姆同他说:"如果在不妨碍你的计划的前提下,能花点时间澄清麦角菌在药剂学、药理学和治疗学方面的种种混淆不清之处,我们会不胜高兴。"这一提议对戴尔来说也并非全无兴趣,况且他刚得到了这一职位,一口回绝老板委婉的要求毕竟不怎么合适。当时,有几个药厂正准备推出一种麦角菌的浸出物。很久之前,接生婆就用麦角帮助催产和止血,但是一直没有可供商用的标准制剂。现在,已有公司在准备进行生物测试以批量生产麦角制剂,并推向市场。在这种情况下戴尔只有接受任务,对麦角菌的提取物进行分析。谁曾料到麦角菌竟然是许多药理活性物质的宝库,之后戴尔的大部分研究都与此有关。

戴尔的朋友巴杰(George Barger)是韦尔科姆公司的化学家,他从麦角菌的提取物中分离出了几种物质,其中包括组织胺、乙酰胆碱、酪胺,以及效果和肾上腺素或是刺激交感神经系统类似的其他胺类。在新鲜的麦角菌里并没有组织胺、乙酰胆碱和酪胺,它们只出现在麦角菌腐败之后。在麦角菌里乙酰胆碱很稳定,因为前者并没有能分解它的乙酰胆碱酯酶,而在动物体内,这种酶很快就使乙酰胆碱分解或失活。但当时人们还不知道在动物体内就有这几种化合物,而只是因为它们有生理作用才加以研究。后来,戴尔又研究了几种麦角菌的提取物对血压和子宫收缩的作用。其中,与神经递质关系最密切的一种提取物是去甲肾上腺素,他发现这种物质和刺激交感神经的作用最相近。不过,当时人们还不知道它其实就是交感神经所分泌的一种神经递质,戴尔也只是把它当作一种有趣的化合物。后来回顾往昔时,他承认自己没敢大胆猜测:“我没能揭露真相,我也不能自夸已经很接近真相,却中途停顿而未能发现。”

1910年,戴尔对麦角菌的一种提取物进行例行测试,结果发现这种物质对心率有强烈的抑制作用,以致一开始他还误以为动物死了呢,因为这时他检测不到动物的心跳。这使他回忆起1906年亨特(Reid Hunt)等人曾报道过乙酰胆碱有类似的作用。戴尔在实验室的一名化学家的帮助之下,证明了这种提取物就是乙酰胆碱。进一步的研究发现,乙酰胆碱不但能够降低心率,而且还有一系列类似于刺激副交感神经所引起的作用。但是,戴尔并没有再前进一步,他没有对乙酰胆碱是否有可能也是副交感神经的分泌物提出任何设想,他说他甚至不知道在动物体内是否有任何类似于乙酰胆碱这样的物质。戴尔在学术问题上非常谨慎,除非他已经有了确凿的证据,否则就不愿意做任何猜测,他也不愿意把已知事实提升到普遍原则。所以阿德里安说他“更像是在刹车,而不是淘金热的先锋,不过凡是他发现的金子可都是货真价实的”。在这里可以看到少年时勃特勒校长对他的影响。和他共同工作多年的一位主任技师深得他的真传,在实验室贴了一张条子,上面写道:“Near enough is not good enough!”(够好了并非真好!)到1920年为止,戴尔已经对许多化合物的药理和生理性质进行了研究,这些化合物的作用和交感神经或者副交感神经的作用非常类似,他也研究了许多增强或抑制这种作用的药物,但是他至少从未在书面上对这些化合物是否有可能由自主神经系统分泌出来做过任何猜测。他是不是有点谨慎过头了?正如另一句英语谚语所说:“The best is the enemy of the good。”(过分追求完美反而得不到好结果。)他在只有一步之遥的地方拱手让出了提出这一思想的优先权。也许对上面所讲的两条格言真应该有所折中才对。

发现刺激神经能分泌乙酰胆碱

1927年,戴尔从新鲜的动物肝脏和脾中分离出一种类似组织胺的物质。同年,有人证实了这种物质确实就是组织胺。1914年,他曾从麦角菌的提取物中分离出对内脏有作用的组织胺和乙酰胆碱等物质。于是,戴尔进一步提出了乙酰胆碱是否也在动物体内天然存在的问题。当然,在此期间他也知道了勒维的工作,这使他重新对研究乙酰胆碱产生兴趣。1929年,他写信给朋友说:“我越来越相信体内存有这种物质(乙酰胆碱),这有待发现,但是为此需要克服一些技术方面的困难。”同一年,他和达德利(Harold Dudley)到当地的屠宰场去搜集牛和马的新鲜脾脏,然后把它们切碎并浸泡在乙醇中,经过过滤,最后他们从71磅(约32.2千克)的脾脏中获取到三分之一克重的乙酰胆碱。这是人们第一次从动物器官中真正得到了乙酰胆碱。他们之所以搜集脾脏而不是其他器官,是因为他们以前从脾脏中提取到某种未知的作用和乙酰胆碱类似的物质。他们总结了乙酰胆碱和刺激副交感神经作用的相似性,虽然他们还未能在神经中找到乙酰胆碱,但是他们觉得这种可能性是存在的。

1930年,勒维提出迷走神经分泌乙酰胆碱。后来,有研究者发现,刺激其他的副交感神经也有分泌乙酰胆碱的迹象。克赖尔(Otto Krayer)和费尔德伯格(Wilhelm Feldberg)就发现,当刺激迷走神经和其他某些神经之后,从神经末梢周围血管中所采取的血样中含有乙酰胆碱。他们在做实验时把狗的神经用线吊起来,以避免刺激到该神经周围组织的可能性,他们采集刺激神经以前的血样作为对照,然后分别把刺激神经前后的血样加入对乙酰胆碱特别敏感的水蛭肌肉标本所在的溶液中,通过测量肌肉收缩与否,检测血样中是否含有乙酰胆碱。费尔德伯格是戴尔的老朋友了,他在1925年到剑桥大学兰利实验室短期工作,但是兰利意外去世,戴尔就邀请费尔德伯格到他的实验室继续访问。戴尔秉承他一贯谨慎的作风,他对费尔德伯格的赠言是:"费尔德伯格,您必须像一位天文学家那样工作。您得花几周、几个月,甚至如果必要的话花几年工夫,去做准备工作,直到您的方法已经尽善尽美了,那时您就只需要做一个实验,或者两个实验,然后您就可以发表您的结果了。"1933年,希特勒在德国上台以后,作为犹太人的费尔德伯格正在做实验时,被所长叫到办公室并要求他立即走人。一心扑在科研上的他不由自主地问了个"愚蠢"的问题:"那我今天的实验怎么办啊?"所长开恩让他结束当天的实验后走人。正在此时,戴尔请求正好要到柏林出差的洛克菲勒基金会的兰伯特(Robert Lambert)博士,在他到柏林后,如果遇到费尔德伯格且发现他身陷困境时,务必邀请他到戴尔的实验室工作。正是靠了戴尔的帮助,费尔德伯格才得以逃脱纳粹的迫害,最终来到戴尔实验室工作,而他也确实为实验室做出了巨大的贡献,证实了刺激许多神经都可以分泌乙酰胆碱。不过,费尔德伯格本人非常低调,他说自己"可能带有开某扇门的钥匙,但是只有亨利爵士(戴尔)和加德姆(John Gaddum,戴尔的另一位合作者)知道应该开哪扇门"。

后来戴尔把他们的发现归结为下列结论:

> 我们可以宣称节后副交感神经纤维主要是甚或完全是"胆碱能"的,而节后交感神经纤维主要是(虽然并非总是)"肾上腺素能"的。

这些术语一直沿用至今,并被称为"戴尔原则"。虽然在开始时,戴尔曾认为每个神经元都只能释放唯一的一种神经递质,埃克尔斯把其称为"戴尔定律",不过后来发现事情并非完全如此,一个神经元也可以分泌多种物质。即使是科学巨匠也不是万能的，他们在把科学向前推进的同时也可能有某些失误之处，而后来者则在他们的基础上修正，甚至推翻了他们的这些失误，从而使科学继续向前发展。

虽然有关突触传递信息究竟是靠电还是靠化学物质之争仍在继续，但是戴尔及其合作者已经令人信服（虽然还不是每个人都同意）地证实了所有的外周突触处分泌有神经递质，而不再限于勒维所说的在迷走神经和心脏处的突触。不过，这并没有立即结束这场争论。许多人虽然退了一步，承认在自主神经系统中，突触可能是通过神经递质进行传输的，但是神经和骨骼肌的接头处是否也是如此？中枢神经系统内部神经元和神经元之间是否也是如此？这一切还在激烈的争论之中，即使戴尔实验室的工作已给出了这方面的证据。

“汤”和“火花”之战的诤友

在戴尔和勒维获得1936年的诺贝尔奖之后，关于在中枢神经系统中的突触传递究竟是化学性的还是电性的争论并未结束。这场持续20年之久的争论，在神经科学史上被形象地称为“汤”（神经递质）和“火花”（电）之争。双方的主将是戴尔和澳大利亚生理学家埃克尔斯。

埃克尔斯是谢灵顿的学生，本来他也是谢灵顿接班人的候选者之一，但是最终未能如愿。1937年，埃克尔斯回到澳大利亚，在悉尼的一家医院里领导一个研究小组。在他科学生涯的早期，他是神经细胞之间通过电流相互作用学说的领军人物。其实，这不是他一个人的错误，当时绝大多数的神经生理学家都认为化学传递可能只对动作缓慢的内脏才适用，只有电传导才能快到激活骨骼肌，他们根本不考虑脑内突触也是化学传递的可能性。甚至勒维本人在几十年后参加钢琴演奏会时，还发表过下面的感叹：“前些天我去卡耐基大厅听霍洛维茨（Vladimir Horowitz）的演奏，我不得不承认，当我看着钢琴家灵巧的手指在琴键上飞舞时，其动作快得连我的眼睛都跟不上。我不禁怀疑起我自己的有关神经脉冲化学传输

的理论。”1936年，埃克尔斯就曾声称：“所谓的中枢神经系统中的突触传递在本质上是化学的假设……几乎完全是对交感神经节的乙酰胆碱假说的一种外推。”把这一点用到中枢神经系统上去“几乎没有任何证据”。神经生理学家还因为在当时使用精密且快速的多级电子管放大器和阴极射线示波器而颇为自傲，看不起那些还在使用烟熏记纹鼓的药物学家，而且他们认为药物学家和产业部门过往甚密，实在不能与他们这些献身“纯科学”的生理学家相提并论。想当年戴尔在应韦尔科姆之聘时，他的朋友也曾劝过他：“不要为了一点商业利益而出卖你的科学天赋。”这种偏见也影响到了这场科学争论。即使后来有越来越多的证据表明脊髓运动神经确实分泌乙酰胆碱，但生理学家们还是坚持认为，分泌神经递质的过程太慢了，它只不过对电传递的原发反应起某种调制作用。包括埃克尔斯在内的后来获得诺贝尔奖的三位神经生理学家都持这种观点。1939年2月，戴尔写信给埃克尔斯说，富尔顿（John Fulton）告诉他，埃克尔斯正准备发表“某些强烈支持乙酰胆碱假说的实验”。埃克尔斯在3月回答说，他想不出富尔顿是从哪里来的这种想法：“在您接到此信前，恐怕已不再对我们之间观点一致抱以多大希望了……我对这种体液观点的反对意见甚至更为坚定。”

图2　埃克尔斯

在相当一段时间里，埃克尔斯都是反对化学突触学说的领军人物。但是正如化学突触学说的支持者费尔德伯格所说:埃克尔斯的反对对持化学突触学说的学者“有一个最大的好处,即我们不能有丝毫马虎,必须小心谨慎地积累证据来支持我们的理论”。戴尔也称埃克尔斯为持化学突触观点学者的最好的“诤友”。埃克尔斯本人同样也从这场争论中获益良多。1937年,他说道:“我认识到了科学争论的价值——它促使人们去完善自己的实验,并且以评判的眼光去看实验结果。当然会对对手的实验做更尖锐的评论。”他和戴尔的争论是激烈的,然而又是友好的,尽管不知就里的人会以为他们要打起来了呢。1935年,卡茨(Bernard Katz)逃离纳粹德国来到剑桥做第一次访问时的情景令他印象深刻:

令我大为惊诧的是,我亲眼看见埃克尔斯和戴尔好像就要站着打起来了,而主持会议的阿德里安则像是一位十分不安又不知所措的裁判。埃克尔斯拿了一篇论文质疑乙酰胆碱作为交感神经节递质的作用,他的根据是乙酰胆碱酯酶的抑制剂毒扁豆碱并不像先前预料的那样起增效作用……当埃克尔斯讲完以后,布朗、费尔德伯格、戴尔等人一个接一个地进行反驳……我不久就发现这类善意的戏谑并不会在双方之间造成不快,事实上,这只是多年富有成果的讨论的前奏,而这确实使戴尔和埃克尔斯越来越互相欣赏。

尽管戴尔和埃克尔斯在学术观点上针锋相对,但是并不妨碍他们惺惺相惜。在1937年埃克尔斯刚回到悉尼创业前途未定之时,戴尔给埃克尔斯去了封信,他在信中说道:“抛开种种琐事不谈,我愿趁此机会告诉您,对您离开我国的生理界,我是多么惋惜。在过去这些年里,我们之间常有争论,您总是持公平且心平气和的态度,我希望我方也同样如此。我们在意见和解释方面的分歧一点也没有削弱我对您所做的出色工作的赞叹。……我真诚地希望您在悉尼的研究条件能使您继续做您想做的事情……万一悉尼方面不能如您所愿,请您一定回到我们这儿来。”1944年,他甚至还推荐埃克尔斯申请新西兰奥塔戈大学医学院的生理学首席科学家的职位。埃克尔斯和戴尔鸿雁不断,信中不是解释彼此的立场就是对对方论文的评论,他们还经常把自己未正式发表的论文寄给对方。

当实验证据(包括埃克尔斯自己做的实验)越来越表明,突触确实是通过神经递质而不是电流直接传播时,埃克尔斯感到非常沮丧。他对波普尔(Karl Popper)说,看来这一次他将成为一场长期科学争论的输家。波普尔劝他完全没有必要这样沮丧,他的实验结果并没有问题,有问题的是他对结果的解释。波普尔继续劝埃克尔斯说,在开始研究某一问题时存在不同的解释不仅是自然的,而且是必要的,只有当积累起了足够多的事实的时候,才有可能判断谁对谁错。至于究竟是谁对了还是谁错了,这对科学本身来说并不重要。科学之所以能不断发展,就在于它能在永无休止的争论中不断推翻不符合事实的假设,并继续前进。一位科学家提出一种观点,而另一位科学家则进行研究,找出证据证实或推翻这种观点。波普尔告诉埃克尔斯应该为自己发现了自己的错误而感到高兴才对,他应该修正自己的观点,改进实验,继续前进,甚至通过自己的实验推翻自己之前的错误观点。埃克尔斯从善如流,他改弦易辙,与时俱进,采用新技术,继续探索。

20世纪50年代初,微电极的发明使神经生理学家能记录单个细胞内的活动。1952年,埃克尔斯和他的同事们正是用了这种技术对运动神经元做了一个关键的实验。他们在论文中写道:

> 抑制性突触的作用是通过某种递质介导的,这种递质由抑制性突触的终扣释放出来,并使突触后的运动神经元的细胞膜的极化增大。
>
> 突触前放电很小,而突触(后)电位则很大,这一鲜明的对照使我们认识到似乎不大可能是跨突触电流诱发那么大的突触后反应。从传输的电理论出发,看来不可能对所观察到的很大的放大作用做出解释。另外,正是在神经肌肉接头处的化学递质机制才能造成这样巨大的放大,最可能的一种解释是:由神经末梢释放的乙酰胆碱触发了钠载体机制。

…………

对突触兴奋性作用和抑制性作用的实验观察需要有两种特异性的递质才能解释。兴奋性物质大概是通过刺激钠载体机制起作用的，而抑制性递质则可能是通过刺激钠泵起作用的。

埃克尔斯给戴尔送去了一份预印本，并写道："我希望对化学传递学说的微小贡献可以稍稍弥补我拖了那么长的时间才改变看法的事实。"戴尔极为高兴地读了这篇论文，他说道："您（对化学传递）的新生热情当然不会使我们中的任何一个人感到窘困。"在后一封信中他又说道："对您所做的一切，我向您致以最诚挚的祝贺，这不仅因为您的记录是多么漂亮，还因为您在文章中的表达方式是如此生动、

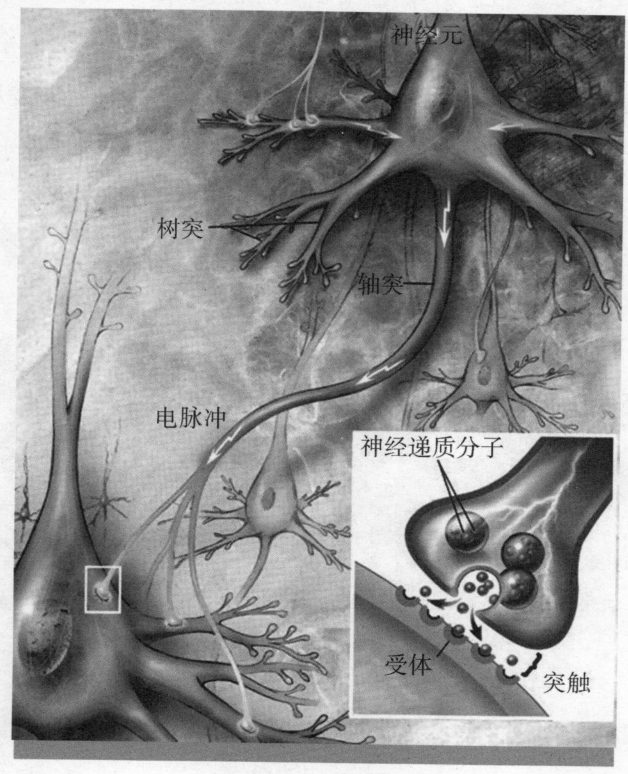

图3 化学突触

清晰,并且十分简洁。”

尽管埃克尔斯在1952年倒向了脊髓运动神经元也是靠化学传输的阵营,但是中枢神经系统的“汤”与“火花”之战并未平息。神经生理学家大多倾向于电学说,而药物学家则支持化学学说。由于两者所用的技术迥然不同,因此他们的数据亦很难比较。神经生理学家只在私下谈论化学传递,在书面上通常回避不谈。对于这种情况,戴尔把“汤”学说比喻成神经生物学家的“地下恋人”。

虽然戴尔最先提到了脑内神经元突触存在化学传递的可能性,且在1936年诺贝尔奖的获奖演讲中提到了脑中存有乙酰胆碱的迹象,并指出脑中的乙酰胆碱必定有某种功能,但是他终究是一位小心谨慎的人,他又说道:“在我们提出理论以前,我们还需要有大量有说服力的证据。”虽然这个问题一直在戴尔的脑中盘旋,但是苦于当时的技术条件,他实在想不出用什么方法来着手研究这个问题。一直等到“二战”结束以后,对中枢神经系统的生物化学研究有了飞速发展之时,这件

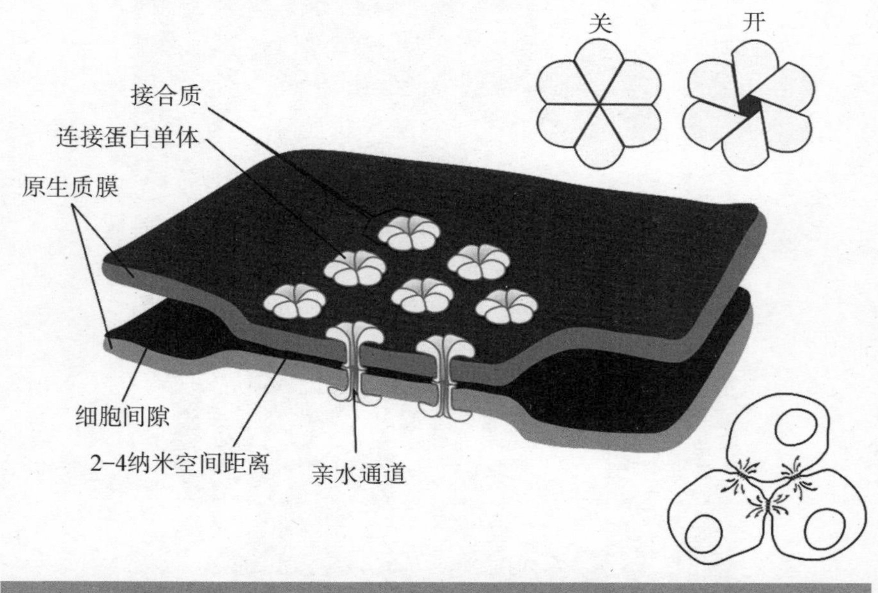

图4　电突触

事才有可能解决。那时,他们那一代的研究者几乎都已年逾古稀,期望某位科学家,哪怕是杰出的科学家,独打天下也是不大现实的。

脑中存在神经递质的最令人信服的证据来自对神经组织的电子显微镜研究。1954年,美国科学家帕拉德(George Palade)和帕莱(Sanford Palay)报道说,用电子显微镜可以看到神经元中有一些微小的囊泡。两年后,帕莱做了进一步的观察,证实了突触间隙的存在。他还观察到突触囊泡仅存在于突触前膜,他猜想这些囊泡在神经脉冲跨越突触的传输中可能起重要作用,这些囊泡中可能包含少量的化学递质,它会被释放到突触间隙中去。他的这种猜想最后在1968年为瑞典科学家赫克费尔特(Tomas Hökfelt)所证实,他把电子显微镜技术和荧光染色技术结合起来,发现在突触前膜的囊泡中确实存在前人所假设的神经递质。"汤"学派在这场战争中最后大获全胜。不过,"火花"学派也并非一无是处,后来人们确实也发现了有电突触的存在,不过化学突触依然占据着主导地位。

霍奇金和赫胥黎

神经科学界的麦克斯韦

图1　霍奇金

英国神经科学家霍奇金和他的前学生及同事赫胥黎对乌贼巨轴突的系列研究，开辟了细胞电生理学、计算神经科学和膜离子通道的研究道路，阐明了神经脉冲产生和传播的基本规律，建立了反映这一规律的霍奇金-赫胥黎方程，他们也因此被称为神经科学界的麦克斯韦，荣获了1963年的诺贝尔生理学或医学奖，在神经科学史上留下了不可磨灭的印记。

生理学学生学数理

霍奇金从小就喜欢生物学，在中学时代他就认真观察鸟类行为，他和比他高三届的拉克（David Lack）合作，对夜鹰的繁殖习性进行了仔细研究，后来由拉克总结成文正式发表。1932年，霍奇金赢得了剑桥大学的奖学金进入三一学院学习。当时的课程分成两个阶段，第一阶段可以选择3门科学课，在其导师、动物学家潘廷（Carl Pantin）的建议之下，霍奇金选读了生理学、动物学和化学。由于对生理学有了浓厚的兴趣，因此当第二阶段只能选一门科学课时，他选了生理学。同时，他还接受了潘廷的建议，自学数学。其实，在他正式入学之前，霍奇金就数次访问了他未来的教授们。后来他回忆说："他（潘廷）说，在我中学的最后一学期，我不应该再学生物学，而应该专注于数学、物理和德语。他还告诉我，我应该继续学习数学，这是我在余生中一直努力在做的事情，至少是直到几年之前。"[1]所以，当他开始进入研究领域时，他成了那个时代极少数的精通数学的生物学家之一。

图2　赫胥黎

雏莺初啼

三一学院在生理研究方面有很强的传统，神经作用的机制问题更一直是教授们非常感兴趣的课题。其中，卢卡斯观察到神经纤维发放的神经脉冲是"全或无"的。卢卡斯是霍奇金父亲的好朋友，霍奇金对他的研究感到更为亲切和好奇。前辈们的工作对霍奇金的日后研究有很大影响，其中有些人还与他成了终身好友。

霍奇金在大学的最后一年以"神经传播的'局部回路理论'的实验研究"为题，开始了神经科学方面的研究。第二年他就完成了此项研究，由于成绩卓越，他当年就成了三一学院的初级研究员，而一般情况下人们需要在大学毕业三年之后才能达到。“局部回路理论”认为，有电流沿神经纤维内部流动，其中有一部分通过膜逸出，并在此点起刺激的作用。这一理论虽然早在1872年就由赫尔曼(L. Hermann)提出来了，但是一直没有实验证据。其实，霍奇金的初衷倒不在此，当时伯恩斯坦(J. Bernstein)的膜学说在神经脉冲产生机制方面占主导地位，该学说认为，在脉冲发生时神经细胞膜两侧的电位变化是由于神经细胞膜对离子的通透性极大地增加了，这表现为电阻下降，霍奇金想做的就是检测这一点。

1937年，霍奇金受到洛克菲勒基金会的资助，到美国访问工作一年。在此期间，他也应邀访问了科尔(Kacy S. Cole)的实验室。通过这次访问，霍奇金熟悉了对其日后影响巨大的实验材料——乌贼的巨神经纤维。这种纤维直径粗达0.5毫米，几乎是哺乳动物中最粗的神经纤维的40倍。这就使得当时在其他纤维上无法做的一些实验可以用这种材料来做。通过实验，科尔发现在神经脉冲发生的过程中膜电容并没有什么变化，而和膜电容并联的电导升到了最高值。这是霍奇金想在蛙神经上寻求而未能得到的结果。这一结果表明，当时普遍认为的在神经脉冲发生时膜对各种离子完全通透的想法是错误的。霍奇金此次美国之行的另一个大“收获”是，遇到

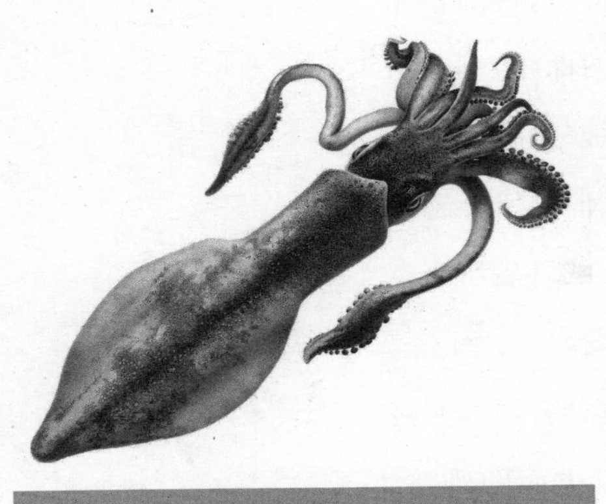

图3　大西洋乌贼

了未来的妻子劳斯(Marni Rous),她是一位科学家的女儿,尽管当时求婚未成,但还是播下了爱情的种子,7年之后当他第二次访美时,终于抱得美人归。

1938年夏,霍奇金从美国回到剑桥,被任命为生理学助理讲师,在三一学院任教。1938—1939年,他的科研工作主要是,根据以往学到的知识建立一套电生理研究设备,继续在美国时未完成的实验。在此期间,霍奇金还开展了两项新研究,这两项研究由于"二战"爆发而被推迟到战后才得以完成。其中一项是记录蟹和龙虾神经纤维在施加阈下电刺激时所引起的电变化,并用电缆方程来描写这种电变化,其结果相当完美。实际上,电缆方程原来是用来描写越洋海底电缆的电变化的,其中把电缆考虑成中心是有一定电阻的导体,而外表则是带有一定的漏电电导和电容并联而成的绝缘层,所以当时人们把没有神经脉冲发放时的神经纤维当成类似的电缆来处理,他们没有考虑到,当刺激强度继续增强到一定程度后所引起的细胞膜上不同离子通道电导的非线性变化。这项研究为霍奇金日后取得诺贝尔奖奠定了基础。他的另一项研究是把蟹和龙虾的轴突浸在油中,然后把一根电极放到轴突的断面上,从而接触轴浆,把另一根电极放到神经的外表面上。这样他就可以大致测量静息电位和动作电位(也就是神经脉冲)。结果发现,动作电位的幅度大大超过了静息电位和零电位之间的差值。这明显表明,动作电位绝不像伯恩斯坦理论所说的那样仅仅是让所有离子都能通过膜,从而消除静息电位,而是使膜电位的极性发生了翻转。其实,在霍奇金之前,有人在蛙肌肉上做过类似实验,只是他不知道而已。由于这两种动物的轴突直径都很细,当时还没有发明出微电极,所以测量到的膜电位只能比较近似,很难做进一步的定量分析。

黄金搭档

赫胥黎的童年梦想是成为一名工程师。他的父母曾送给他一些益智玩具。比如,带孔的金属条和金属板,可以用螺母和螺栓将它们和杆、嵌齿轮等连接起来,构造成各种模型;父母还给他买过一台脚踏车床,赫胥黎后来对其做了些改进，甚至在工作中用它来自制仪器需要用的零件。当他12岁时，他拥有了一台显微镜，那是爸爸妈妈送给他的礼物，他喜欢在花园里搜集蝴蝶和飞蛾的标本，并仔细观察。儿时，他还有件玩物，那是一个隔在两层玻璃之间的蚁巢，他用糖水喂养蚂蚁，并观察它们的行为。他的父母很注重赫胥黎的学习，送他去当时英国最好的中学之一就读。由于物理、化学和数学成绩优异，因此他在1935年得了奖学金，进入剑桥三一学院学习。

他刚入学时主修数理化，但是学校要求他必须选修另一门实验课程，他选了生理学，这是因为他把生理学看成某种"生物机械工程"。意外的是，赫胥黎发现自己对生理学更有兴趣，所以到了两年后选专业时，他选了生理学而非物理学。不过，为了弥补在头两年中没有学过解剖学的缺陷，他用一年时间学习如何解剖尸体。而霍奇金正是他大四时的任课老师。

1939年，赫胥黎即将毕业，霍奇金邀请赫胥黎和自己一起进行研究。当时赫胥黎也有其他选择，但是因为他与霍奇金早已认识、年龄相仿，且赫胥黎觉得霍奇金的课题更能发挥自己在物理方面的专长，就这样，一位精通数学的生理学家和一位有扎实数理根底的生理学学生组成了一对黄金搭档。他们的合作从"二战"前持续到"二战"后，两位未来的诺贝尔奖得主在同一个研究组中一起工作直到1952年，并且维持终身的友谊，这在神经科学史上也是不多见的。

在进一步研究前面提到的定量分析膜电位问题时，霍奇金想到了他在美国科尔实验室用过的实验材料大西洋乌贼的巨神经，对于这样"粗大"的神经，他们可以把一根很细的电极插进去10—30毫米，注意不要碰到细胞膜，所以除了插进去的端点有些损伤之外，神经是完好的。然后把另一个电极放置在浸浴神经的盐水中，这样就可以直接记录到跨膜电活动。结果发现，神经纤维在静息时膜内要比膜外负50毫伏左右，然而在产生神经脉冲时，膜内电位迅速上升100毫伏。也就是说有一个40—50毫伏的超射，这更精确地证实了霍奇金在蟹和龙虾神经上的发现。他们将实验结果在《自然》(*Nature*)杂志上做了简短的报道。正当他们想深入研究这个问题的时候，第二次世界大战爆发了，这项研究就被搁置了下来。

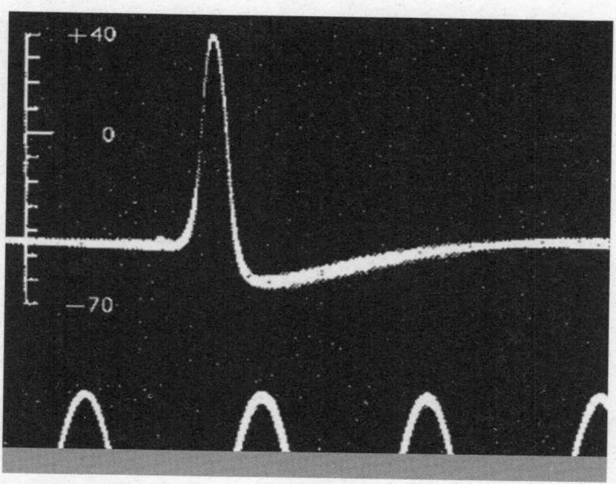

图4　1939年，霍奇金和赫胥黎第一次在枪乌贼巨轴突上精确记录到的动作电位（引自Hodgkin & Huxley, 1939）

战争时期

霍奇金先是研制飞行员用的氧气面罩，后来又从事改进防空雷达。赫胥黎在战争开始后的头一年里学习了临床知识，他发现临床和科学研究有很大不同，前者往往在证据不足的情况下就得当机立断，而后者则有充分的时间可以从容考虑。随着伦敦不断受到德机轰炸，且有物理学背景的大学生入伍人数不足，赫胥黎也不得不转向防空和海军的炮火控制研究。他们原以为这只是暂时的，没想到却有8年时间！不过，他们的这段经历对其战后的成就并非全无好处。霍奇金熟悉了反馈控制系统，有5年时间他做的几乎就是一位物理学家的工作；而赫胥黎则熟练了解数学方程。尽管在战争期间他们曾多次会晤，并在1945年全文发表了他们战前的研究成果，对神经脉冲之所以会有这种超射提出了4种不同的解释，但遗憾的是，其中没有一种是对的。直到1945年年末，他们才找到了原因。

攀登顶峰

"二战"结束，两人又回到剑桥重新开始被战争打断了的研究，即为什么神经脉冲会有超射。如我们在前面所说的那样，伯恩斯坦的膜理论认为，在静息时膜内为负是因为细胞膜只对钾离子略有通透性，而对其他离子都不通透。由于神经细胞内的钾离子浓度比细胞外的高得多，因此钾离子要带着正电荷向外扩散，从而使细胞内的电位变负。伯恩斯坦认为，当发生神经脉冲时，细胞膜突然让所有的离子都可以通过细胞膜，这样就使细胞膜两侧的电位差降低到很小的值。因此，这种理论解释不了为什么神经脉冲会有超射。

1945年10月，赫胥黎听了克罗(August Krogh)有关离子穿越生物膜的一个报告。在这个报告中，克罗讲到细胞膜两侧的钠离子也能进行交换，这和以前人们认为的细胞膜对钠离子是绝对没有通透性的说法不同。而这意味着需要有某种"钠泵"不断逆着电化学梯度把扩散进细胞的钠离子送回细胞外。当时赫胥黎就想是不是有可能在脉冲发生时，钠泵暂时受到了干扰而使钠离子不断进入细胞内，从而造成了超射呢？当他把这一想法告诉霍奇金时，霍奇金立刻指出如果钠离子进入细胞内的速率大到能解释神经脉冲产生时膜内电位的迅速上升的话，那么平时要把这样多的钠离子泵出神经细胞所需要的能量就会远远超过我们所知道的神经对氧的消耗量，因此这种假设不能成立。这样他们就考虑是否可能用脉冲发生时细胞膜对钠离子的通透性迅速提高来解释神经脉冲超射的可能性。

1947年夏，霍奇金重建了他的实验室，并邀请赫胥黎参加，但是当时赫胥黎正准备结婚，婚后又要去度蜜月，因此没能参加。当时和霍奇金合作研究的是后来也获得了诺贝尔奖的卡茨。在这段时间里霍奇金发现当把神经纤维放到没有钠离子的溶液里时，就不能产生神经脉冲，如果溶液中的钠离子浓度很低，那么神经脉冲的超射很小，而如果钠离子浓度很高时，超射就很大，并且这些效应都是可逆的。这些结果都支持了他们的想法。

霍奇金在战前对蟹神经纤维所做的小刺激下局部反应的实验表明，在发生神经脉冲时的通透性增大并非一蹴而就，而是随着膜内电位的变化逐渐改变的。当膜内电位升高时，通透性增大，这又引起膜内电位进一步升高，如此持续下去总会在某一点产生爆炸性增长。这样就有可能解释神经脉冲是如何产生的。因此，关键问题是要知道膜内电位与膜对各种离子通透性之间的定量关系，然而膜对某种离子的通透性可以用这种离子所形成的电流通过膜的电导来表征。初看起来，电位和电导似乎是一个只要用欧姆定律就能解决的问题。不过，这里的困难是在神经细胞膜的情况下，这两者互为因果，都在迅速变化之中，使实验者没有时间从容测量这两个量。如何解决这个难题就要看研究人员的智慧了。霍奇金想到了一种方案：把一根很长的导线插到神经纤维里(乌贼巨轴突的优越性就显示出来了，如果神经纤维太细，在当时的技术条件下就无法做到这一点了)，通过它可以向细胞里注入电流以改变细胞内的电位，同时用另一个电极测量这个电位并通过一台反馈放大器控制输入电流，这样就使膜内电位可以维持在某个恒定数值上。这样只要同时测量通过细胞膜的电流就能间接测量到神经细胞膜的电阻了。这种方法后来被称为"电压钳位"。同一时期，美国的科尔也有同样的想法，而且在霍奇金之前就造出了这样的设备，但是并未得到充分利用。1948年，霍奇金再度访美时，参观了科尔的实验室，看到了这种设备，他告诉科尔，他所做的改变神经纤维外溶液中钠离子浓度对神经脉冲幅度影响的实验。不过公允地说，电压钳位的思想是他们两位彼此独立地提出的。

1948年，霍奇金和卡茨开始了实验，稍后赫胥黎也参加进来。1949年，霍奇金和赫胥黎开始了一系列电压钳位的实验，他们研究了当改变神经纤维外溶液中钠离子浓度，并把细胞内的电位从某个固定电位改变到另一个固定电位时流过细胞膜的电流。不过，要分析实验结果还是大费周章。这是因为当时没有现在这样的计算机可以实时地记录数据，他们不得不手工在阴极射线管的弯曲表面上描绘下来，数据处理也是由赫胥黎用一台手摇的机械计算器来做的。霍奇金后来回忆说："我们在1951年3月之前就已确定了所有的方程和常数，并希望在剑桥大学的计算机上解方程。然而，在什么都还没有来得及做之前，我们得悉计算机[EDSAC 1]将停止服务6个月左右，以进行重大改进。赫胥黎用一台德国早期Brunsviga牌的

图5　赫胥黎用来计算霍奇金-赫胥黎方程的手摇计算器(引自Schwiening,2012)[3]

手摇计算器手工求取微分方程的数值解,从而克服了困难。这花了大约3周时间才算出了传播着的神经脉冲,安德鲁真是花了大力气啊!"[2]

他们的一个卓越成就是把透过细胞膜的离子流中的钾离子流和钠离子流区分了开来。其思想十分巧妙,他们首先在生理条件下测量出钾-钠离子流,然后把细胞外液中的钠离子浓度降低到和细胞内的钠离子浓度一样,这样就消除了钠离子流,因此测量到的就是纯钾离子流。然后从钾-钠离子流中减去钾离子流,这样得到的结果就是钠离子流。当然,这样做的前提假设是钾离子流和钠离子流彼此独立,这一点是通过以后的实验才被充分证实了的。

根据这些实验的结果,他们终于建立起了一个描述神经脉冲产生的数学模型——霍奇金-赫胥黎模型,这是一组联立的非线性微分方程组。解这些方程不仅能得出他们电压钳位的实验结果,而且能得出在没有钳位时神经脉冲的产生和传播过程。解方程所得的神经脉冲波形和实验实测得到的波形非常接近,这极大地支持了他们的理论。他们的理论就像物理上的麦克斯韦方程组那样,不仅能描写静电场和静磁场等的情况,而且还能预测电磁波的产生和传播。无怪乎人们把他们称为神经科学界的麦克斯韦。正是这项工作奠定了他们荣获1963年诺贝尔生理学或医学奖的基础，也为如何根据现象描述及数学建模阐明那些一时难以直接观察到的内部机制树立了一个范本。在他们开始工作时，离子通道还只是一种假设，正是他们的工作开辟了后人对离子通道的大量研究，并最终导致另外两个荣获诺贝尔奖的研究。

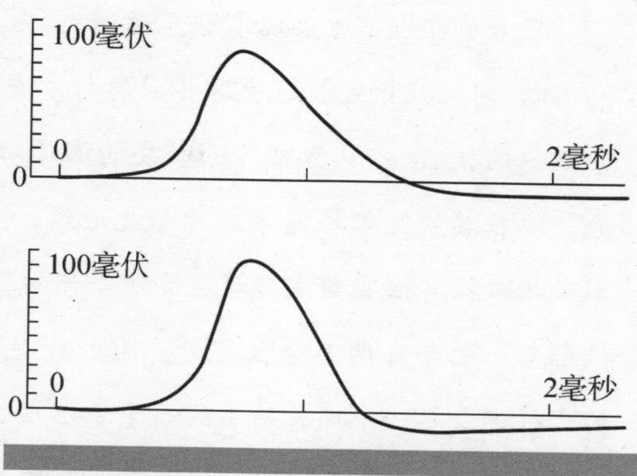

图6　按照霍奇金-赫胥黎方程计算所得的神经脉冲波形(上)和实验实测所得的神经脉冲波形(下)非常接近(引自Schwiening,2012)[3]

在他们完成这一里程碑工作之后，两人分别转向了不同的研究方向。霍奇金先是研究离子跨神经细胞膜的主动运输问题，后来又转向研究视网膜中视杆和视锥的对光兴奋性；而赫胥黎则转向肌肉收缩的研究，偶尔也继续做一点和神经传导有关的理论工作。

万世师表

霍奇金不仅以其研究为人类对脑的认识写下了浓墨重彩的一笔，而且还以其治学之道为后世学子树立了榜样。赫胥黎后来在一篇纪念霍奇金的文章中深情地说道："在科学上我一直以他为榜样，在我开始科学生涯时得以和他在一起是我的福分。"[4]

对于霍奇金的治学之道，赫胥黎做了下面的总结：

霍奇金在以下方面具有非凡的能力：他善于识别自己感兴趣的领域的重要问题，同时找出定量解决这些问题的方法。再加上他在解剖学和电子学方面娴熟的技巧，以及数学方面必要的深厚功底，使他得以胜任非常困难的任务。他在其研究领域通常处于领先地位，并且可以按照自己的节奏前进，而不必担心被其他实验室超越。除了早期的三四项研究是他独自进行的之外，他都与一两个或两三个合作者一同进行实验工作。他不希望像现在经常做的那样建立起一个庞大的团队。除了他自己的合作者之外，在他的生理学实验室通常有一两位独立自主进行研究和发表结果的来访学者，他对他们不吝给予建议和帮助。当我还没有正式与他合作时，他对我就是如此。他也随时准备与其他人讨论他目前尚未发表的工作。[4]

1990年，赫胥黎年逾古稀才退休，其实他是退而不休。他自己是这样说的：

我依旧非常繁忙，评审他人投给杂志的论文、基金申请、提职或评奖申请。我写对逝者的纪念文章，也写点其他文章，主要是有关历史方面。虽然减少了长途旅行，但我不断通过阅读、访问前同事及参加学术会议，力图紧跟肌肉收缩方面的研究进展。[5]

赫胥黎不仅在治学上为后人树立了榜样，也在活到老、学到老方面为退休老人树立了榜样。

第二篇

心灵之窗的探索者

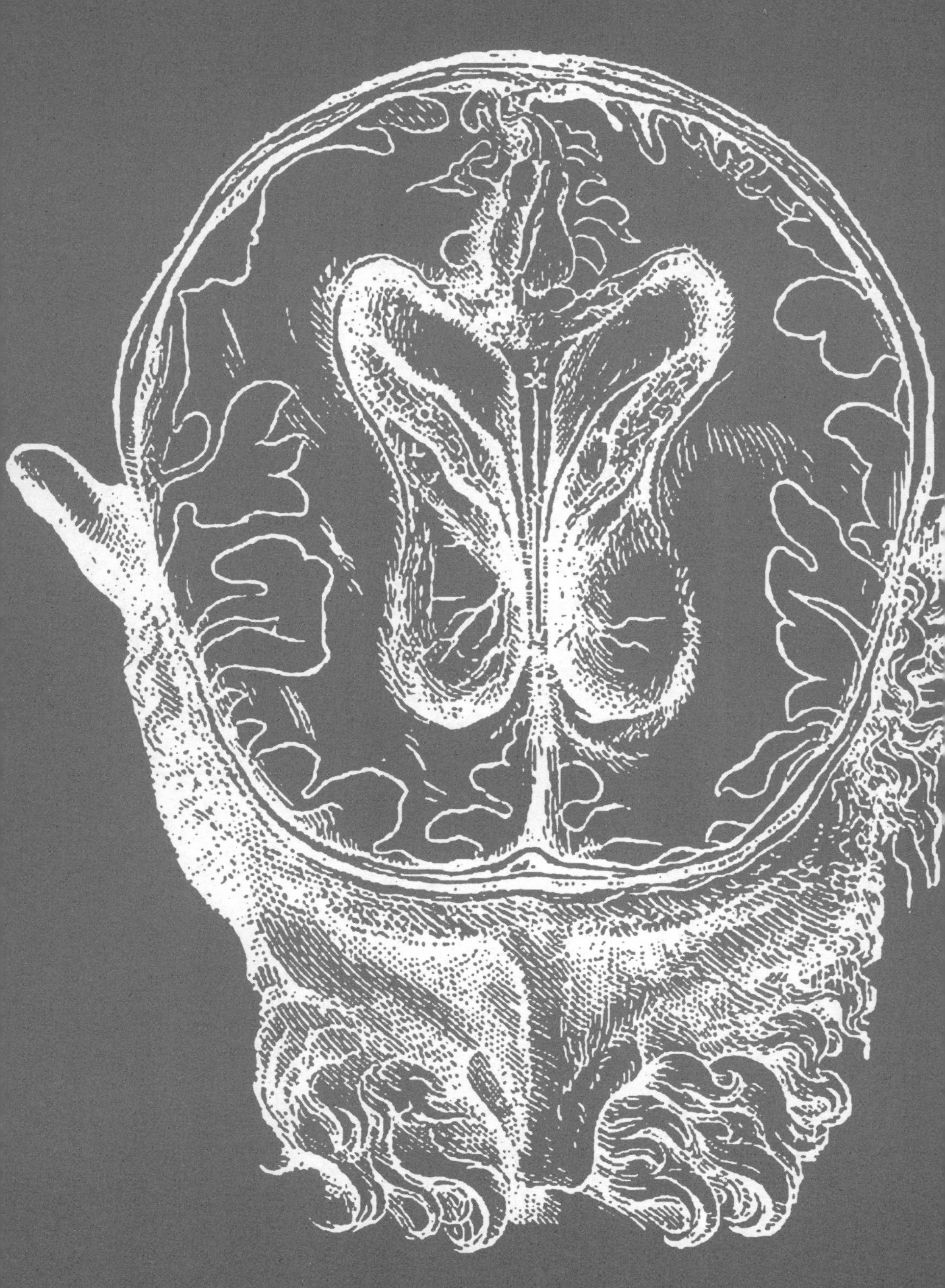

我们是如何看到东西的？这似乎又是一个傻气的问题。睁开眼睛不就看到了。就算用理论去解释，也不是什么难事。外界事物发出或反射出来的光线通过晶状体，就像经光学透镜那样成像在视网膜上，于是我们就能看见视网膜上的这个像了，我们就可以说看到了外界事物。但视网膜上呈现的是一个歪曲了的缩小的倒像，而我们看到的却是“真切”的实物，这是怎么回事呢？此外，我们说我们看见了视网膜上的像，这里“我们”是谁呢？是眼睛吗？不过，每个人都应该做过梦，梦中的场景真切得仿佛就同实际经历的一样，那在梦中看见这一切的“我们”又是谁呢？毕竟，在做梦时我们都是闭着眼睛的。可见，我们是如何看到东西的，并不是一个“简单”的问题。视觉如此，听觉、嗅觉亦如此，感知觉中有大量奥秘等待人类探索，而科学家的脚步从未停息，直至今日，感知觉仍是脑科学中最为活跃的研究领域之一。本篇选取了此领域6个重大理论提出者的故事，让我们一起看看他们是如何拨开迷雾，带领人们一步步认识自己的吧！

哈特兰

侧抑制原理的提出者

图1 哈特兰

感官需要向脑报告的是环境中的变化，如果周围环境一片均匀，或是永远不发生变化，那么感官就没有必要消耗能量总是向脑报告“全都一样”这种没有任何价值和意义的“信息”。有人曾经典地将“信息”解释为：由差异引起的差异。也就是说，如果发送者的变化引起了接受者的变化，那么后者就由前者处获取了信息。从这个意义上来说，感官的基本功能就是检测差异或变化。感官检测环境在时间上的变化靠的是适应现象，这是人们早就知道了的，所谓“入芝兰之室，久而不闻其香；入鲍鱼之肆，久而不闻其臭”。但是感官是如何检测空间变化的呢？这一问题直到美国生物物理学家哈特兰通过研究鲎复眼视网膜中的侧抑制作用才给出了解释。而这一原理也比较完满地解释了心理学中著名的“马赫带现象”，哈特兰也因此成为通过生理学研究解释心理现象的范例。

酷爱自然

1903年12月22日，哈特兰出生在美国宾夕法尼亚州布卢姆斯堡的一个教师家庭。他的父亲是布卢姆斯堡州立师范学校的一名自然科学教师，不仅喜欢生物学，还喜欢天文学和地质学。在他的办公室墙上挂着美国生物学家和地质学家阿加西斯(Louis Agassiz)的警句"研究自然，而非书籍"。他的妈妈在这所学校教英语，同时她还是一位业余的园艺师和植物学家。双亲的爱好往往对孩子有很大的影响，因此哈特兰从小就热爱自然。在他的童年时代，当父亲带着学生到郊外进行野外观察和采集标本时，他总是跟着去，并且听父亲向学生所做的介绍。

他对大自然的热爱使父亲引以为傲。他们成了很好的伙伴，经常一起去远足，收集和观察。后来他深情地称他的父亲为"我的第一位也是最好的老师"。[1]即使在成年之后，他也一直像他父亲那样对天文学和地质学保持浓厚的业余兴趣。1920年，当哈特兰从布卢姆斯堡州立师范学校毕业时，他已经能对布卢姆斯堡溪流和田野中的所有常见昆虫和节肢动物如数家珍了。那年夏天，他父亲将他送到长岛冷泉港，学习为期6周的比较解剖学课程。秋天，他考入了拉法耶特学院。

学生时代

哈特兰入学之后，父亲和恩师孔克尔(B. W. Kunkel)都认为他应该读医，但是他们都没有注意到哈特兰在生物实验方面的天赋。哈特兰曾告诉孔克尔想做点科学研究，但不知道从何做起。孔克尔建议他研究陆生等足类动物。他抓了些这种虫子却不知道应该做什么，于是去问孔克尔。孔克尔只是笑着说："好吧，这正是你要研究的！"哈特兰在观察了一段时间后注意到这些虫子总是避开光线，藏在树叶下的污垢中。他想这种特性也许值得研究，于是开始查阅相关文献。对他最有启发的是洛布(Jacques Loeb)写的一本书，书中特别强调了要进行定量化研究。

虽然话说得有点模糊，但是从此开始，他就一直没有偏离他的主要研究方向：对视觉反应进行定量实验。3年后，当他从拉法耶特学院毕业进入约翰斯·霍普金斯大学时，他听从了父亲和师友的建议读医，但他喜欢的始终还是做生物学实验，而非行医。不过，约翰斯·霍普金斯大学毕竟是一所研究型的好大学，他的老师斯奈德（Charles D. Snyder）鼓励他继续进行视觉方面的研究，并让他在获得医学博士学位留校任研究员后，用弦线电流计测量青蛙、兔和猫的视网膜电图。弦线电流计是一种十分娇嫩的仪器，弦线很容易烧断，但是他很快就学会了操作和更换烧断的弦线。有一晚，当他在做一个去皮层猫的实验时，有一只大青蝇在周围飞来飞去，他把它抓住后想试试看用弦线电流计能否测量到它的视网膜电图。出乎意料的是，不仅测到了，而且其量值比猫的还要大10倍。这使他领悟到昆虫等低等动物也许是定量研究光感受器的理想标本。

图2　鲎。其背壳两侧有两个复眼

直到1929年，每年夏天他都要去冷泉港的海洋生物实验室待一段时间，在那里他看到了活的鲎。鲎是一种古老的动物，有"活化石之称"，其坚硬的甲壳两侧有两个相当大的复眼，每个复眼有1000多个小眼。以前他家里有鲎的标本，没想到后来他一生都在研究这种动物。他对鲎的研究开始于在伍兹霍尔研究鲎的暗适应。不过,这中间有一段插曲,这就是由于他不满意拉法耶特学院和约翰斯·霍普金斯大学缺乏数学物理课程,于是利用获得的一笔奖学金到德国学习物理。他师从的两位大师是慕尼黑的索末菲(Arnold Sommerfield)和莱比锡的海森伯(Werner Heisenberg):前者被认为是有史以来最伟大的老师,因为在他的学生中有一大批后来得了诺贝尔奖,而后者则是量子论的奠基者之一。当然,在这两位大师周围高手如云,哈特兰感到自己缺乏足够的数学物理背景知识,很难把它们作为自己的专业。虽然如此,他对物理学和数学的爱好和关注却维持终身,并在工作中特别注意定量研究和其中的物理原理。在欧洲待了一年半之后,他在1931年回到宾州大学担任生物物理学教授。

初战告捷

1926年,英国生理学家阿德里安和索特曼首先用放大器记录到了青蛙牵张感受器单神经纤维的神经脉冲发放。哈特兰也想用同一技术记录鲎复眼的单根视神经发放。因为弦线电流计虽然也能测量微小的电流变化,但其灵敏度依然很有限,更大的缺点是不能反映快速变化。当时用电子放大器和示波器记录神经电反应的技术刚刚起步,市场上没有现成的仪器可售。1931年,对新技术极为敏感的哈特兰自制了一台这样的放大器,尽管其貌不扬,以至于看到它的科学家都吃了一惊,一位来访的电子学工程师赫维(John Hervey)甚至惊叫了声:“我的老天!”[2]不过,这台仪器确实能够很好地工作。

哈特兰和格雷厄姆(Graham)一起到伍兹霍尔进行研究工作。开始时,他们挑选幼鲎作为实验材料,这是因为幼鲎要经常脱壳,其角膜非常清澈,而且视神经也很好分离。于是,他们模仿阿德里安的方法逐步剔除其中的神经纤维,直到只剩一根。但是预想的目标很难做到,记录到的总是一大串杂乱无章的脉冲。他们一个接着一个做,结果总不理想。就在还有两天就要离开伍兹霍尔的时候,所有的幼鲎都用完了。水箱里只剩下两只成鲎,这两个家伙实在不讨人喜欢,两眼呆滞,而且擦伤严重,要是在平时是决不会用它们的,但是只剩两天时间了,不可能再新进一批实验动物,也只能将就了。谁知道"鲎不可貌相"!从第一只鲎的视神经中很容易就分离出单根纤维,当光照到它的复眼上时,从这根纤维上记录到一串很有规则的、峰值很高的脉冲。第二只成鲎的实验结果也一样,整个夏季的辛勤工作终于得到了回报。结果表明,与光照强度有关的并非神经脉冲的幅度,而是它们的发放频率!进一步的工作还表明,发放频率和光照强度的对数成正比,这与对人所做的心理物理的结果——对亮度的知觉和光强的对数成正比——是一致的。

初战告捷当然令人兴奋,但是科学的道路并非那么笔直。当时哈特兰以为鲎的视神经是直接从其感光细胞上发出的,不过进一步查阅文献后发现,在鲎的视网膜中还存在另一种细胞——偏心细胞,在其周围有很复杂的神经丛。另外,还有两个实验事实使他明白情况要复杂得多。第一个事实是,当实验室变昏暗时,在同样的光强刺激条件下鲎小眼视神经的发放频率会加快,而当附近小眼受到的光照加强时,被测小眼的活动减弱。这说明邻近的小眼之间存在抑制作用。当他用特制的小剪刀把神经丛切断时,这种相互作用就消失了。第二个事实是,当他把当时刚发明的微电极插到偏心细胞中,发现偏心细胞的发生器电位和视神经的发放频率成正比。因此,视神经并非直接从光感受器上发出,而是偏心细胞的轴突,在这里偏心细胞扮演了第二级神经元的角色,并且它们并不是孤立的,而是和周围的小眼有相互作用。

发现蛙的视觉感受野

对鲎视觉单纤维记录的成功,促使哈特兰暂时把注意力转向记录脊椎动物的单根视神经纤维。这次他选取的实验动物是牛蛙,因为从牛蛙视网膜各处到盲点处的视神经纤维本身就是分离的。他把一小束视神经纤维挂到一根棉芯电极上,然后剔除多余的纤维直到只剩一根。虽然这样做很困难，成功率不高，但是他还是成功地发现蛙的视网膜很复杂。早在1932年，阿德里安曾经用“感受野”一词来描写与某根蛙皮肤感觉神经纤维有联系的皮肤区域。哈特兰把这一概念推广到了视网膜。他发现蛙视网膜上的感受野有三种不同形式：一种是当给光时相应的视神经纤维有发放；第二种是当撤光时有发放；第三种则无论在给光或撤光时都有反应。他发现在感受野内部有空间总和作用，而对给光-撤光型感受野来说，其相邻区域还会起抑制作用。他的这一工作是以后对非常活跃的脊椎动物视觉感受野研究的发轫之作。但是，哈特兰并未沿着这条道路继续深入下去，他觉得脊椎动物的视网膜过于复杂，很难定量研究。他真正感兴趣的是可以用数学进行定量分析的实验对象。这使他重新回到对鲎复眼的研究，因为正如他后来所说，这是“一个比较简单的视网膜，且表现出纯粹的抑制性相互作用，从而为实验提供了一个不容忽视的机会”。“这个视网膜刚刚复杂到足以引起人们的兴趣，然而看起来又简单到足以使人们相信最终可以把它们研究清楚。”[2]

发现侧抑制

所谓侧抑制，指的是相近的感受器之间能够相互抑制的现象，其发现的具体时间哈特兰自己也说不清楚，据他回忆大概是在20世纪30年代末。不过，有关侧抑制最初的报道要比这个时间晚得多，但还是远远先于有关脊椎动物视网膜中心-周边结构的报道。

1950年，赖特利夫(Floyd Ratliff)加入哈特兰的实验室，他对侧抑制现象十分感兴趣。在此后两年里，他们对此做了一系列工作，不过正式发表这些研究成果却是在5年之后。在这段时间里，富田常雄(Tsuneo Tomita)也加入进来。令富田常雄终生难忘的一件事是，在他到实验室的第一天，哈特兰就把实验室的钥匙给了他，告诉他随时可以进实验室做任何他感兴趣的事。其实，这就是哈特兰的一贯行事方式，他对任何同事，不论其职位高低都给予充分的自由和信任。几个月之后，富田就发现逆行刺激鲎视神经也与给光一样能产生侧抑制效应。这为侧抑制研究提供了一种新方法。

1953年，哈特兰所在的约翰斯·霍普金斯大学的校长布朗克转任洛克菲勒医学院（后来改名为洛克菲勒大学）的院长，他立即任命哈特兰为该院生物物理实验室的主任，赖特利夫也跟了过去。从此，他们开始了长达30年的合作研究。两人的研究风格不太一样：哈特兰总是把注意力集中在一个问题上，并仔细阐明一条基本原理；而赖特利夫则倾向于同时思考几个不同但相关的问题，从而阐明某种一般原则。虽然有这种不同，但是他们都喜欢做定量研究，并且彼此互补，他们的友谊和合作建立在相互理解和相互尊重的基础上。

当时，在哈佛大学的冯·贝凯希告诉赖特利夫，鲎复眼中的侧抑制现象和马赫（Ernst Mach）在1865年发现的马赫带现象很类似。所谓马赫带，就是当人们看两块内部亮度均匀的明暗区相邻的边界时，会在亮区一侧看到一条特别明亮的亮线，而在暗区一侧则会看到一条特别灰暗的暗线。这种主观上知觉到的特别亮和特别暗的线条就被称为马赫带。然而，用亮度计来实际测量，却测不到边界两侧有光强特别强或弱的线条存在，因此马赫带完全是一种主观上知觉到的心理现象。马赫也曾猜测过这种现象可能是由于相互抑制造成的，但是缺乏证据。不过，马赫在其假设中所用的定量表

图3 马赫带现象

述对哈特兰和赖特利夫有很大影响。他们首先对两个小眼之间的相互抑制用一对联立的分段线性的代数方程表达出来:每个小眼在共同受到光照时的发放频率是其单独受到同样强度光照时的发放频率和另一个小眼对它的抑制量之差,而这个抑制量则与另一个小眼的实际发放频率超过某个阈值的差值量,而非它所受到的光强成正比。后来,他们又把这一方程推广到了任意多个小眼的情况。计算和实验结果吻合得非常好。这一方程日后被人称为"哈特兰-赖特利夫方程",在历史上第一次对一个真实的生物神经网络给予相当精确的数学描述。如果把相邻的两个明暗不同的部分作为网络的输入,那么其输出就在明暗交界处表现出马赫带这样的现象,从而从神经回路层次解释了一个知觉层次的心理现象。这是因为在边界亮侧的小眼受到暗侧小眼的抑制比较低,因此比亮区内部的小眼的活动要强。他们对侧抑制的功能作用做出了如下解释:侧抑制把目标的边框勾画了出来,从而加强了反差,有利于主体从环境中检测目标。其实,艺术家早就在没有意识到这一原理的生物学机制的情况下使用这一原理了。他们发现,我国宋代时期工匠为了使定窑的瓷器上的月亮显得更为明亮,就在月亮边上衬托一片乌云,以减弱环境对月亮的侧抑制,从而起到"烘云托月"的效果。

哈特兰和赖特利夫的另一个重要发现是,当某个小眼受到另一个小眼的抑制而活动减弱时,这种减弱同时削弱了此小眼对施加抑制作用的小眼的抑制,他们把这种对抑制作用的抑制称为"除抑制"(disinhibition)。开始时他们认为这种除抑制只是鲎复眼才有的现象,后来才发现对其他感觉系统和其他物种也都存在。侧抑制同样也是如此。

后来发现,哺乳动物视觉感受野具有中心-外周拮抗结构其实也是一种侧抑制,以此可以解释一种称为"赫尔曼格点"(Hermann grid)的视错觉。所谓"赫尔曼格点",就是用白色横线和竖线把黑色背景分隔成一些黑色的小方块,在白线的行列交界处会知觉到时隐时现的暗点。如果你把目光凝视在某个交界点时,这种暗点就会消失不见。对赫尔曼格点的解释是:如果用余光看格点,因为视网膜外周

图4　赫尔曼格点。在白线的行列交界处会知觉到时隐时现的暗点，这就是“赫尔曼格点”。如果你把目光凝视在某个交界点时，这种暗点就会消失不见

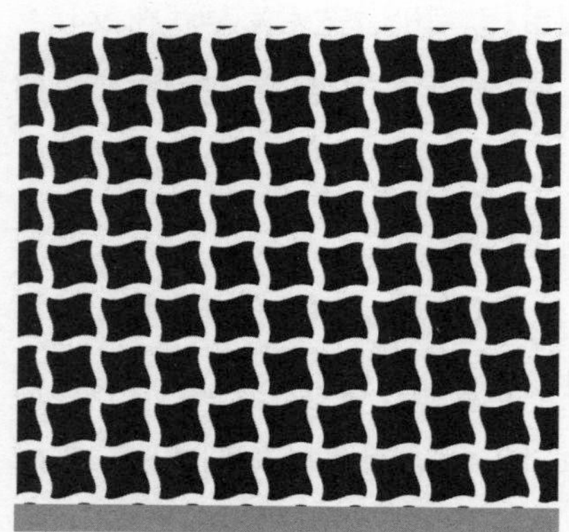

图5　“赫尔曼格阵”的变体。用曲线代替直线，“赫尔曼格点”消失

的感受野面积比较大，所以中心受到上下左右四边的强抑制，而不在交界处则只受两侧的强抑制，因此格点处就显得比较暗了。如果把目光凝视格点，因为中央凹处的感受野面积很小，所以无论在交界处还是不在交界处，中心所受到的侧抑制的情况都是一样的，因此也就看不到暗点了。不过，即使简单如赫尔曼格点，问题也并未完全解决，因为如果把分隔的行列用曲线代替直线，就看不到交界处的暗点了，这是用侧抑制所解释不了的。对此，现在还没有令人满意的解释。

哈特兰在为庆祝他70寿辰而出版的一本论文集的前言中，用下面的一段话总结了他们工作的意义：“我们有理由相信我们现在的工作虽然是专门针对一种古老的动物的眼睛所做的研究，却得出了有关视觉生理学以及实际上关于神经整合功能的某种一般的原则。”[2]这一点非常重要，正如他在1942年哈维讲座中所指出的那样：“单个神经细胞绝不独立起作用，正是视觉系统中所有单元的作用整合在一起才产生了视觉。”[3]虽然哈特兰已经为阐明神经整合功能做出了重要的贡献，但是正如本文最后所介绍的曲线赫尔曼格阵所表明的那样，里面依然隐藏着很多秘密，有待人们进一步探讨。

芒卡斯尔

皮层功能柱的发现者

图1 芒卡斯尔

2021年,诺贝尔生理学或医学奖授予了美国神经科学家尤利乌斯和帕塔普替安,以表彰他们在发现温度觉和触觉受体上所做出的杰出贡献,他们的工作使对体感的研究深入到了分子层次。但是,若从皮层层次来说,对体感研究的先驱无疑是美国神经科学家芒卡斯尔,他发现了体感皮层上的神经元是以柱状形式组织起来的,后来休伯尔和维泽尔等人将其发现推广到视觉皮层和其他感觉皮层。尽管柱状结构是否为脑处理信息的基本单元还存在争论,但无论如何,芒卡斯尔的这一发现对神经科学产生了深远的影响。

少年大学生

1918年7月15日,美国神经科学家芒卡斯尔出生在一个铁路建设公司合伙人家庭,他的先辈没有人读过大学。但他的母亲曾是一名教师，在他4岁的时候，母亲就教他读书写字，所以他在进小学时跳了两级。他就读的公立中学文科很好，但是理科很差，因此在中学时他喜欢的是历史和体育，这些爱好一直持续到晚年。1935年，他高中毕业了，年仅16岁。当时正值经济大萧条，所以他对能进入一所总共只有300名左右学生的教学型高校——弗吉尼亚州塞勒姆的罗诺克学院——学习，还是深感庆幸的。他在那里主修化学，并在3年内完成了学业。当他开始考虑申请到医学院深造时，除了弗吉尼亚州的两所学校外，他对其他医学院一无所知。然而，他的化学老师曾在约翰斯·霍普金斯大学接受过培训，建议他申请到那里攻读。他也就这样申请了，虽然心里并不抱有多大希望。在1937年的圣诞前夜，他收到了录取通知书，不料他母亲不仅不为此高兴，反而坚持他不应该和“北方佬”一起上学。但他还是去了，并且除了第二次世界大战时期从军之外，他一生都在那里度过。

学医年头

约翰斯·霍普金斯大学是一所好学校，在他一年级时，学校的师生比几乎是一比一。在校期间，每个阶段学生只上一门课，如开学头两个月是解剖学课程，接着是一个季度的生理学课程，然后是一个季度的生物化学课程。在学年的最后一周之前，没有任何测试或考试。期终考试也不公开分数，如果有人不及格则会私下通知本人。

不过，这绝不是什么“快乐教育”，芒卡斯尔后来回忆道：

> 我清楚地记得我第一年的解剖学考试。我走进考场，发现威德(Weed)和海因斯(Hines)博士站着接待我。他们没有让我坐下，他们自己也没坐下。房间里有一张长桌，上面摆满了解剖的标本，还有几台显微镜和许多片子。接着就开始问问题。例如，“把臂丛神经的分支拿来给我们看，并告诉我们每个分支所支配的肌肉”；“看看这是什么组织并告诉我们其组织、神经和血液

供应”。如此这般持续了近一个小时。我踉踉跄跄地走出来,我以为在约翰斯·霍普金斯大学的日子该到头了。不过最后我总算是通过了。[1]

生理学课程主要由实验和小组讨论组成,授课次数大约只有40次。实验教学是由最资深的教师指导的,没有助教。芒卡斯尔记得在一次心血管实验中,巴德(Philip Bard)在他们桌前站了两个小时,教他们自己观察,并自行解释看到的东西。

不过,实话实说,在学过的课程中,他也碰到了一门糟糕的课程——产科学。在他三四年级时正值战时,许多医生当了军医,所以当时高年级的医科生就去医院充做实习医生,而他的目标是当一名外科医生,最好是一名神经外科医生,于是他干脆放弃学习产科学,去外科实习。不料几天后,一个电话通知他去见产科系主任伊斯特曼(Nicholas J. Eastman)教授。后者发现他没去听课,虽然学生听课一直是自愿的,但伊斯特曼还是大发雷霆,说要把他带到院长办公室开除学籍。最后,伊斯特曼警告说,离产科学的大考只有两个星期了。芒卡斯尔不得不立即辞去了实习工作,买了本《威廉姆斯产科学》(*Williams Obstetrics*),整天背诵。考试结束后,他又回去实习了。有一天,又有一个电话打来,让他去见伊斯特曼教授。伊斯特曼更加愤怒了,上唇的小胡子乱颤,他说道:“芒卡斯尔,我们给不了100分,你得了98分。再见!”当然,没过多久,这样临时抱佛脚死记硬背学到的内容,他就统统还给书本了。

芒卡斯尔从1942年1月起应征成为海军V-12军团的医学生,这使他算是完成了医学院学习和实习。1943年6月,他正式入伍当军医,一直到1946年7月才退伍。

幸运的转折

退伍后,芒卡斯尔想找一份神经外科住院医生的职位,这是他长期以来的目标。他先是去了杜克大学,找神经外科教授伍德霍尔(Barnes Woodhall)博士面试,伍德霍尔也毕业于约翰斯·霍普金斯大学。不过,伍德霍尔冷淡地告诉他,在他之前已有6个人在申请。芒卡斯尔冲动了起来,问伍德霍尔如果他能在约翰斯·霍普金斯大学与巴德一起工作一年,他将如何看待。伍德霍尔从椅子上跳了起来,拍了拍芒卡斯尔的胸口,宣布如果巴德愿意让芒卡斯尔在他身边工作一年,芒卡斯尔就可以到他那儿做住院医生。这样,芒卡斯尔就又回到了巴尔的摩,然后去巴德博士那儿进行面试。巴德热情地接待了他,芒卡斯尔讲述了自己的战时经历,以及测试过预防晕车的候选药物。巴德问他:"你认为晕动病有心理因素吗?"芒卡斯尔回答说:"没有。"接着巴德只说了一句:"9月份来吧。"

芒卡斯尔在9月1日报到。通过电话得知巴德正在家里写东西,显然他还没想好如何安排自己的学习和工作。芒卡斯尔建议可以让他到韦尔奇图书馆先读一个月的书。事情就这样定了下来,芒卡斯尔利用这一个月的时间几乎读完了谢灵顿的所有著作,还读了坎农(Cannon)、巴德、伍尔西(Woolsey)、福布斯、阿德里安的著作,以及大量有关临床神经病学和神经解剖学的书。最后,他成了巴德在生理学系的博士后,当时也在那儿做博士后的还包括张香桐在内的5名学者。

芒卡斯尔迈出了幸运的一步,因为当时的约翰斯·霍普金斯大学弥漫着追求卓越的风气,而巴德实验室里又充满着对脑生理学研究的无比热情。虽然大部分博士后还不是神经科学的专家,但是巴德以专家的标准来要求他们,而且给予其充分的信任和鼓励。芒卡斯尔后来回忆说:

> 他简直就把我们都当成熟练的研究人员,尽管我们还不是(其实他也知道这一点);他把我们都当作消息灵通的神经科学家,尽管我们还不是(其实他也知道);他把我们都当作正处于对脑功能的重要发现过程中,尽管我们还只是些初学者(其实他也明白)。我受到了这种来自院长、来自我在医学院时代尊敬的老师[包括我的外科主任布莱洛克(Blalock)博士]等"高层"的强大驱动力。他们似乎都认为我比我自认为的要好!在我从事神经生理学研究

的早期，这对我产生了强烈而持久的影响。[1]

正是由于这样的氛围，芒卡斯尔在巴德处工作一年之后放弃了以神经外科为业的初衷，选择留了下来继续研究脑科学。在此期间，他协助巴德就晕车机制和情绪的脑机制等发表了多篇文章，最后留校任教。

力排众议，发现触觉皮层功能柱结构

在芒卡斯尔留下来之后，巴德给了他完全的自主权，鼓励他确定自己的研究目标。允许他在6年内，除了每年9—10周的教学时间教授部分生理学课程外，每天都可以在实验室里进行研究工作，既没有发表论文的压力，也无须为申请科研经费发愁。这样他就有时间通过重复许多经典的实验来自学神经生理学。他也可以自己招学生和博士后。后来，芒卡斯尔组织了一个多学科的研究团队，成员既有像他自己这样的神经生理学家，也有电子工程师、编程员和组织学家等不同专业的人员。

20世纪40年代末，在神经科学研究方法中占主导地位的是阿德里安的单细胞记录。芒卡斯尔及其同事耶日·罗斯（Jerzy Rose）试图使用这种方法研究躯体传入系统。他们先是对丘脑神经元的反应特性进行了定量研究，但在这一层次的神经元的性质几乎和输入神经没有多大差别。然后他们决定分别研究大脑皮层的不同部位，耶日·罗斯带领研究生研究听觉皮层，而芒卡斯尔则带领研究生研究体感皮层。

芒卡斯尔对体感皮层的研究结果超出了他最好的期望。他发现，任何一个特定的神经元都只对三种刺激中的一种做出反应：轻触、压力或关节运动。他最大的成就是发现了大脑皮层的柱状组织：当他们把微电极垂直于皮层表面逐渐往深处插时，可以遇到具有类似功能特性的神经元，这些神经元的感受野是重叠在一起的。[2,3] 相反，当斜着插时，就会遇到含有不同性质的神经元的连续组织块。这样,芒卡斯尔就提出了一个大胆的假设:垂直于体感皮层表面方向的神经元组成了某种柱状的功能结构。虽然这一点在现在已经几乎成为常识,但在当时是石破天惊的大胆假设,因为当时神经科学界都根据尼氏染色的结果认为,大脑皮层具有横向的分层构筑(layered cytoarchitecture),而不是纵向的柱状结构。就连他的两位合作者也不敢苟同他的这一假设,要求不要把他们的名字列为作者。甚至还有一位批评者声称,这种想法只是“一个老人的胡思乱想”,而芒卡斯尔当时只有39岁!几年后,休伯尔和维泽尔证实了视觉皮层也有柱状组织。1981年,休伯尔在他的诺贝尔奖获奖演说中说道,芒卡斯尔“在体感皮层中发现了柱状结构,这肯定是自卡哈尔以来对认识大脑皮层的最重要贡献”。[4]

1978年,芒卡斯尔进一步提出,新皮层的所有部分都以同样的原则运作,而皮层柱则是计算的单位。[5]这在试图仿真人脑的人中引起了轰动,霍金斯(Jeff Hawkins)在他的《论智力》(*On Intelligence*)一书中,将这篇文章赞誉为“神经科学的罗塞塔石碑(rosetta stone)①,一篇论文和一个思想就把有关人心智的各种神奇的能力统一了起来”。[6]因人脑计划而闻名的马克拉姆(Henry Markram)也把仿真功能柱作为仿真全脑的关键一步。然而他们都未能在仿真功能柱之后再往前取得突破性进展。

在庆祝芒卡斯尔发现50周年之际,美国神经科学家霍顿(Jonathan C. Horton)和亚当斯(Daniel L. Adams)总结了半个世纪以来有关皮层柱的研究,并得出皮层柱可

① 1799年,在埃及的罗塞塔镇附近发现了一块成文于公元前196年的古埃及石碑,上面同时刻有包括古埃及象形文字、通俗文字和古希腊文三种文字的同一内容碑文,通过对照阅读解开了古埃及象形文字之谜。

能并无功能的结论！他们指出："在经过半个世纪之后，这一术语究竟是什么意思依然说不清楚。在皮层中找不到有哪个单一结构能与之对应。不可能找到与皮层柱相对应的标准微回路。"[7]在笔者看来，芒卡斯尔发现的类似功能的皮层神经元按柱状排列的实验事实并无问题，但是要下结论说所有功能类似的皮层神经元都在纵向组成统一的微回路，成为"神经计算"的基本单元未免为时过早。

从感觉走向知觉

20世纪70年代初，芒卡斯尔开始在清醒的猴身上进行记录。当把电极插到初级感觉皮层时，他发现猴的注意力是否集中于刺激对那里的神经元的活动没有影响，他感到无比失望。但是，当他无意中将微电极插到顶叶皮层上的一个附近区域时，他突然看到了他所期待的东西：那个神经元的活动取决于猴是否注意到了刺激物。后来他回忆说：

> 我们那天看到的东西决定了我以后15年的实验生活。只有当动物注意到刺激时，才会对其产生神经反应。也就是说，如果动物对这些刺激感兴趣的话。[1]

芒卡斯尔的偶然发现引发了一个关于定向注意、空间感知和行动的皮层机制的新研究领域。这也使他对右顶叶的损伤改变一个人的空间感知并导致他们忽视身体左侧和周围空间的综合征有了深入认识。

勤奋的耕耘者和播种者

随着芒卡斯尔学术地位的不断提高，他逐步承担了更多的行政职务和社会工作。1964年，他开始担任约翰斯·霍普金斯大学生理学系的系主任，还成了《神经生理学杂志》(*Journal of Neurophysiology*)和《医学生理学》(*Medical Physiology*)等书的主编。1969年,他当选为新成立的神经科学学会主席。但是,他并没有因此而脱离自己的实验工作,据芒卡斯尔自己说,在其行政助理的帮助之下,他可以在上午9点前处理完行政事务,然后回到实验室工作。他认为,任何一名每周研究工作时间少于60小时的神经科学家都只能算是“兼职者”,他从来不让他的助手们代替自己做实验。那么,时间哪里来呢?作为一个工作狂,芒卡斯尔每天早上7点上班,晚上6点才回家吃饭,经常又在饭后回来继续工作到半夜。初出茅庐的科学家们发现芒卡斯尔“非常严厉,但也很善良”,其光辉的榜样形象让他们时常感受到芒卡斯尔所说的那种他自己从其导师们那儿所感受到的“来自上面的强大压力”。[8,9]

休伯尔和维泽尔

朝向选择细胞的发现者

图1 维泽尔

美国著名神经科学家拉马钱德兰(V. S. Ramachandran)曾经说过:“哈佛大学的休伯尔和维泽尔极为细致地探索了视皮层的结构,他们的一系列研究最终获得了诺贝尔奖。从1960年到1980年这20年中,他们的研究所提供的有关视觉通路的知识要比以前200年研究所得的结果还多。因此,他们当之无愧地被认为是现代视觉科学之父。”[1]事实上,从1958年7月起,休伯尔和维泽尔就几乎一直在同一个课题组中工作,一起发表文章,有时休伯尔是第一作者,维泽尔第二;有时则反之。这种合作关系一直持续到1981年。由于他们对视觉信息处理所做的开创性工作,两人共同获得诺贝尔生理学或医学奖。这在神经科学史上是非常少见的。

图2 休伯尔

休伯尔的早年生涯

休伯尔的父母都是美国人,20世纪大萧条时到国境对面的加拿大谋生,他就是在那儿出生的,因此拥有美、加双重国籍。[2] 虽说休伯尔是以神经科学家闻名于世的,但直到考研之前,他并没有受过任何生物学方面的正规训练,学的一直是数学和物理。1947年大学毕业,他同时收到了麦吉尔大学物理学专业和医学专业的研究生录取通知,人生道路第一次面临何去何从的重大问题。说实在的,当时报考医科纯属一时冲动,他既无医学背景也毫无这方面的经验,只是模模糊糊地有把物理知识运用到医学研究上去的一些想法,而当一名医生似乎颇有吸引力。对于一个年仅21岁的年轻人来说,什么才最适合自己,休伯尔并没有想得那么清楚。学医用时长,且其范围又广,他是要充分地考虑一下。不过,直到正式报到之前,他也没有拿定主意。他想向校方咨询一下,而学校的答复是“不用着急,再想想吧,想好了之后告诉我们一声”。这种宽容的态度反而使他决心一试,这一试最后却“试”出了个诺贝尔奖,这或许是他始料未及的。

研究生生涯刚刚开始,休伯尔还不太习惯医学专业的学习方式。过去,他只要在课堂上听懂了,或是书读懂了,就不再专门去记忆,结果第一学期期中考试他有4门课程只得了C(平均水平)。不过,他渐渐对神经病学和神经解剖感兴趣了,因为这两门课程既复杂又充满了神秘感,而且也是麦吉尔大学的强势学科。当时被誉为“最有影响力的加拿大人”的神经外科教授彭菲尔德(Wilder Penfield)就曾在麦吉尔大学任教。

从医学院毕业之后,休伯尔在蒙特利尔总医院做实习医生,但他热切地希望参与研究工作,于是参加了一个讨论班。班上,每个人要围绕一个题目做报告,而他分到的是视觉问题——一个他从未涉足的领域。在准备报告的过程中,他偶然读到美国神经科学家哈特兰和匈牙利裔美国神经科学家库夫勒有关视觉感受野的论文,这引起了他极大的兴趣。1954年,他早时结识的一位来进修的美国医生打电话给他,问他是否愿意到约翰斯·霍普金斯大学当神经病学的住院医生。尽管约翰斯·霍普金斯大学并不以神经病学见长,但是其神经生理学是一流的,蜚声学界的芒卡斯尔和库夫勒就在那儿工作。于是,休伯尔选择了约翰斯·霍普金斯大学。他惊喜地发现,医院里所有神经病学方面的员工中午都在食堂的同一张桌子上用餐,其中当然也包括芒卡斯尔和库夫勒,他们态度友好,十分平易近人。可惜,不久休伯尔就因双重国籍被征召入伍,离开约翰斯·霍普金斯大学到华盛顿的瓦尔特·里德陆军研究所从事神经生理学研究工作了。在那里,他有了对自己研究方向的完全自主权。

发明钨丝电极

最初指导休伯尔电生理实验的是研究脊髓的神经科学家福特斯(Mike Fuortes)。一开始,福特斯准备和休伯尔一起做记录猫脊髓的实验,他随便地问了一下休伯尔:是否做过解剖?是否麻醉过猫?是否制备过电极?是否使用过放大器?令他失望的是,休伯尔的回答统统都是“没有”。福特斯转头望着窗外,过了一会儿,他说:还是先做蛙坐骨神经的复合动作电位记录吧!那天直到下午,他们才在一起做了猫的实验。日后,他们一起发表了一篇论文,这也是休伯尔生平的第一篇论文。

图3 休伯尔(左)和寿天德(右)(感谢寿天德教授提供私人照片)

接下来便是休伯尔拥有独立课题的时候了。从福特斯建议的若干个方案中,他选择了一个"用外面包有绝缘层的细金属丝电极插到猫脑内记录单细胞活动"的课题,不过第一次实验就以完全失败而告终。休伯尔发现,关键是他需要一种电极,既细到可以只记录单个细胞的活动,又必须足够牢固到可以插入脑内,而且还要能可靠地逐渐向脑内推进。这并没有像最初设想的那么容易。幸而研究所仪器组的组长莱文(Irvin Levin)是一位电化学专家,他教给休伯尔一种方法,通过电解把钨丝的尖端腐蚀得非常尖。休伯尔本身也非常喜欢动手,在克服种种困难之后,他终于制备出了适用于脑内记录的钨丝电极,钨丝的坚韧性克服了不锈钢电极的缺点。另外,他还发明了逐步推进电极的液动推进器。到最后,不仅研究所的人员都改而采用他的钨丝电极,而且外来取经学习的同行也络绎不绝,其中一位就是来自约翰斯·霍普金斯大学库夫勒实验室的博士后维泽尔。到休伯尔那儿参观学习钨丝电极是他们两人的第一次见面,二人携手走向诺奖的漫漫征程从此拉开了序幕。

视觉研究初探

休伯尔发明钨丝电极之后非常兴奋,用自己的电极在脑中各处进行记录。他的同事提醒他不要忘了发明电极的初衷——记录可以自由活动的猫脑中的单细胞活动。一句话点醒梦中人:该把钨丝电极作为一种工具用来研究脑功能了,但是具体选取什么课题呢?多年前读过的哈特兰和库夫勒的文章闪过脑际,休伯尔决定以视觉皮层作为研究对象。他定下的第一个课题是"比较猫在清醒和睡眠时视皮层的自发活动和对光刺激的反应"。猫在睡着时眼睛是闭着的,透过眼皮的光只能是弥散光,因此为了对照起见,对清醒猫所施加的光刺激也要采用弥散光。其实,视皮层细胞对弥散光的反应,德国科学家荣格(Richard Jung)从1952年就开始研究了,比休伯尔至少早了两年。荣格实验室还花了多年时间开发了一套当时最先进、最精密的设备,可以记录视皮层细胞对弥散光刺激的反应。他们报告称在脑中记录到4种不同类型的细胞:只在给光时有反应的给光细胞、只在撤光时有反应的撤光细胞、在给光和撤光时都有反应的给光-撤光细胞——这3种细胞的对光反应特性和外膝体以及视网膜神经节细胞的对光反应特性类似;还有一种对弥散光刺激根本就没有反应的细胞,他们称之为"A型"细胞。所以,当休伯尔准备从初级视皮层进行记录,并把这个计划告诉同事们时,许多同事的反应都是:"为什么要研究纹状皮层呢?我想荣格已经彻底研究过了。"一个初出茅庐的博士后,白手起家,怎么能在同一个方向上挑战公认的视皮层生理研究权威呢?然而,休伯尔开发了对记录部位进行标记的方法,他发现荣格记录到的前3种细胞其实都是从外膝体来的神经束,而非皮层细胞。也就是说,占他们记录数一半的、没有反应的"A型"细胞才是真正的皮层细胞!这些细胞对弥散光没有反应,对单纯地给光或撤光也没有反应。有一次,他在猫的眼前挥手,结果发现有一个细胞只对朝向某个特定方向的运动有反应,而另一个细胞则只对相反方向的运动有反应,因此皮层细胞必定是对更为复杂的刺激才有反应!当他把这个结果告诉库夫勒时,后者评论说:“非常有意思!”

休伯尔服役期满之后,在一次学术会议上遇见了芒卡斯尔,后者问他是否愿意回到约翰斯·霍普金斯大学生理系继续研究。芒卡斯尔是当时皮层神经生理学的国际领军人物,他在体感皮层上发现了柱状结构,它被公认为是皮层生理学继发现皮层拓扑结构之后的又一重大发现。面对权威的热忱邀请,休伯尔受宠若惊,马上答应下来。结果,正欲赴任,芒卡斯尔却因实验室准备改建和重新分配,请他推迟半年再去。正当休伯尔为这青黄不接的半年犯愁时,库夫勒问他愿不愿意在芒卡斯尔的实验室改建完成前,先到约翰斯·霍普金斯医院眼科研究所,在其实验室与维泽尔一起工作一段时间。休伯尔本就渴望在视觉方面接受一些严格的训练,他和维泽尔又意气相投,所以事情就这样决定了。

维泽尔的早年岁月

1924年,维泽尔出生于瑞典,父亲是一位精神病医生。他们家和精神病医院在同一个院子里,可能是由于这种特殊的生活环境吧,他从小就对人行为的不可预测性印象深刻。中学时代他喜欢历史,不过其他课程的成绩都不怎么样。雪上加霜的是,他14岁时父母就离婚了,这对他打击很大,成绩就更差了,只有在体育方面表现优异。在很长一段时间里他不知道自己将来要做什么,直到17岁生日那一天,大概也是由于家学渊源的关系吧,他突然决定要做一名医生。一旦有了人生目标,他就奋发起来,终于考取了医学院。他对文学和哲学也很感兴趣,大量阅读了叔本华和康德的著作。这使他对心智究竟是怎么回事特别感兴趣。

1946年秋天,他进入斯德哥尔摩的卡罗林斯卡学院学习。在学习中他既不记笔记,也不死记硬背。他有自己的一套学习方法——在阅读时定出某个主题,然后找出有关的书本和论文。就像他最喜欢的一种瑞典运动一样,只能靠地图和指南针在森林中尽快找到目的地。他在解决科学问题时也采取同样的方法。

在第二学年,他对神经系统特别感兴趣,幸运的是学院里有两位该领域的杰出教授:一位是生理学教授冯·奥伊勒(Ulf von Euler),他后来获得了诺贝尔奖;另一位是神经生理学教授伯恩哈德(Carl Gustav Bernhard)。伯恩哈德教授讲课时随意地坐在面向班级的长椅上,不用看笔记,就给学生解释了许多有关脑的复杂而有趣的事实。学期末,维泽尔申请担任生理学系的助教。这使他得以与伯恩哈德的实验室经常联系,并逐渐成为后者科学"家族"中的一员。当他在医学院毕业之后,他在伯恩哈德教授的帮助下在卡罗林斯卡学院的神经生理学系中担任讲师,在那里他做了些临床研究,不过他更希望做的是神经生理学研究。而幸运之神真的眷顾了他,就在他毕业之后的第二年(1955年),伯恩哈德教授把他叫到办公室里,告诉他一位名叫库夫勒的美国科学家正在寻找一名博士后研究员。当时维泽尔对库夫勒的工作还一无所知,但当伯恩哈德教授说到库夫勒正在进行猫视觉系统的单个神经元的研究时,维泽尔对此很感兴趣。当天晚上,他回家后,就阅读了库夫勒之前发表的一篇关于视网膜神经节细胞中心周围感受野的经典论文。他深为这篇论文所折服,因此毫不犹豫地接受了这一建议。

库夫勒是一位实验大师,他总是在实验室里亲自动手做实验。他吸引了许多杰出的博士后到他在威尔默研究所的实验室里,组成了一个充满活力和交往密切的研究小组。 库夫勒在实验室中创造了一种不讲情面和开放的风格,使所有成员都很喜欢。他讨厌仓促,并且总是用幽默的语气来贬斥自命不凡的行为。库夫勒成了维泽尔终身的榜样。他始终感谢库夫勒让年轻人有探索的自由,并允许他们失败。

维泽尔到库夫勒实验室后的第一个任务是,学会制备各种各样的微电极,当时这还是一种新技术。也因此之故,他在1956年首次访问了休伯尔的实验室,学习制作休伯尔发明的钨丝电极。

初级视皮层朝向敏感细胞的发现

1958年7月,休伯尔终于回到约翰斯·霍普金斯大学,开始了和维泽尔长达25

年的密切合作。当然,两人一开始得制订一个计划。当年(1953年)库夫勒发现猫视网膜神经节细胞的感受野具有同心圆结构之后,诺贝尔奖得主、英国神经生理权威阿德里安曾问休伯尔一个问题:"脑里的细胞也是这样的吗?"休伯尔和维泽尔的目标就是要回答这个问题。两人搭档可谓得天独厚:维泽尔在研究猫视网膜各层细胞的感受野方面具有丰富的经验,并且有一整套相应设备;休伯尔则开发了研究清醒猫皮层单细胞活动的方法,并发明了这一研究方法所需的钨丝电极。此外,库夫勒对猫视网膜神经节细胞感受野的经典研究也树立了一个样板,引导着他们将研究结果扩展到皮层细胞。一个"自然"的方案就是仿照库夫勒研究视网膜神经节细胞的方法,把微电极插到初级视皮层的神经细胞里面去,然后用小光点一点点地在视网膜上探测,看它落到视网膜的哪些地方才能引起所记录的神经细胞发放模式的变化,以及发生的是什么样的变化,并把视网膜上的这些地方标出来,这样就可以得出这些细胞的感受野的相应结构。

休伯尔当时预计自己只能在库夫勒实验室工作一年,显然不可能像荣格那样

图4　维泽尔(左)和寿天德(右)(感谢寿天德教授提供私人照片)

先花两年时间建立一套完善的实验设备,那只能因陋就简了:他们所用的刺激和记录设备都是多年以前库夫勒为了研究视网膜设计的。光刺激器用一台眼底镜改装而成,可以将背景光和光点刺激投射到视网膜上。仪器上有一道狭缝用于插入金属薄片,薄片上开有大小不同的小孔以透光,就像放幻灯片那样。如果刺激是一个暗点,那么就用一小块上面粘有黑点的玻璃片来代替。实验中,猫脸朝上,实验者可以看到微电极插在视网膜的什么地方,也可以看到光点所落之处。

这样的仪器用来做视网膜实验自然很理想,但是用它来记录皮层细胞就非常不方便了。一个月以后,他们决定把光刺激投射到屏幕上,让猫看屏幕。由于他们没有其他能够固定猫头的设备,所以只能用老仪器,依然让猫脸朝上。这样他们不得不拿一条床单挂在天花板上当屏幕呈现刺激,弄得实验室看起来有点像马戏场似的。他们取得的突破性进展很有戏剧性。休伯尔在他的诺贝尔奖演讲中回忆说:

> 我们最初的发现纯属偶然。我们做了一个月左右的实验,用的还是那台塔尔博特-库夫勒眼底镜[①],但是进展甚微:我们记录的皮层细胞对光点和光环根本就没有反应。有一天,我们记录到了一个特别稳定的细胞。……它一直工作了9个小时,当我们看到结果后,我们对"皮层是如何工作的"这一问题的想法大为改观。在头三四个小时里我们什

① 库夫勒及其朋友塔尔博特(S. A. Talbot)发明的一种新型眼底镜。

么也没有发现，后来当刺激视网膜靠近外周的一些地方时，我们得到了一些没有规则的反应。但是，当我们把中间粘有黑点的玻璃板插到投影眼底镜里的时候，用来监视神经脉冲发放的扬声器发出一连串像机关枪一样的声响。在经过一阵茫然不知所措之后，我们终于找到了引起神经细胞发放的原因。原来，这个反应和玻璃板上的黑点一点儿关系都没有。实际上，是我们把玻璃板插到缝里的时候，玻璃片的边缘在视网膜上投下了一条虽然比较暗淡却很分明的阴影，也就是说，在亮背景上的一条暗直线刺激了细胞的感受野，这就是引起这个细胞发放所需要的刺激。不仅如此，要引起这个细胞反应，直线的朝向还只能落在一个很小的角度范围里。[3]

他们将这个特定的朝向称为该细胞的最优朝向，其变化范围只有15°左右，也就是大致相当于钟面上3分钟所张的角度，朝向在此范围之外的暗直线就不会引起该细胞反应。这完全是前人从来没有想到过的事！机会永远只留给那些有准备的头脑！一个真正的科研人员的头脑必须永远是开放的。如果他们坚持前人的传统观点(哪怕是权威的观点)，认为小光点是最基本的刺激(这听起来似乎是很“合乎逻辑”的，前人在视网膜上用它作为刺激所做的工作又是那么成功！)，如果他们坚持认为视觉皮层细胞的特性也只能用它们对小光点的反应来研究，他们就会以为插玻璃片时视觉皮层细胞的猛烈发放只是一个偶然事件——也许是由不明原因引起的一种伪迹或噪声，那么一个重大的发现就会与他们擦肩而过，巨大成功的机会就会轻易溜走！后来休伯尔在自传中这样写道：

这件事有时被当作“偶然性在科学中扮演重要角色”的例子，但我们从来没有觉得我们的发现是事出偶然。如果要想有所发现，那么你就得花时间去发现，你就得对自己的研究方式不过于偏执，这样就不至于抗拒事先无法预料到的情形。另外，有两个研究组之所以未能发现朝向选择性，只是因为他们太“科学”了：有一个研究组造了台只能产生水平光条的仪器，而另一个研究组则只能产生垂直光条，他们以为这样做可以比用动来动去的光点探测视网膜更有效。在科学研究的某个早期阶段，某种程度的马虎很有好处。我们关注的是电极推进器、密封小室和电极本身。我们很快就放弃用于视网膜定量工作用的眼底镜，而代之以猫可以用双眼直视的一块大幕布和一台幻灯机，我们也并没有对刺激的时程、运动速率或光强都一一定量化。我们给刺激或是撤刺激就用手放在幻灯机前面，也用手操纵幻灯机。我们把注意力集中在刺激的几何性质上，对此我们用卡片盒、剪刀和胶布来做系统的改变。当然也可以用电子学或机械的方法来做到这一切，但是这样做无论从时间上来说，还是从经济上来说，代价都要高得多，并且还得牺牲掉灵活性。[4]

事情确实是这样。在对视皮层细胞特性的研究中，从“起跑线”上来说，与休伯尔和维泽尔相比，荣格要遥遥领先得多，最后却被后来者大大超越了。原因之一就是他没有像休伯尔他们那样保持头脑的开放性，不放过各种可能性，而是一头扎进了一种方法、一种思路。他未能及早领悟到，自己所用的刺激形式对视皮层细胞来说是无效的。尽管哈特兰曾经告诉过荣格，自己曾用弥散光背景下移动小杆的方法寻找撤光神经元，荣格也对同事们建议过试试这种方法，但是大家都反对做这种一点也“没有系统性的、考虑不周密”的实验，认为还是设置一套复杂一些的仪器为好。后来，荣格很懊丧地说：“当有人问我，为什么我对皮层神经元做了5年的研究，却错过了发现朝向特异性，我往往会给他们讲这个故事，并且告诉他们如果我们不是去造那个定量化的机器，而用一根棒以各种朝向动来动去，我们有可能在一个实验中就做出了这样的发现。”他总结教训说：“在进入一个新领域的时候，在以某种特定的方法做大量的定量实验之前，应该先用一些比较简单的定性的探索性实验做一些尝试，以便找出最富有成果的方法。”而这，正是休伯尔和维泽尔所做的。

为了确信神经细胞的放电不是伪迹，休伯尔和维泽尔必须进一步实验。他们必须记录到更多这样的细胞，并且有不同的最优朝向。到了第二年的一月份，他们已经积累了足够多的数据，并确信真的发现了一种新现象，于是草拟了一篇摘要，准备投给1959年的国际生理学大会。当然，摘要得先送给库夫勒审阅一下。第二天，休伯尔走进实验室的时候，维泽尔一脸懊丧地告诉他："我想斯蒂夫不大喜欢我们的摘要。"很明显，库夫勒对这篇摘要并不满意，他在稿子上所加的评论和建议比正文还多！库夫勒喜欢简明扼要，最恨浮夸。在一开始的时候，写作对随便什么人来说都不会是一件轻松的事。但不管怎么说，他们的第一篇论文经过11次修改以后，终于在1959年为《生理学杂志》所接受。杂志主编拉什顿（William Rushton）在接受函的开头写道"祝贺你们写了一篇出色的论文"，并且没有提出什么修改意见。正是这一划时代的发现奠定了他们日后荣获诺贝尔奖的基础。

视觉功能柱的发现

休伯尔和维泽尔发现，初级视皮层有一块1毫米见方的区域，其中所有神经细胞的感受野都集中在视觉空间的某个区域，并且相邻细胞的最优朝向在0°—180°有规则地连续变化。有趣的是，在同一位置厚度为2毫米的垂直范围内，每个细胞的最优朝向都是一样的，他们称之为"朝向功能柱"。另外，初级视皮层里的细胞有的对来自左眼的刺激反应猛烈，有的则对来自右眼的刺激反应猛烈。它们各自靠近成群，并且在厚度为2毫米的垂直范围内每个细胞的主宰眼也完全一样。他们还发现，左眼主宰还是右眼主宰的细胞群也是交替排列的，组成了他们所谓的"眼优势功能柱"。

休伯尔和维泽尔发现初级视皮层的功能柱结构以后，在相当长的一段时间里，人们并没有发现初级视皮层中还有些对朝向不敏感，而对光刺激的其他特性（例如光的波长）敏感的细胞。这可能是由于用传统的染色方法显示出来的初级视皮层的细胞构筑显得相当均匀一致，人们也就容易想当然地认为其功能也应该均

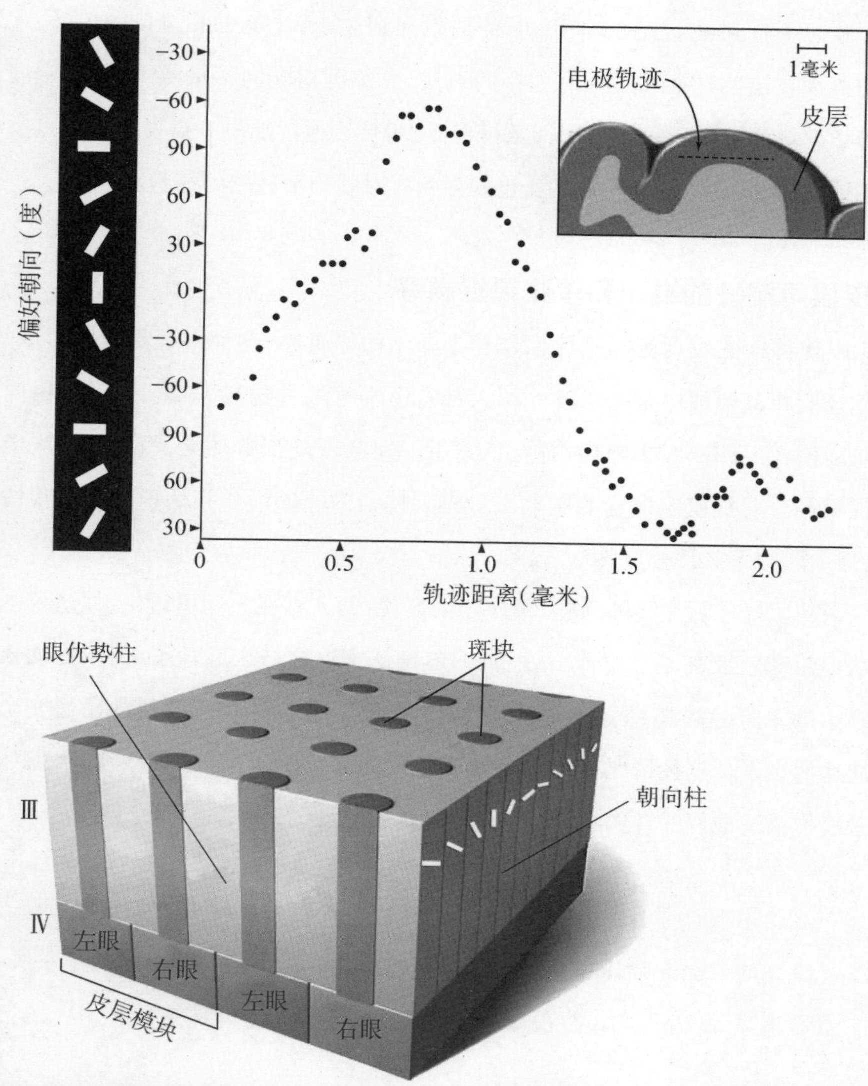

图5 初级视皮层中的功能柱结构。上图:当记录电极的位置沿着皮层表面的方向一点点逐渐移动时,所记录到的细胞的最优朝向也一点点地改变;下图:朝向功能柱加上眼优势功能柱一起构成了皮层模块。图中白条的朝向表示相应细胞的最优朝向,深色圆斑中的细胞并没有朝向选择性,只在皮层的Ⅲ、Ⅳ两层中才有,后来人们才发现它们对刺激光的波长敏感(引自 Gazzaniga et al., 2014)

匀一致。一直到20世纪80年代初,休伯尔和利文斯顿(Margaret Livingstone)才发现初级视皮层的功能柱中还有些小的斑块,其细胞对朝向不敏感,而对一定波长的光敏感。休伯尔后来连自己都觉得奇怪,为什么他没能早一点发现这一点?尽管在他记录的大量细胞中,他确实也观察到有对朝向不敏感的细胞。

视皮层可塑性的发现和单眼视觉剥夺

眼优势柱的发现激起了休伯尔和维泽尔的好奇心:这种组织是怎样形成的?视觉经验在其形成中是否必要?两人都有医学背景,他们都知道,先天性白内障幼儿即使在三四岁时去除白内障,依然不能完全恢复正常视觉,因此他们决定研究视觉剥夺对视皮层发育的影响。对先天性白内障的治疗和认识神经可塑性来说,这个课题无疑具有重要意义。

谈到怎样进行实验的问题,维泽尔回忆说,两人站在大厅里讨论,他建议把小猫从出生起就放在暗室里养育,而休伯尔则认为这样做太麻烦了,何不把幼猫一只眼睛的眼睑缝起来,把另一只眼睛留作对照?不过,休伯尔则说他已经完全记不起这回事了。这种情况在他们25年密切无间的合作中并非孤例。多年后,休伯尔是这样描述他们的合作的:

> 我们不大记得,也从不讨论我们的想法是打哪儿来的——多半是在我们没完没了的实验和讨论中产生的。有的想法是我们中间的某个人提了个头,但是后来常常就给忘了,而在几个月之后另一个人又重新提了出来。[2]

确实,休伯尔和维泽尔是两位各方面都旗鼓相当的诺奖得主,在一个课题组里合作25年,这在科学史上是不多见的。讨论后,二人采取了单眼睑缝合法。他们使用的幼猫、幼猴出生天数不同,眼睑缝合的时长也不同,最终发现,刚出生几周的幼猴,虽然初生具有正常的功能柱,但将其一只眼睑缝合若干天后,视皮层就发生了显著的变化：对缝合眼能产生反应的细胞大为减少，而非缝合眼则占据了缝合眼原来对应的皮层区域。并且，缝合时动物的年龄越大，单眼视觉剥夺对皮层改变的影响越小。这就从脑机制上解释了原来临床上所观察到的行为变化。

探索之路

2013年9月22日，休伯尔因肾衰竭溘然长逝，一代巨星就此陨落。限于篇幅，本节仅介绍了他漫长科研生涯中的一些片段，但他对科学的贡献和热爱将永远鼓舞后人在科学的道路上奋勇前进。可以说，休伯尔是一位永不疲倦的探索者，诚如他在自传中所言：

> 我们从事的科学研究看上去不大像中学里教给我们的那种科学：科学就是一些定律、假设、实验证实、推广等。我们感到我们就像15世纪的探险家那样，就像哥伦布扬帆往西只是为了发现他有可能发现些什么。如果说我们有什么"假设"的话，那也只是有关脑，特别是皮层的一种质朴的想法：有着种种有序复杂性的脑接收到输入的信息必须做出某些在生物学上有意义的处理，其输出一定要比输入更精巧。因此，我们记录细胞是要看我们能够发现些什么。我猜想科学中的许多领域，尤其是生物科学基本上就是这种意义下的探索。那些认为"科学就是测量"的人应该看看达尔文的著作里面有没有什么数字或者方程。[4]

冯·贝凯希

听觉研究的开拓者

图1　冯·贝凯希

对人来说，听觉是仅次于视觉的重要感觉。听觉牵涉响度、音高和音色等多个维度，与之相关的物理因素是刺激声的强度、频率，以及各种频率成分的组成模式。关于强度，前文已介绍过阿德里安发现刺激强度是由神经脉冲的发放率来编码的，那么听觉系统是如何对刺激声的频率编码的呢？解决这个问题的并不是一位医科出身的专家，而是一位通信工程师——匈牙利科学家冯·贝凯希，他也因此而获得了1961年的诺贝尔奖。

好学少年

1899年6月3日，冯·贝凯希出生于布达佩斯（当时属于奥匈帝国）。他的父亲是一位外交官，因此他的幼年是在许多不同国家、不同城市中度过的，包括布达佩斯、君士坦丁堡(今伊斯坦布尔)、苏黎世和慕尼黑。他从小从瑞士人那儿学到了工匠精神,从德国人那儿感受到了对工作的热爱与认真。当然,除了母语匈牙利语之外,他还从侨居国学会了德文、法文、意大利文,后来又学会了俄文和英文。有一次他打趣地说,他忘掉的外语大概比许多人一生中学过的外语还多。无疑,冯·贝凯希是一位非常善于学习的人。

由于瑞士当地政府要求年满18岁者才能进入大学学习,因此冯·贝凯希在中学的毕业会考后有了半年的空闲期,他利用这段时间到车间里学会了锉工和操作钻床,稍后我们会看到这些技能为他日后获得诺贝尔奖起到了不可或缺的作用。

在瑞士读大学时有一件事令他印象深刻。有一次,伯尔尼大学的一位教授在讲课时要向学生演示如何用氨制作肥料。整个过程相当复杂,因为这是为大工厂而不是为实验室工作台开发的。在他解释了整个过程后,他打开了设备,不知道出于什么原因,整个设备突然发生了爆炸,所有的瓶子都碎了,幸而无人受伤。

一般说来,教师在出了这种问题之后,或者会在下堂课中重复实验,或者干脆就不做了,但是这位老师的态度完全不同。他只是向学生表示了歉意,然后当场重建起整套装置。学生可以看到他是如何工作的,如何将不同的部分连接到一起,学生们一直在想老师上次可能犯错的地方。钟声响起,下课时间到了,但即使在下一堂课的铃响了之后,他也没有停止工作。学生们都被他迷住了,谁也不愿意离开。大约2个小时后,装置搭建完成并且可正常工作。从这位教授那儿,冯·贝凯希领悟到不必为失败而垂头丧气。他后来回忆说:"我一生中最重要的经验之一就是,发现犯错误,即使是一个大错误,也并不总是一无所获。如果人足够聪明,即使犯了错误,他也总是可以从错误中吸取教训来改进他的工作方法。"[1]他的实验室曾因战火和火灾数度化为灰烬,但是冯·贝凯希都将其重建了起来。他说道:"如果有人问我是从哪里来的勇气,我会回答说正是化学装置发生爆炸后立刻重建的那位教授。"[1]

在伯尔尼大学使他深获教益的另一位老师也是化学教授。他后来评价说:

“我不得不说他是使我受益最大的一位老师。”其原因是这位老师教的都是他的切身体验。在讲课时，他除了用一本书作为框架之外，其他一切都是他自己的亲身经历，而这些经验比教科书上的条条框框要好得多。而令冯·贝凯希印象最深刻的是，有一次他有个问题去请教这位老师，老师听了一会儿后，只是说了句图书馆就在二楼，旋即扬长而去。冯·贝凯希当时大为震惊，但在第二天，他感悟到这位老师实际上给了自己一个很好的劝告：因为冯·贝凯希不懂，而他也不懂，所以就只有到图书馆里去找答案。

他在大学里最初学的是当时很热门的化学，不过他觉得化学在不久的将来就会变成物理学的一部分，所以转而改学物理，并在1923年在布达佩斯大学取得了实验物理学博士学位。不过，在“一战”结束不久的年代里，物理学家在匈牙利很难找到工作，而他的理想是要找一个条件较好的实验室。环顾周围，他发现当时匈牙利唯一条件好的实验室是匈牙利邮政局的电话系统实验室。这是因为当时的通话质量很差，而匈牙利又居欧洲腹地，许多通信线路都要通过匈牙利，所以政府愿意出资资助这个实验室改进通话质量。如他后来所说：这是“第一次世界大战之后匈牙利还剩有科学仪器，而又能给他使用的唯一之处。”[2]所以，尽管当他刚进实验室工作时，他是所有人中工资最低的，甚至还不及木工，但他还是非常高兴，不仅因为实验室的设备很好，还因为每天几乎都有整个下午的时间可以自由支配，他可以做许多研究工作而不受任何干扰。如果他一开始就因为嫌报酬过低而另找门路，那么可能就不会有后来的诺贝尔奖了。

攀向巅峰

促使冯·贝凯希关注听觉的主要原因是政府对改进通信质量的迫切需要。政府迫切地想知道其关键何在，因此可以决定把钱投到什么地方。冯·贝凯希建议应该把钱投到以前研究得最不够之处，因为少量投资就可以得出较大的改进，他的这一建议得到了普遍的赞同。在经过调查之后，冯·贝凯希发现当时最薄弱的环节是微音器，因此应该投钱改进它。他发现在性能方面微音器膜要比耳膜差好多，这样他就把他的关注点转到了耳的解剖结构方面。

在他的工程师同事中，冯·贝凯希很快就获得知识渊博和学术型人才的美誉，他们不断向他询问，如果把耳当作通信设备，那么其功能究竟是什么？起初，当他被问到有关人耳功能的问题时，他跑去图书馆找答案。然而，他很快发现，对于许多问题，有的答案显然并非基于实验证据，相当可疑，还有一些则根本没有答案。相比之下，人耳的解剖结构倒相当清楚，至少在大体结构和光学显微镜水平下的结构是如此。于是，冯·贝凯希决定自己研究人耳的功能。

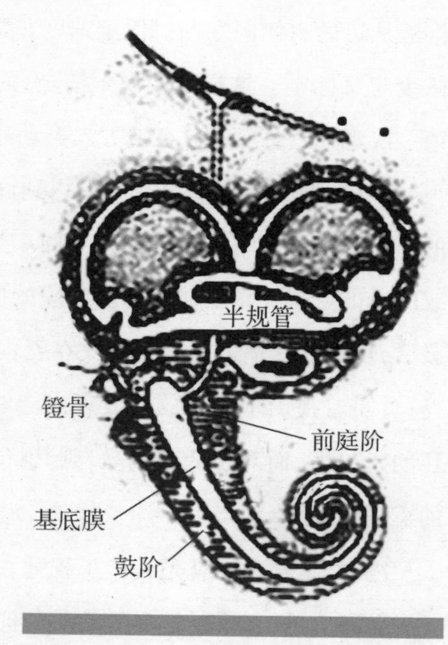

图2 冯·贝凯希笔下的内耳结构。[1]图中上方是主管平衡觉的半规管，下方是主管听觉的耳蜗。耳蜗是由三个内部有液体的管道盘旋成蜗壳状。中耳鼓膜的振动最后通过镫骨推动连在前庭阶基部的卵圆窗使其中的液体发生振动，这个振动通过中间的中阶（其底部是基底膜，图中只标明“基底膜”）和顶端的蜗孔带动基底膜的振动，听觉感受器就在基底膜上，它把机械能转化成电能

尽管单位领导对他研究人耳功能很支持，但是开始时他还是碰到了很大的困难，因为他只有物理学学位，所以他没法得到尸体的头颅进行解剖研究。人们对他的要求嗤之以鼻，甚至他的亲叔父（一位解剖学教授）也声称只有医学博士才可以做解剖，而不应该由物理学家来做。

幸运的是，解剖学院有两扇门，一扇前门供教授和学生出入，还有一扇后门则供运送尸体。他发现通过后门可以取得许多头颅。唯一的问题是，如何将它们带到他所在实验室的机械车间里。通过积

极公关，最后，解剖学院的教授同意并帮助他获得了所需材料。连警察都放了他一马，有一天警察告诉他可以随时逮捕他，因为他在公文包里带有人的头骨。

不过，即使解决了材料问题，他的研究也并非一帆风顺。首先他要研究的耳蜗包裹在坚硬的颞骨深处，解剖刀和剪刀都无能为力，这使他在解剖学上第一次使用钻床来工作。不过，机床工人对他的工作深表不满，因为他们必须经常清理钻头上的人血和骨屑，这并不是一件令人愉快的工作。为了避免这种情况，冯·贝凯希开发了一种方法，将组织放入一个完全充满水或生理溶液的罐中。这种生理溶液从罐的右侧向左侧以恒定速度非常缓慢地流动，其流速调整到不会打扰用显微镜观察标本。这样不但视野清晰，而且标本也不会变干，促成了他在科学史上第一次观察到基底膜以行波方式振动。

不过，他的结论并没有立即得到许多人的承认，因为人们提出人死后基底膜的弹性与活着的时候可能非常不同。为了消除这种怀疑，他通过在麻醉下解剖猫或豚鼠的方式观察活体动物基底膜的振动，然后通过过量使用麻醉剂杀死猫或豚鼠后，观察其耳蜗中的振动模式在死亡后是否有变化。结论是：没有变化。于是，冯·贝凯希提出了全新的行波理论。他发现对于高频刺激，行波的最大值靠近内耳的入口处，而对于低频刺激，则其峰值在远端。这就表明了在内耳中存在频率的辨别机制。

冯·贝凯希本来就是一位工程师，既然耳蜗太小不易看清，他就想自己造一些各种各样大的、基本结构和耳朵类似的模型来进行研究。其中有一个是用黄铜和玻璃做的盒子，上面还有橡皮做的“卵圆窗”和“圆窗”。模型的中间有一个在顶端开口（“蜗孔”）的橡皮隔层（“基底膜”），盒子内部充满液体，并悬有煤灰和金屑以便观察。当冯·贝凯希用一根短棍（“镫骨”）刺激“卵圆窗”时，他观察到液体中的悬浮物呈现波状运动传向“蜗孔”。他还观察到波峰并不在他那人造基底膜的末端。当他用不同频率的声音刺激时，基底膜发生最大位移的位置也在变化。频率越高，越靠近“卵圆窗”。虽然这一模型并没有发现什么新现象，不过它还是形象地展示了冯·贝凯希理论的基本思想。

正当冯·贝凯希准备大展宏图之时，"二战"爆发了，他不得不全力去做政府交代下来的任务，而把听觉研究停了下来。战后他先是去了瑞典，在那里他研发出了一种听力计。一年期满，他又到美国定居，进一步研究感觉信息处理。

迟来的诺贝尔奖

冯·贝凯希的主要贡献其实在20世纪30年代就已经完成了，但是由于战争和其他原因，他一直未被授予诺贝尔奖，直到1961年他才得奖。他的得奖典礼还很富有戏剧性。

1961年10月19日，冯·贝凯希正好要去纽约的瓦尔多夫-阿斯托里亚饭店领取美国耳聋研究基金会的成就奖。前一天晚上，他乘夜车从波士顿来到纽约，因此没有听到诺贝尔奖颁奖名单的发布。第二天一早他去了纽约公共图书馆，这是

图3　1961年冯·贝凯希(中)在诺贝尔奖授奖大会上与其他诺奖得主合影[3]

他最喜欢的地方之一，直到中午他才去领奖。饭店大厅里聚集了一大群人，包括媒体记者，都想一睹冯·贝凯希的风采。胡普尔(Hoople)博士被派到了那里，因为他是当时唯一认得冯·贝凯希的人。当冯·贝凯希进入大厅时，胡普尔做了个手势，摄影灯亮了起来，相机也闪光连连。冯·贝凯希急忙退了出去，因为他认为一定是有外国高官到访，他不想打扰。胡普尔博士急忙上前，将冯·贝凯希拖回到聚光灯下并对他表示祝贺。冯·贝凯希觉得很奇怪，因为他要领的奖励并不是什么大奖项。最后，胡普尔意识到冯·贝凯希显然是整个大厅里唯一还不知道他得了诺贝尔奖的人。胡普尔对他说："冯·贝凯希博士，难道你不知道，你刚刚获得了诺贝尔奖吗?"冯·贝凯希承认他还没有听到这一好消息并问："还有谁?"当他知道自己是唯一得主时，他微笑着说道："那更好!"确实，一个大发现主要基于一位科学家的工作，这在诺贝尔奖的历史上也是不多的!

谆谆教导

终其一生，冯·贝凯希一直关心青年人如何学及老师如何教的问题。他认为这是事关国家竞争力的大问题。因此，到晚年时，他一直回顾自己是从谁那儿学到东西的。他说道：

> 我曾经很喜欢阅读百科全书里面所讲的事实。百科全书帮助我认识到，如果让我们的头脑只填满事实，那么我们仍然做不了任何事情。所以，我终于得出了一个结论：读百科全书并不是学习科学的方法，因为即使其中最好的文章也只能给出一个概要;但是知道概要和实际应用这个概要之间还有很大的距离。事实并不十分重要，我感悟到，教师真正应该做的只不过是指出某些方向。我们可以由此开动自己的大脑。所以老师教不了我们太多东西。他真正应该教给我们的是对工作的热爱，并引起我们对某些领域始终保持兴趣。我总是以这种方式来看待我的老师，我并不想向他们学习事实。我只是

想找出他们如何工作的方法。要是一位教师(特别是大学教师)不能教给学生研究方法,那么他就给不了学生什么有用的思想,这是因为后来学生在工作中要用到的事实一般说来总和他在课堂上所讲的事实有所不同。但是,真正重要并对一生都有用的是工作方法。这就是为什么我只对方法感兴趣的原因。这当然会给教学方法带来很多困难,因为很难考查一个学生是否懂得思想方法。如果只考查学生是否知道事实,这很容易,也很好评分。因此,今天的整个评价系统有一个很大的问题,因为和20年前相比,我们的头脑中塞满了多得多的没有多少价值的事实。当然,每个人都必须学习和知晓一些基本事实。[1]

冯·贝凯希的这段话对信息爆炸的今天尤其重要,可惜的是现今许多地方的教育还在用大量的事实塞满学生的头脑。他始终强调终身学习的重要性,并认为在某种意义上,爱好与休息也是创造性的源泉,下面我们来看看他对年轻人的另几个劝告,与读者共勉。

(如果让我再次选择的话)我要尽早开始学习数学。数学和几何仍然是学习高水平逻辑思维的手段。数学是一种语言。如果我们不在早年学习它,你将永远不会正确地学会它。因此,我们必须从一开始就学习数学。许多人之所以不喜欢数学,是因为他们开始学得太晚了。在老年时再要学数学会非常困难。我们集中不起注意力。但是,如果我们在早年就开始学数学,那么它肯定会伴随我们终身。同样,我们必须学会的并非数学公式的知识。有许多公式表,但我们要学习的是如何处理和解决问题的方法。数学是所有科学的哲学,这也包括医学和一般哲学、化学、物理学,甚至社会科学。有些人能用图像来思考,他们应该研究几何。我非常喜欢几何,把几何和数学结合起来非常有价值。

许多人认为，大学毕业后，他们就不再需要学习了。这就错了。但愿我能有更多时间与大学保持联系。一切都在迅速变化，一旦落伍就很难再跟上。

当我年轻的时候，我能够整天工作，因为它非常有趣。但可以肯定的是，有效的工作需要一定的休息。有业余爱好——绘画或雕塑——对任何人来说都非常重要，我要把它与科学结合起来。但愿我能尽可能早地一面学科学，一面学习雕塑、绘画或音乐，这样我的爱好就不会只是一种业余爱好，而可以达到一定的水平，这将使我感到满足。在研究科学之余搞点业余爱好使人放松。我们无法避免在科学研究上有失败的时候，除了休息之外无法克服的真正失败。在小休片刻时，爱好非常重要。因此，在我看来，业余爱好是必要的，我可以通过明确的创造性爱好来改进我的研究工作。[1]

弗里曼

脑是意义提取装置之观点的提出者

美国神经科学家弗里曼教授是一位科学巨匠，他不仅开辟了神经动力学这一交叉学科，使其成为计算神经科学的一个重要分支，还把数学和计算机科学，特别是非线性动力学应用到神经科学研究，做出了巨大贡献。弗里曼的科学思想远远超越了其所处的时代。他的学生、美国神经科学家凯(Leslie Kay)说道："现在的科学文献往往又以新的形式提出弗里曼教授早就提出过的许多理论，但没有注明出处，因为他的论文很难读而又高度数学化。"他的同事、美国神经科学家普雷斯蒂(David Presti)评价说："我经常说弗里曼在神经科学界领先了大约5年，我现在把这一数字修改为10—15年。"[1]他的学生、匈牙利裔美国神经科学家科兹马(Robert Kozma)说道："弗里曼是世界名人；但许多神经科学家同行依然未能完全理解他的开创性观

图1 弗里曼(左)和笔者(右)2013年在瑞典的合影

点。有些人不愿意面对他的革命性方法所带来的智力挑战,或者根本就无法理解他,仍然对他的观点感到困惑。”[2]现在我们就一同认识一下这位伟大的科学家吧!

名医世家的宁馨儿

弗里曼祖孙三代的名字都是沃尔特·杰克逊·弗里曼,而且都以跟脑打交道为业。为了区分起见,他有时被称为弗里曼三世。他的祖父弗里曼一世是一位名医,父亲弗里曼二世则以进行脑白质切断术治疗精神病人而闻名。如果不论姓名,那么这一世家还可以追溯到他的曾外祖父金(W. W. Keen)。金是美国南北战争期间一位著名的军医,是美国进行脑外科手术的第一人,是包括罗斯福总统在内的6位美国总统的医生。为什么弗里曼没有像他的祖辈那样行医,而从事科研呢?他的学生凯告诉笔者:“这与个人选择自己死亡的权利有关。大概是20世纪50年代时,他有一个病人不希望不计代价地采取措施来挽救其生命,而他的主管坚持认为他必须尽其所能,即使病人不愿意这样做也不能放弃。弗里曼觉得那样做很残酷,并认为在这种情况下他无法去当一名医生,所以他决定转而去做研究。”

弗里曼开创神经动力学这样一个高度学科交叉的领域绝非偶然。他在麻省理工学院学的是物理和数学,而在第二次世界大战期间从军过程中又学了电子学,后来到芝加哥大学学习哲学。1954年,在耶鲁大学取得医学博士学位后,他到约翰斯·霍普金斯大学学习内科学,1959年,又在加利福尼亚大学洛杉矶分校完成神经生理学的博士后训练,最后在加利福尼亚大学伯克利分校终身从事神经科学的跨学科研究。这样宽广和深厚的多学科背景,无疑为弗里曼创立神经动力学奠定了基础。

和嗅觉研究结缘

从1959年进入加利福尼亚大学伯克利分校起,弗里曼就一直从事嗅觉的实验研究,同时对实验结果建立计算模型。在长达30多年的时间里,弗里曼取得了众多极为有意义的实验结果,它们被总结在1991年弗里曼发表于《科学美国人》(*Scientific American*)的一篇经典论文《知觉的生理学》(Physiology of Perception)中,而这篇文章是该刊在相关领域引用率最高的5篇文章之一。[2] 下面,我将介绍一下他最主要的实验结果。

关于脑功能的一种传统的想法是:脑是信息处理系统,外界刺激被忠实地"表达"在脑中。对嗅觉感受器的研究似乎表明,这种想法是对的。对同样的刺激,它们的反应是可重复的。这在弗里曼的意料之中,但是一旦进入脑,即使在第一站——嗅球上,情况就完全不同了。弗里曼把64根电极排成格阵,同时安置在嗅球表面,并由这些电极记录所在部位的局域场电位。这些电位表示电极下面神经元群体活动的程度。弗里曼通过对兔子进行训练建立条件反射,让兔子学会识别某种气味。他在实验之前,有一段时间不给兔子水喝。然后他选用了两种气味作为刺激,如香蕉水和酪酸,其中香蕉水是条件刺激,酪酸是无关刺激。给水则是无条件刺激,并引起舔舌的反应。给予香蕉水刺激的同时给水,多次以后即使光给香蕉水而不给水也能引起兔子的舔舌反应,这就表明此时兔子已经学会识别香蕉水了。反之,因为在给酪酸作为刺激的同时,从来不给水作为奖励,所以兔子对它只有嗅的反应,而不会舔舌。另外,弗里曼还用空气作为对照。每次实验都记录6秒钟的64导脑电,也就是同时记录由这64个电极上检测到的局域场电位,每导脑电都包括一段对照期和一段试验期,试验期中吸进什么气味是随机安排的。弗里曼发现,所记录到的脑电非常不规则,即使在同样的实验条件下重复记录,每次记录所得的波形也各不相同。在吸进熟识的气味时,脑电突然变得规则一些,其幅度和频率也变高,频率落在20—80赫兹(也就是γ波),形成所谓的"簇发发放"。在同一次记录中,同时记录到的这64段脑电中的γ波的载波波形都是相同的,只是幅度不同。如果把这些波形的平均幅度标在脑区表面,用等值线把相同幅度的点联结起来,画成等高线图,就可发现脑电γ成分幅度的空间分布模式(表现为等高线图)在吸同一种气味时是可以重复再现的,尽管每次的载波波形都不一样。

这就是说，关于某种气味的嗅觉信息就携带在脑电γ成分幅度的空间分布模式之中。单个嗅觉神经元不能辨别特定的气味，只有一大群神经元的共同活动才能识别。所以，弗里曼总结道："简而言之，感觉到一种有气味的物体只需要有少量神经元的网络，而要知觉到一种气味则需要嗅球中所有的神经元。"

弗里曼还发现了一个特别有兴趣的现象：如果我们把奖励在两种气味之间加以切换，即把原来的条件刺激变成无关刺激，而原来的无关刺激变成条件刺激，这时虽然这两种气味本身没有什么变化，它们所引起的脑电调幅空间模式却完全改变了。同样，当在实验计划中添加某种新的气味时，所有早先已经存在的调幅模

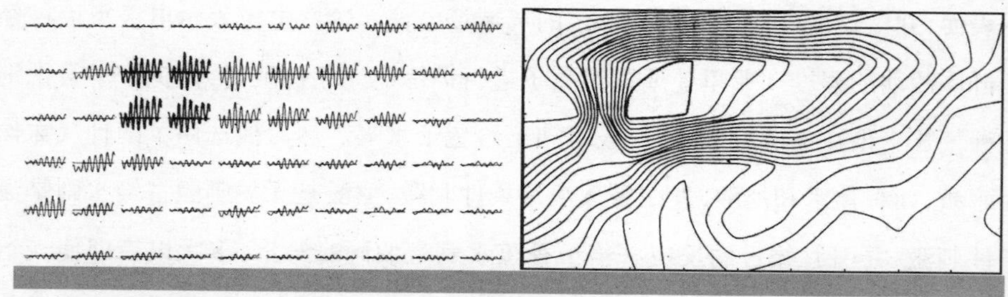

图2　兔子识别气味时在嗅球上记录到的脑电及等高线图。（左图）当兔子在识别一种气味时，从其嗅觉皮层上同时记录到的64导脑电中的γ波；（右图）按照左图中各段脑电的平均幅度画在脑区表面所得的等高线图[3]

图3　兔子识别不同气味时嗅球脑电调幅模式的动态变化。（左图）当兔子学会识别锯末味以后，在其嗅球上记录到的嗅锯末味时的脑电调幅模式；（中图）改用香蕉味作为条件刺激进行训练，兔子学会识别后，在其嗅球上记录到的嗅香蕉味时的脑电调幅模式；（右图）重新再用锯末味作为条件刺激进行训练以后，在其嗅球上记录到的嗅锯末味时的脑电调幅模式。注意，虽然刺激和左图一样都是锯末味，但是脑电的调幅空间模式发生了根本的变化[2]

式都会发生变化。甚至当按次序用几种气味对兔子进行训练，然后再回到第一种气味进行训练时，出现的也不再是原来的模式，而是一种新的模式。因此，只要气味环境有了变化，实验对象能够识别的所有气味的调幅模式都要跟着发生变化。弗里曼由此得出结论："嗅觉的调幅模式并不和刺激直接相关，而是和刺激的含义相关。"知觉不仅和外界刺激有关，还和过去的经验等脑的内部活动有关；知觉也不能用单个神经元的性质来加以解释，而要涉及大量神经元群体的协同活动。不光对嗅觉知觉来说是这样，对其他知觉也是如此。

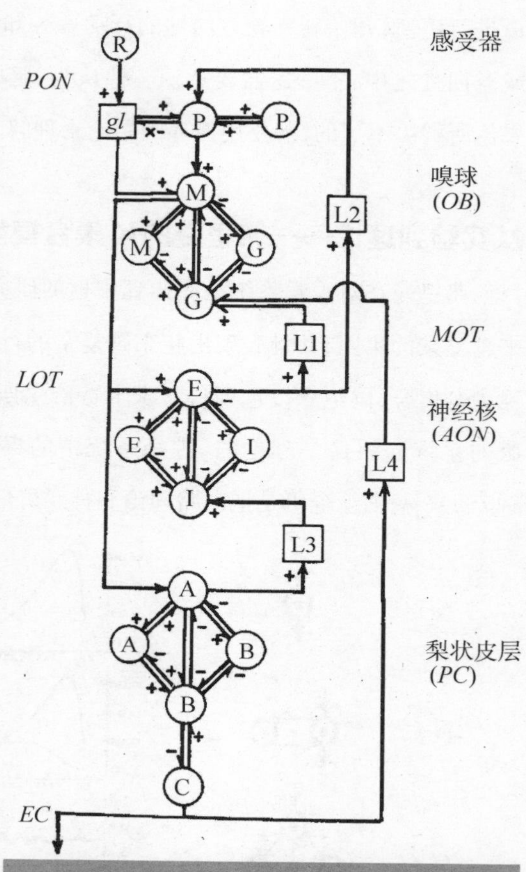

图4　嗅觉系统结构的示意图。图中R：嗅感受器；*PON*：初级嗅神经；*gl*：小球；P：球旁细胞；M：僧帽细胞；G：颗粒细胞；*OB*：嗅球；*LOT*：侧嗅束；*MOT*：中嗅束；E：前嗅核中的表面锥体细胞；A：前梨状皮层中的表面锥体细胞，I和B都是抑制神经元；C：深层锥体细胞；*EC*：外囊；*AON*：前嗅核；*PC*：梨状皮层。L1—L4均为时间延迟[4]

弗里曼在这些实验的基础上，提出了一种学说，认为脑并不只是某种信息处理系统，而是一种创造意义的系统。信息表达只发生在自下而上的初级阶段。他认为，主体根据自己的目的，创造出有关外界环境的某种假设，并按此假设采取行动，根据这种行动的结果和自己对这种行动的感觉监视，证实或否定这种假设，从而对假

设进行更新,开始新一轮意向性的行动——知觉周期。而意义就体现在这种目的或意向性之中,不一定需要意识。他认为,脑中这样复杂的过程是传统的线性因果论所解决不了的,需要用循环因果论来理解。[5]

从实验到理论——弗里曼的K集合模型

弗里曼在对嗅觉系统从周边到中枢的研究中发现,其中的神经元群体形成越来越复杂的集团,并且表现出越来越复杂的行为。他把这一串越来越复杂的集团称为K集合,以纪念以色列科学家卡特恰尔斯基(A. Katchalsky)。他在1975年出版的系统介绍这一理论的《神经系统中的群体作用》(*Mass Action in the Nervous System*)[6]一书至今仍是把电路理论和神经群体生理结合起来加以研究的范例。

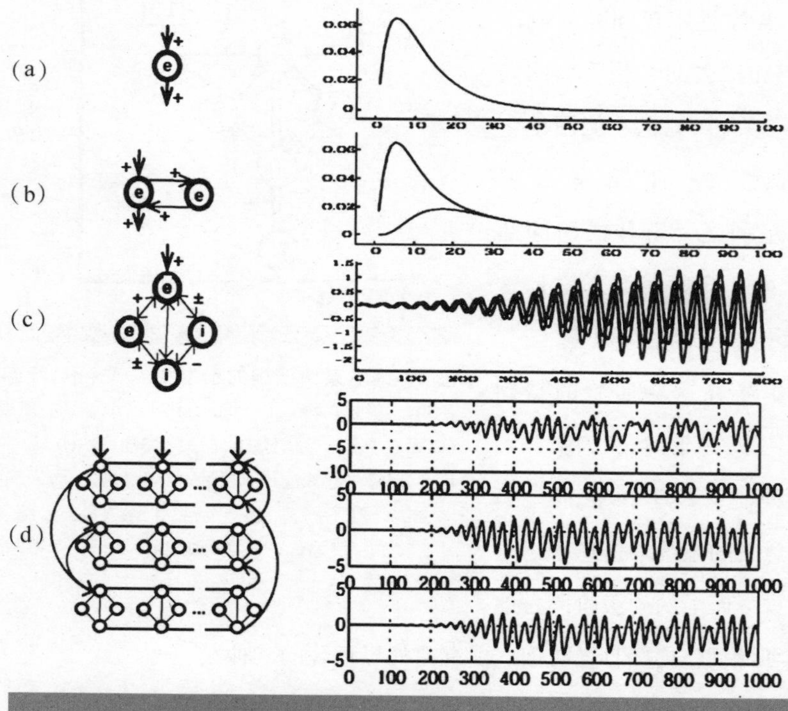

图5　K集合。(a)K0集合;(b)KⅠ集合;(c)KⅡ集合;(d)KⅢ集合。左边是集合内部的结构线路图,右边是集合的脉冲响应[7]

从"K集合"图中可以看到其基本结构和动力学性质。弗里曼发现嗅觉感受器彼此之间并无相互作用,类似感受器的轴突并行地汇聚到嗅球中被称为"小球"的结构中,这些感受器所形成的集合就是K0。其脉冲响应迅速上升到峰值后即很快衰减,回到零水平。图中嗅球内的僧帽细胞之间形成相互兴奋的KⅠ集合,而颗粒细胞和颗粒细胞之间则形成相互抑制的KⅠ集合,这种相互作用改变了脉冲响应的时程;两种集合通过负反馈而形成KⅡ集合,其脉冲响应产生振荡。这些不同层次、不同固有频率的振荡子相互耦合,构成KⅢ集合,产生混沌振荡。弗里曼的K集合虽然是由嗅觉研究得出的,但是后来的研究表明,在其他感觉系统中也有这样的神经元群集,从而使K集合成为研究神经动力学的有力工具。在此基础上还能构造更高层次的KⅣ和KⅤ集合,对这些集合的仿真已在工程上得到应用。

高瞻远瞩

关于他的事业,弗里曼在加州大学伯克利分校为他80岁寿辰举行的祝寿会上,他是这样总结的:

> 50年前,脑电图被普遍当成是噪声,是群体的吼声。仔细想想,情况依然如此,因为皮层神经元形成了巨大的集群,而系统神经科学的任务就是要理解它们。我把脑电当成做出贡献的机会。我之所以挑选嗅觉系统中的三层旧皮层作为研究对象,是因为它比新皮层简单,但又比海马更接近感官。我开始用一串电震来刺激它,以确定一个小信号的近乎线性的范围,在此范围内我可以用线性方程为其建立动态模型。从扰动后的弛豫模式,也就是诱发电位中,我用微分方程对系统进行建模,估计参数,解方程以模拟诱发电位,并推断出稳定机制。在我1975年出版的书中,我总结了自己在20年里所做的线性分析,试图用这种方式来理解大脑功能,就像试图用独木舟渡海一样。我在复平面的虚轴上设想了一个边界。考虑到这一点,我的感觉就像牛顿在

海边玩鹅卵石时的感觉。在随后的30年里,我一直在探索怎样才能横渡大海。[8]

在文首处我们曾说到弗里曼的科学思想远超于其所处时代的其他科学家,是什么使他成为新思想的开创者呢?其中有一点不容忽视,即他总能利用自己百科全书式的知识在其所研究的学科内部和不同学科之间发现新的联系,而这些联系远非显而易见。科兹马在弗里曼逝世后的悼念文章中,是这样评论他的:

如果想找人讨论各种问题,不论是科学问题还是其他问题,弗里曼都是极佳的人选。同样,当有人批评他的工作而又没有正确理解其本质时,他可能会变得非常好斗。特别是,他可以在一瞬间就找出对手话中的任何教条主义观点,毫不犹豫地指出这些观点,并不留情面地批评它们。他对自己也采用了同样的批判立场。他的思想非常开放,总是在寻找新的想法和发展,如

图6 自左至右:弗里曼、布劳恩(Hans Braun)、迈耶(Petra Mayer)、哈肯(Herman Haken)(感谢布劳恩教授提供此照片)

果有严格的观察表明需要仔细考虑原来的想法，他也会调整自己的观点。

他见解深邃，其目光绝不局限于他所研究的当前课题，而更前瞻脑科学的未来发展之路。

2007年，笔者为《认知神经动力学》(*Cognitive Neurodynamics*)杂志起草发刊词后，请他过目。他对脑科学的现状加了下面一段话：

> 50多年前，受到发明数字计算机和建立遗传的DNA模型鼓舞，科学家们满怀信心地认为，解决认识生物智能和创造机器智能的任务已经胜券在握。在开始时，进展看上去非常迅速。占满空调房间的巨大电"脑"缩小到可以放到手提包里。计算速度每两年就翻一番。
>
> 这些进步所显示出来的其实并不是问题的解决，而是问题的困难性。我们就像那些"发现"了美洲的地理学家一样，他们在海岸上看到的并不只是一串小岛，而是有待探险的整个大陆！使我们深为震惊的与其说是在脑如何思考的问题上我们做出发现之深度，不如说是我们所承担的阐明和复制脑高级功能的任务是何等艰巨。[9]

他在其他场合也说过：

> 像其他真正的探险家一样，我们不知道我们会发现什么，我们还没有适当的框架，按此可以预言彼岸的景象。这种来自开放头脑的广阔视野就是我的遗产。[8]

这些"分析"与"预言"至今也未过时。围绕着如何应对这一挑战，弗里曼在其巨著《神经动力学》(*Neurodynamics*)中指出：当前的脑科学在微观的分子神经生物学、细胞神经生物学和宏观的临床神经病学、脑成像两方面都取得了巨大的进步，这些方面的数据正呈现爆炸性的增长，但是由于缺乏新的理论，对这些数据就不能适当地加以整合与解释，“新知识的增长赶不上数据的增长”，而“缺乏新理论的一个明显的原因是，这两股浪潮之间缺少相互的支持和有效的交流”。这两大领域的时空尺度都相差4个数量级，实验方法也相差极大。正是鉴于对这种现状的深刻分析，他大声疾呼：需要在介观尺度上研究脑的动态变化，也就是他所倡导的“介观神经动力学”。这种研究目前还只是处于“婴儿期”，因此也为有志者创造了大展宏图的机会。

谦逊且慷慨

弗里曼之所以令人敬佩，不单单因为其思想卓越让人难以望其项背，还因为其居于学术领先地位而不自傲。笔者的一位朋友布劳恩教授告诉过笔者这样一个故事：

> 请让我先说说我第一次见到弗里曼的故事。这发生在土耳其库萨达斯的一次有关精神过程及其失常建模的学术大会上。当时，我在这个领域还是一个不很出名的新人。弗里曼，作为负有盛名的科学家，在开幕式上做了主旨演讲，所有的重要人物都坐在第一排的座位上，其中包括大会主席。当弗里曼结束演讲后，似乎没有人敢于向他这样的大科学家提问。我问了他一些问题，而他的回答未能完全让我满意。我的一些问题可能在某种程度上是批评性的，我可以看到有几位贵宾转过身来，非常生气地看着我，主席也试图让我不要再讲下去了，但这并未成功。弗里曼和我的讨论太激烈了，甚至在报告结束后，许多人仍然以某种奇怪的眼光看着我。我开始担心我是否过于冒犯了。然而，当我在会议酒店的露台上走来走去寻找座位时，弗里曼看到了我，邀请我和他坐同一桌，并说我提出了非常有趣的观点，他想进一步讨论。

弗里曼还是一位勤奋的科学家，事实上，他工作到了生命的最后一天，就在其逝世前几个星期他还发表了新文章。而这位笔耕不辍的科学家，在遇到有人向他请教时，事无巨细，哪怕是在其身体状况很差的情况下，都耐心而细致地给予帮助。对笔者个人来说，弗里曼是一位亦师亦友的长者。在笔者有学术问题向其请教时，他总能慷慨指导，让我从中获益且难于忘怀。

弗里曼是我国神经科学界的一位老朋友，让我们以他在其《神经动力学》中文版序中勉励年轻一代的中国神经科学家的话作为本章结尾，希望读者中的你也可以乘上神经科学的浪潮。

> 本书中文版特别希望能吸引整个新一代神经科学家的注意和参与，他们正在登上世界舞台寻求有希望的新方向，他们的头脑中并不背负由于过去的巨大成功而带来的包袱。进行一项新的工作时，我的建议是：用你手头的工具去进行你自己的实验，做你自己的观察，而尤其重要的是建立你自己的理论。要做到这一点，对实验设备的要求并不如对头脑的要求那么高。虽然要想改变价值观、态度和观点，往往比更新实验室的仪器和计算机更为困难，但新的思想体系并不需要大量的国家资助，也不需要庞大的合作研究梯队，每个人都有这样做的条件，每个人都可以对这股新浪潮做出贡献，并可以从自己对此所做的贡献中感受乐趣。让我们乘上这股洪流的浪头，并做一番智力的新历险吧！[10]

阿克塞尔和巴克

嗅觉分子生物学机制的发现者

图1　阿克塞尔

弗里曼发现了嗅觉识别取决于嗅觉神经元的群体活动模式，但是他的研究并没有深入到分子层次，而真正解决这一问题的是美国的神经科学家阿克塞尔和巴克。他们也因此分享了2004年的诺贝尔生理学或医学奖。

从街头少年到文艺青年

1946年7月2日，阿克塞尔生于美国纽约一个贫困的移民家庭。他的父母因纳粹入侵波兰而被迫中断了学业，到美国后，父亲只能以裁剪、缝制衣服为业。虽然家庭温馨，但因为物质条件不好，阿克塞尔与艺术无缘。他的童年是在布鲁克林的街头度过的。用扫帚柄打棒球，以及在学校玩篮球都是他的最爱。课余时间他还要打工，11岁时，阿克塞尔就做起了“快递小哥”给牙医送假牙。12岁时，他帮人铺地毯。13岁时,在当地的一家熟食店帮工。那家店里的俄罗斯厨师每次在做凉拌菜丝时都喜欢背诵莎士比亚的作品,这是阿克塞尔第一次接触莎士比亚!

图2　巴克

阿克塞尔家附近的中学有布鲁克林最好的篮球队,但他就读的小学校长坚持让他去远在曼哈顿的斯泰夫森特中学上学。该校号称是一所专为有智力天赋的男孩办的学校,但其篮球队是全市最差的。虽然不高兴,但是阿克塞尔最后还是进了这所中学。在他入学后不久,艺术与书籍第一次进入了他的世界。在学校里,

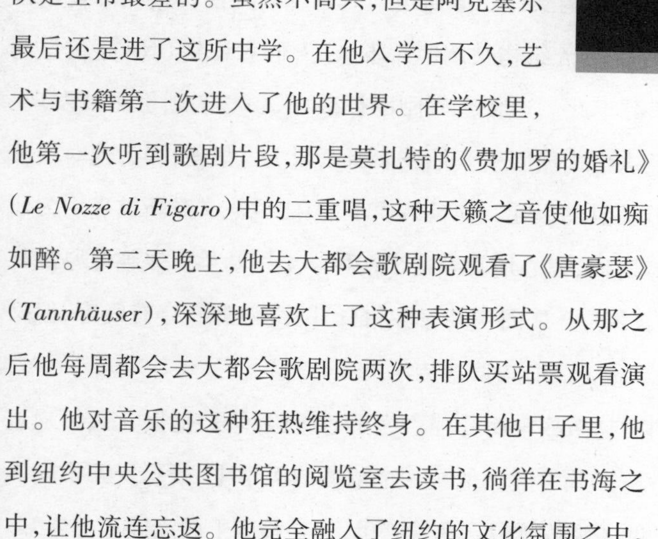

他第一次听到歌剧片段,那是莫扎特的《费加罗的婚礼》(*Le Nozze di Figaro*)中的二重唱,这种天籁之音使他如痴如醉。第二天晚上,他去大都会歌剧院观看了《唐豪瑟》(*Tannhäuser*),深深地喜欢上了这种表演形式。从那之后他每周都会去大都会歌剧院两次,排队买站票观看演出。他对音乐的这种狂热维持终身。在其他日子里,他到纽约中央公共图书馆的阅览室去读书,徜徉在书海之中,让他流连忘返。他完全融入了纽约的文化氛围之中。不过为了生计,他也不得不到学校附近的咖啡馆和夜总会打工。当然,在中学里,他还继续打篮球。

中学毕业之后,阿克塞尔决定留在纽约并去哥伦比亚大学就读。在哥伦比亚大学读一年级时,他依然沉浸在艺术、自由和反对越南战争的抗议活动之中,这使他没有时间好好学习。幸而,在第一学期时,他结识了一位来

自田纳西州的好朋友布朗利(Kevin Brownlee)。布朗利敦促他把精力集中到学习上去。布朗利劝他说:艺术是永存的,但他在哥伦比亚大学就读的时间是有限的。在布朗利的帮助下,阿克塞尔成了一位专注甚至是痴迷于学习的学生,整天在哥伦比亚图书馆的一个小房间里度过,那里面摆满了济慈(John Keats)的诗集,而他则沉浸在自己的研究之中。

偶然进入生物学领域

为了维持生计,他在哥伦比亚大学医学教授温斯坦(Bernard Weinstein)的实验室里找到了一份洗玻璃器皿的工作。温斯坦当时正在研究遗传密码的普遍性问题。20世纪60年代初,在DNA结构被阐明后不久,人们意识到DNA是信息的储存之处,所有信息都来源于此。遗传密码刚刚被破译,中心法则也刚被发现。他被新的分子生物学的巨大潜力所吸引。他玻璃器皿清洗得很糟,因为他对实验的兴趣远远超过对洗实验器具的兴趣。他被解雇了,但之后他又重新被雇用为研究助理。温斯坦花了大量时间,耐心地教导这个在科学上很幼稚但兴趣浓厚的年轻学生。阿克塞尔在文学和科学之间纠结,他对自己的文学野心存有疑虑,但又对分子生物学很着迷,最后他下决心攻读遗传学。

不过,他的这一计划因越南战争而受挫。为了暂缓服兵役,他别无选择地进入约翰斯·霍普金斯大学医学院学医。他是一个糟糕的医学生,既忍受不了病人的痛苦,又无法满足自己做实验的愿望。在学院里,他在临床上的无能人尽皆知。他很少能听出心脏杂音,他的眼镜还掉进过病人的腹部切口,有一次他在缝合切口时把外科医生的手指缝到了病人身上！对他来说,这简直是一段艰难的时期,但连他自己都不清楚出于什么原因,居然有3位教授对他的困境深表同情并庇护了他。他们敦促院长想出了一个解决方案,让他提前毕业,并授予他医学博士学位,但他们也要阿克塞尔保证日后不在活人身上行医。他又回到哥伦比亚大学,成为病理科的一名实习医生,不过在那里他只能做尸检,以此来履行自己不对活人行医的承诺。

最后,他终于有机会进入哥伦比亚大学遗传学系斯皮格尔曼(Sol Spiegelman)的实验室了。斯皮格尔曼是一位出色的分子生物学家,是他教会了阿克塞尔在科学上该如何进行思考、如何确定重要的问题,以及如何解决问题。最终,阿克塞尔走上了科学研究的正道,成了一名分子生物学家。

珠联璧合

1982年,阿克塞尔开始考虑是否有可能用分子生物学和重组DNA技术来解决神经科学的问题。脑虽然复杂,但是神经元毕竟也是一种细胞,可能和其他细胞一样有某些相同的组织和功能原理,也许可以尝试用分子生物学和遗传学的方法来研究行为、认知、记忆、情感和知觉。这种大胆的想法是一次教师会议的结果,在这次会议上,阿克塞尔和神经科学家坎德尔都不耐烦听有关行政方面的种种琐事,就讨论起了科学问题。坎德尔兴奋地讲起他当时正在研究的海兔的一种简单的记忆形式与特定突触层面的细胞记忆之间的关联。这使阿克塞尔联想起分子生物学家以前也曾在基因表达的自我持续控制中遇到过细胞记忆。他意识到当时已到了开始将分子生物学技术应用于脑功能研究的时刻,机遇对他来说简直刚刚好,现在他身旁就有一位现成的神经科学专家可以教他。

说干就干,阿克塞尔的实验室还新来了一位博士后谢勒(Richard Scheller),他也是一个勇于探索新问题的人。于是,他们三人一起,着手分离出负责产生先天行为中的定型模式的基因,这次的合作可以说是分子生物学与神经科学的完美结合,为后来者提供了诸多宝贵思路和经验。1986年,阿克塞尔实验室的另外两位研究人员又设计了一个巧妙的检测方法,可用于分离编码神经递质受体的基因。

20世纪80年代末,阿克塞尔开始着迷于感知问题。比如,脑如何表征外部世界?而这一时期,阿克塞尔实验室的博士后巴克对化学感觉世界是如何在脑中表征的问题十分感兴趣。他们二人都认为嗅觉问题对分子生物学家来说是一个理想的研究课题。于是,阿克塞尔和巴克开启了为期10年的合作研究,即使在巴克离开阿克塞尔实验室自立门户以后,他们在相同的研究方向上仍保持着密切交流。最终,师徒二人分享了2004年的诺贝尔奖,可谓科研上珠联璧合的又一范例。下面让我们一起来认识一下巴克吧。

邻家少女

1947年,巴克出生在西雅图的一个电气工程师家庭,父亲喜欢在地下室里搞一些小发明,母亲是一位家庭主妇,善良、机智,且喜欢玩填字游戏。也许正是父母对字谜和发明的兴趣为小巴克的内心埋下了思考与探索的种子。巴克是一个普通的女孩,她喜欢玩娃娃,给娃娃缝制衣服,听外婆讲故事等,不过她的父母总是给她强烈的支持,鼓励她做任何她想做并有能力做的事情。他们教她独立思考,对自己的想法进行反思,告诉她一生要做一些有价值的事情,“不要满足于平庸的事情”。父母的言传身教潜移默化地影响了她的一生。

巴克立志将来自己从事的工作要能够帮助别人,所以她在华盛顿大学读本科时决定主修心理学,毕业后做一名心理治疗师。随着时间的推移,她的兴趣不断扩大,她考虑了各种不同职业的可能性,然而,没有一种看起来很理想。她不愿意仓促行事,因此选修了更多的课程。直到选修了免疫学课程时,她终于找到了自己未来职业的方向,决心成为一名生物学家。

1975年,大学毕业以后她到得克萨斯大学医学中心的微生物学系攻读免疫学研究生。她的导师维泰塔(Ellen Vitetta)要求她在研究中须做到精确和卓越。在论文工作中,她学会了从分子机制方面进行思考,并力图在自己的实验中找出这些机制。

踏上通向诺贝尔奖之路

1980年,巴克到哥伦比亚大学跟随佩尔尼斯(Benvenuto Pernis)做免疫学的博士后工作。当时她已经清楚地意识到,研究生物系统的分子机制才是自己真正感兴趣之所在。她需要学习最先进的分子生物学技术,为此,她搬到了阿克塞尔的实验室。当时,阿克塞尔正和坎德尔合作研究海兔神经系统的分子机制,而巴克对寻找编码神经元细胞表面受体的基因更感兴趣。阿克塞尔同意了这一立题。并在较短时间内,巴克就发现了在海兔的各种神经元中不同表达的基因。

在海兔项目接近尾声时,巴克读到了一篇改变她一生的论文。那是斯奈德小组在1985年发表的一篇讨论气味检测的潜在机制的论文。这是她第一次对嗅觉进行思考,并为此着迷。人类和其他哺乳动物如何能检测到10 000种或更多有气味的化学物质?为什么几乎相同的化学物质能够产生不同的气味感知?她意识到,这是一个巨大的难题,也是一个无与伦比的多样性问题。她认为,解决这个难题的第一步显然是要确定嗅质最初是如何在鼻中被检测到的。这意味着要找出气味受体,虽然大家都相信一定存在着此类分子,但并无证据。巴克决定,这就是她下一步必须做的事情。

1988年,她开始寻找嗅质受体。在尝试了几种不同的方法后,她通过设计基于下列3条假设的实验,确定了整个一族嗅质受体:第一,由于嗅质的结构各不相同,而且可以区分,所以会有一个由各不相同但实为相关的嗅质受体组成的族,它们将由一个多基因族编码;第二,嗅质受体至少与当时已知序列的相对较少的G蛋白偶联受体族有关;第三,嗅质受体将在嗅觉感觉神经元所在的嗅觉上皮中选择性地表达。这些假设大大缩小了搜索的范围,阿克塞尔估计这至少节省了他们好几年的时间,并最终取得成功。这项工作表明,大鼠有一个多基因族,编码100种以上的不同的嗅质受体,它们都是相关的,但每一种又是独特的。这族受体族空前的规模和多样性解释了哺乳动物为什么能从大量不同的化学物质中检测出各自独特的气味。1991年,巴克和阿克塞尔联名发表了这一发现。以此发现为开端,之后两人在这一领域持续研究了约10年,最终共同分享了2004年诺贝尔奖。

各奔前程、殊途同归

梁园虽好，却非久恋之家。博士后总有个尽头。1991年，巴克去哈佛大学任职。受1991年发表的工作的鼓舞，巴克把自己的目标定位在认识来自这些受体的信号是如何在脑中组织起来以产生不同的气味感知。

要解决的第一个问题是，在嗅觉上皮中嗅质受体是如何组织的。1993年，巴克实验室以小鼠为模型，而阿克塞尔实验室继续以大鼠为模型对此进行了研究，他们的结果都表明：每个嗅质受体基因表达在大约千分之一的嗅觉感觉神经元中，嗅觉上皮分成了一些空间区域，每个区域都表达彼此互不重叠的嗅质受体基因集。在一个区域内，具有相同嗅质受体的神经元随机散布各处。这表明，来自不同嗅质受体的信号在不同的感觉神经元和它们向大脑传递的信息中是彼此隔离的。这进一步表明，在嗅觉上皮中，检测同一嗅质的神经元散布各处，而检测不同嗅质的神经元则比邻而居。因此，在嗅上皮中，感觉信息被广泛地组织成几个区组，但总体而言，信息是以高度分布的方式被编码的。

1994年，这两个实验室又各自分别在小鼠和大鼠上研究了来自不同嗅质受体的信息是如何在嗅觉通路的下站(嗅球)中分布的。在嗅球中，嗅觉感觉神经元的轴突在大约2000个球形结构中形成突触，这些结构被称为小球。这两个实验室的研究都表明，虽然数以千计的表达相同嗅质受体的神经元在上皮中高度分散，但表达相同嗅质受体的神经元的轴突都会聚在少数特定的小球中。其结果是嗅质受体输入的分布图是固定不变的，其中来自不同嗅质受体的信号被隔离在不同的小球中，对其树突进入这些小球的嗅球投射神经元也是如此。

在接下去的几年中，巴克实验室进一步研究嗅质受体族和嗅质受体输入的模式化如何编码不同嗅质。他们发现每个嗅觉感觉神经元只表达一个嗅质受体基因。嗅质受体族以组合的方式起作用。每个嗅质受体只是受体组合的一个成分，并被用在许多不同的嗅质编码中。由此可以解释人气味感知中的许多问题，例如嗅质结构的微小变化为何能极大地改变感知到的气味。接着，他们又研究了嗅质受体输入如何在嗅皮层中组织的问题。他们发现来自不同类型嗅质受体的信号组合成与特定气味相对应的模式，脑最终由此感知到特定的气味。

总结起来说，他们发现和嗅质分子能结合的受体一共有1000种左右，而对人来说，真正能起作用的则只有350种左右，但是人能区别的气味则在1万种以上。这是因为对不同气味的嗅觉知觉取决于嗅质受体的组合，所以虽然嗅质受体的种类较小，但人能分辨的气味很多，这就像用26个字母可以写出各种各样的英文文章一样。

严师益友

在学术问题上，阿克塞尔是个不留情面的人。他的一位朋友是这样描写他的："每遇学术报告会，他总是坐在第一排，细听报告人的每一句话。在报告人讲完后，他总是字斟句酌且慢条斯理地提出许多尖锐的问题。他往往直指问题的核心，毫不留情地指出其中的要害之处。这往往让某些报告人觉得下不来台。"在实验室里，当他听到自己极度不认可的想法时，他会直言不讳地说："这是我听到过的最愚蠢的想法。"在他的言传身教下，实验室里营造出两种气氛：一种是不断追求新的发现和提出新的问题；另一种是敢于对任何想法都毫不留情地批判。他对同事和学生的要求是："我不仅要答案正确，我还要这些答案的正确性能用实验无可置疑地予以证明。"

阿克塞尔的认真和执着并不代表他为人乏味，他也有孩子气的一面。他喜欢恶作剧，在和人闲聊时，他会故意编造数据，说得像真的一样。当有人信以为真时，他就会高兴地笑道："谁让你自己没有头脑盲目相信别人，而不思考这是否可能呢？"[1]大概是因为自己经常喜欢做一点无伤大雅的恶作剧，所以在2004年公布当年诺贝尔生理学或医学奖得主名单那天，凌晨2点3刻，有人打电话给他自称是诺贝尔奖委员会主席，通知他得奖时，阿克塞尔以己度人，认为这可能也是某个朋友的恶作剧。他立刻上网去查,先查了雅虎,果然有这样一条新闻。不过,他还是不放心,以为也可能是他的朋友老谋深算预先在雅虎上做了手脚,搞得像真的一样!于是,他又去诺贝尔奖的官方网站查,这下才再无怀疑,自己确实和巴克一起分享了这一殊荣。

严格但绝非冷酷,阿克塞尔常给予自己的同事充分的信任。巴克在为诺奖所写的自传中回忆道:

> 我很感激阿克塞尔对我的高风险努力的宽容。他是一位异乎寻常的导师,他给研究人员巨大的独立性,研究人员一旦确立了自己的方向,就可以制订自己的计划。[2]

在荣获诺贝尔奖之后,阿克塞尔首先想到的就是他的学生和同事。他说道:

> 科学家并不是在真空中工作的。我们有一群人一起工作,怀有共同的目标和热情去从事科研工作。这么多年来,我真是太幸运了,我有一群卓越的学生和同事,我们一起做了许许多多的工作。我真不知道该怎么感谢他们才好。我非常高兴他们的工作最后以这种形式得到了高度的认可。

第三篇

心智之谜的挑战者

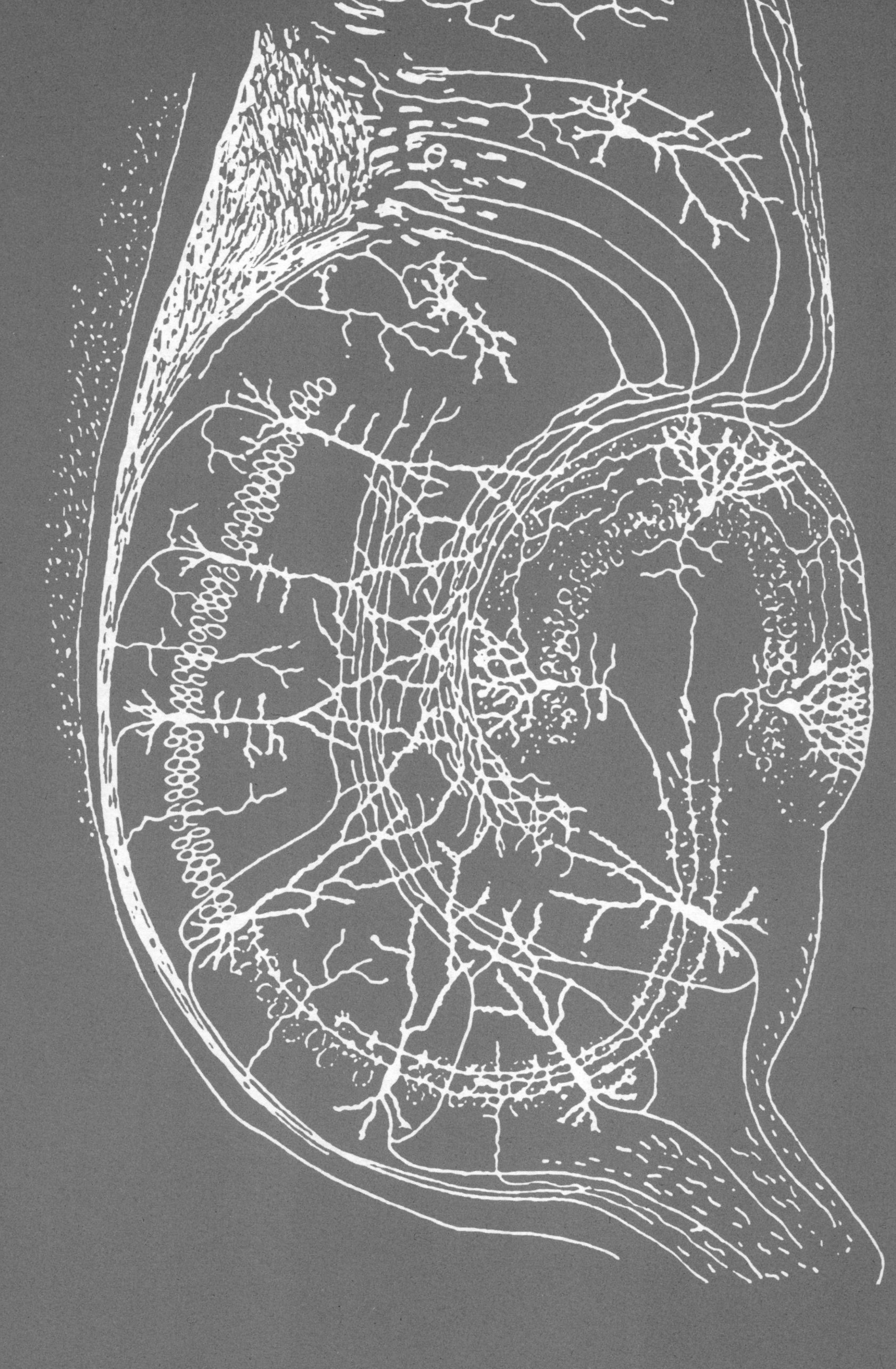

犹太裔美国神经科学家坎德尔曾说过："我们之所以是我们而不是别的什么人，就取决于所有我们学到的东西和记忆的一切。"你有没有想过，当你回忆起在遥远的过去所发生的事情时，除了时间、地点、人物及内容外，让你印象深刻的往往是你当下的情绪或者说感受？而随着时间的流逝和阅历的增加，当你回首过往时，你记起来的或许有些是自己的"凭空想象"？你有没有问过自己，你的喜、怒、哀、乐，乃至自信、妒忌、羞怯、同情等情绪是从何而来的吗？是"谁"在控制自己的情绪？……当这些问题逐渐明了，或许何为心智也就有了答案。

赫布

有关学习突触可塑性机制的提出者

图1　赫布

无论对人脑还是对机器来说，学习能力无疑都是其“智能”的基础。那么，什么是学习的脑机制呢？这个问题直到20世纪中期，赫布提出以他的名字命名的假说之前，一直是个谜。

赫布的假说不仅为研究学习的脑机制和突触可塑性提供了全新的思路，也为研制具有学习能力的机器奠定了基础。此后，“赫布”就好像一个形容词，成为“赫布突触”“赫布突触可塑性”“赫布学习律”“赫布神经网络”等术语的一部分。他的思想不仅成了加速近代心智研究的催化剂，而且也开辟了研制有学习能力的人工神经网络的道路，所以在“心智之谜的挑战者”这一篇中，从介绍他开始也就顺理成章了。

求学过程

1904年7月22日，赫布出生于加拿大切斯特的一个医生家庭，父母都是医生。他的妈妈在家里亲自教育他直到8岁。他在小学里表现优异，10岁时就升到了7年级，但在11年级时留了一级。当时学校9、10、11年级中的许多或大多数学生都通不过省级考试。对于9年级和10年级的学生来说，尽管通不过考试，但仍可以升级，因为切斯特的学校没有12年级，所以未能通过11年级省考的学生就只能留级了。16岁时，他从哈利法克斯县学院的12年级毕业，考进了达尔豪斯大学的英语专业，他当时的愿望是要成为一名小说家。

1925年，赫布获得了文学学士学位。之后，他回到切斯特的母校当了一年老师，但是并不成功，在写作小说方面也没有什么进展。次年，他到阿尔伯塔省的一个农场工作，然后漫游四处，并在魁北克省当工人。在此期间，他读到了弗洛伊德(Sigmund Freud)的作品，这使他决心以心理学为业。于是，他去找了麦吉尔大学心理学系主任泰特(W. D. Tait)，希望能做他的研究生。泰特给了他一份阅读清单，要他读完后明年再来。为了谋生，他又回到学校任教。第二年(1928年)，他被任命为蒙特利尔工人区一所学校的校长，但那里的旷课率和辍学率非常高。令他高兴的是，这一年他如愿被麦吉尔大学录取为在职研究生。在麦吉尔大学心理学教授的帮助下，他试着让孩子们在课堂上做许多有趣的事情，但若有学生捣蛋，他会勒令其离开教室，从而改善了那里旷课及辍学的状况。

研究生生涯

1931年，赫布因结核杆菌感染而卧床不起。在此期间，他研读了谢灵顿的《神经系统的整合作用》和巴甫洛夫的《条件反射》(*Conditioned Reflexes*)，撰写了一篇题为“条件反射和非条件反射与抑制”(Conditioned and Unconditioned Reflexes and Inhibition)的理论性硕士论文。该文试图说明骨骼反射是由细胞学习造成的，其中已孕育了后来被称为“赫布突触”的思想种子。1932年,他的论文以优异的成绩通过了学校的评审,其中一位评审教授是巴布金(Boris P. Babkin),他曾先后在圣彼得堡与巴甫洛夫以及在伦敦与希尔(A. V. Hill)一起工作过。

1934年年初,赫布的生活陷入了低谷。他的妻子在他29岁生日那天因车祸去世。他在蒙特利尔学校的工作也不顺利。用他的话说,他试图进行的改革“被魁北克新教学校的僵化课程打败了”。[1] 麦吉尔大学的心理学研究重点偏向于教育心理学和智力测试方向,而赫布则对生理心理学更感兴趣,他觉得自己当时在做的巴甫洛夫条件反射实验并不真正属于生理心理学范畴,他还对所用的方法学持批评态度。他认为巴甫洛夫关心的是“刺激-反应”关系,而不是其在脑中发生的过程,自己则更关心“刺激-刺激”关系,也就是发生在不同时刻的刺激会在脑中引起什么样的变化。

就这样他决定离开蒙特利尔,开始申请到耶鲁大学攻读博士学位。然而,巴布金劝他说,如果他想学习生理心理学,那么他应该到芝加哥大学的拉什利那里去学习。

1934年7月,拉什利接受了赫布到芝加哥大学攻读博士学位的申请,并将赫布的论文题目定为“空间定位和位置学习问题”(The problem of spatial orientation and place learning)。1935年9月,赫布随拉什利来到哈佛大学。不过在哈佛大学,他不得不把论文方向改为研究早期视觉剥夺对大鼠的大小和亮度感知的影响。1936年,他获得了哈佛大学的博士学位。第二年,他担任了拉什利的研究助理。他在哈佛大学的博士论文很快就发表了,同时他也完成了在芝加哥大学关于“空间定位和位置学习问题”的论文。

心理生理学研究的先驱

1937年夏天,赫布的妹妹凯瑟琳(Catherine,当时是巴布金在麦吉尔大学的博士生)告诉他,蒙特利尔神经学研究所的创始人彭菲尔德正在找人研究脑活动的心理作用。赫布对此非常感兴趣,他成功申请到了蒙特利尔神经学研究所研究员一职。在那儿,他研究了脑部手术和损伤对人脑功能的影响。

赫布观察到,不同脑区的病变会产生不同的认知障碍,他建议,与其测量整体的智力变化,不如研究脑的局部损伤究竟会影响到智力的哪些方面。他的这一工作成了人类神经心理学研究中的一个转折点。赫布收集了一系列测试结果,还与他人合作开发了两个新的测试项目:对成人语言理解的测试和非语言的图片异常测试。利用非语言的图片异常测试,他首次发现右颞叶参与了视觉识别。同一时期,他还发现,当儿童因脑损伤被切除一部分脑组织后,可以恢复部分甚或全部脑功能,但成人的类似损伤可能对脑功能造成极为严重(甚至可能是灾难性)的损害。由此,他推断脑损伤对智力发展的影响取决于损伤发生的年龄,且外界刺激对成年人的思维过程发挥着突出作用,缺乏这种刺激会导致其脑功能的减退,有时甚至会出现幻觉。1939年,赫布离开蒙特利尔神经学研究所,前往皇后大学任教。

在皇后大学,赫布和他的学生威廉姆斯(Kenneth Williams)设计了一种可变路径迷宫,以此研究大鼠智力的发展。为了确定早期经验对学习的影响,赫布用这个迷宫和其他迷宫来测试不同年龄段失明的大鼠,并用在家里作为宠物饲养的大鼠和实验室里关在只有食物和水之外一无所有的笼子里的大鼠进行对照研究。他发现,发育期间经历丰富多样的大鼠在成年后在迷宫中的学习表现更好。他的结论是,“幼年时的经验对成年大鼠解决问题的能力有持久的影响”。[2]这些观点构成了发展心理学的基础,并导致社会开始实施“启蒙计划”(Head Start),即尽量丰富贫困儿童在阅读、写作、数学、音乐、体育等方面的经验。由此开始,赫布正式步入关于环境刺激对神经发育影响的研究,而其研究成果所带来的影响至今犹存。

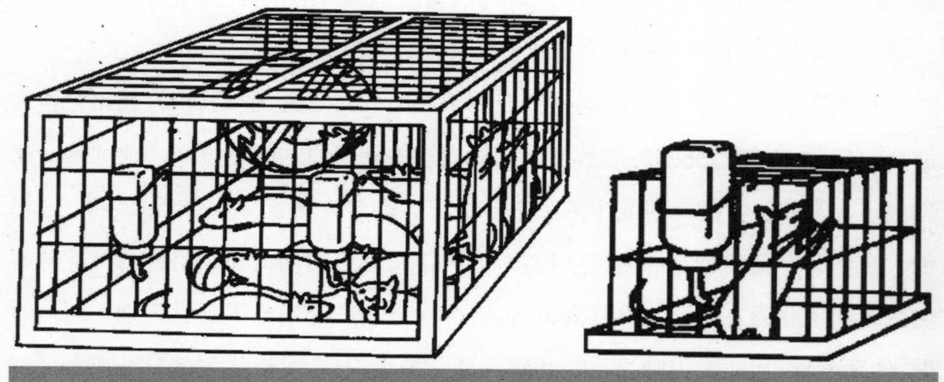

图2　左图：在家中作为宠物饲养的大鼠，它们生活在一个有各种玩具的大笼子中；右图：在实验室里饲养的大鼠，只有一只大鼠生活在一个很小的笼子中，除了食物和水之外一无所有

传世巨著

1942年，拉什利搬到佛罗里达州，接任耶克斯灵长目生物学实验室主任一职，他邀请赫布加入他的团队，一起研究黑猩猩的行为。虽然研究进展缓慢，但实验室的知识氛围令人振奋。当长达5年的研究结束时，除了发表几篇论文之外，赫布还完成了一本书的手稿，即日后大名鼎鼎的《行为的组织：一种神经心理学理论》（*The Organization of Behavior: A Neuropsychological Theory*）。该书把他多年来对脑外科的工作和对人类行为的研究结合了起来，把脑的生物功能与心智的高级功能联系在一起，被认为是赫布对神经科学领域最重要的贡献。

在《行为的组织》一书中，赫布提出了一个新思想：研究脑功能是解释行为的唯一科学方法。他将有关行为和脑的最新研究结果结合到一个单一的理论之中，从而解释了脑的许多重要功能。而这一理论中最重要的一条就是以他的名字命名的"赫布学习律"，又称突触学习说：

当细胞A的一个轴突和细胞B很近，足以对它产生影响，并且持久地、不断参与了对细胞B的兴奋时，那么在这两个细胞或其中之一会发生某种生长过程或新陈代谢变化，以至于A作为能使B兴奋的细胞之一，它的影响加强了。[3]

这段话也常常被减缩成一句话："一起发放的神经元也连接在一起。"其实，这一思想的萌芽早在他读了巴甫洛夫、谢灵顿等人的工作（不管是同意还是质疑）后就有了。赫布在其1932年的硕士论文中就写道：

一个兴奋的神经元倾向于减少它对不活跃的神经元的放电，而增加对任何活跃的神经元的放电，因此形成了一条通往后者的线路，不管是否有中间神经元介于这两者之间。随着重复，这种趋势成为形成神经线路的主要原因。[4]

如果两相比较，可以发现他在《行为的组织》一书中去掉了其在硕士论文中说过的削弱联系的可能性。这是因为在此期间和这一预言有关的思想饱受批评，而它们又没有得到实验支持。具有讽刺意味的是，最近的研究表明，如果赫布假设中的神经元A不对神经元B的发放做出贡献，而是在B已经发放之后才发放，那么A和B之间的联系就会被削弱，正如赫布最初提出的那样。或许这正如俗语所说："智者千虑，必有一失！"

赫布把可以归为一个处理单元的神经元的组合称为"细胞集群"（cell assemblies）。它们的连接组合构成了不断变化的算法，由此决定了脑对刺激的反应。赫布理论不仅影响了心理学家对脑内刺激处理的理解，而且还为创造可模仿活体神经系统中的生物过程的计算机器开辟了道路。虽然现在已经很少有人完全同意《行为的组织》一书中的许多具体内容，但是它所传达的思想经受住了时间的考验，成为心理学和神经科学的核心原则。也正是在这本书中，赫布指出了心理学应该实现的目标，以及随着解剖学和生理学知识的发展科学家们可以做什么。他表明,对神经系统和行为感兴趣的心理学家和生物学家可以通过神经科学研究实现他们共同的目标。

目前,几乎在心理学和神经科学的每个领域都可以找到赫布思想的影响:现代神经心理学是基于赫布与彭菲尔德的工作;环境对发育的影响的研究源自赫布对不同环境中饲养的大鼠的迷宫实验;脑的计算机模型更是基于赫布的突触可塑性和细胞集群的想法;学习和记忆的生理基础也是基于赫布的多重记忆系统的思想;等等。而后来发现的长时程增强(LTP)则是赫布突触可塑性的实验证据。赫布经常强调神经冲动的定时(timing,也就是发放时间脉冲的时间因素)对脑功能的影响,这与最近发现的依赖于锋电位时间的突触可塑性是一致的,而休伯尔和维泽尔关于感觉系统发育的神经可塑性的工作则是受《行为的组织》前5章的启发。此外,对情绪、动机、奖赏和疼痛的神经基础的研究也来自赫布的思想和他学生的研究。在纪念《行为的组织》出版50周年时,对该书的评论甚至比出版后最初几年发表的评论还要多。甚至有人说:"生物学史上最有影响的两本书是达尔文的《物种起源》(1859/1964)和赫布的《行为的组织》(1949)"。[5]虽然此话并非公论,但是也至少说明了此书影响之大。

名师出高徒

科学的发展通常是由问题驱动的,由于实践的需要或是满足人类的好奇心,科学家专注于某些课题,而攻克这些课题,除了要有适当的技术手段之外,还需要有科学家总结前人对这些课题的研究,并提出新的思想和可以检验的假设。无疑,赫布在这方面为后人树立了榜样。

1947年,赫布回到麦吉尔大学担任心理学教授,之后他主要从事教学和行政工作。他有自己的一套独特的研究生教育思想。他认为:导师不能训练学生做研究,但可以为他们做研究创造条件。例如,可以鼓励他们在职业生涯早期开始研究项目;不要让他们做过多的课程作业或考试;帮助他们选择研究问题,使他们的项目获得成功,并训练他们的写作能力。他认为:研究和学习的动力和热情必须来自学生本身。评价学生应该看他们的智力和做研究的积极性,以及他们的思考和行动能力,而不是背诵别人的作品。在这些思想指导之下,他培养出了一批杰出的学生,神经心理学家米尔纳只是其中之一,进而使麦吉尔大学成为世界上最重要的生理心理学(行为神经科学)研究中心。

彭菲尔德

脑中形体侏儒的发现者

图1 彭菲尔德

加拿大神经外科医生彭菲尔德曾在1956年被评为“当代最伟大的加拿大人”之一。他的专长是手术治疗癫痫。不过,他最为世人所知的贡献是,利用术前检查待切除脑区是否有重要的功能(以免因误切而得不偿失),“顺带”发现了许多脑的奥秘,以至于他把癫痫称为自己的“好老师”。诺贝尔奖得主阿德里安是这样评价他的:“一位技术高超的神经外科医生、一位杰出的科学家、一位条理分明而吸引读者的作家”,他具有吸引“忠于职责”的同事的领导能力,他“最关心”的始终是需要“他的外科技术”的患者。

迷上癫痫研究

彭菲尔德出生于一个医学世家,他的祖父和父亲都是医生,但是他的父亲由于痴迷打猎而荒废了医业。在他8岁时,他的父亲甚至供养不起家庭,他的母亲不得不带着他和哥哥、姐姐回娘家,并在那儿谋得一个教职。她对彭菲尔德期望甚殷,希望他将来有一天能取得罗德奖学金到牛津大学深造。由于他父亲的失败,彭菲尔德不愿从医,所以他最初在普林斯顿大学学习的并非医学而是英语文学,并热衷于橄榄球和摔跤。但是他的生物学老师康克林(Edwin Conklin)教授循循善诱,激发了彭菲尔德学习医学的热情,到一年级快结束时,他便决心转学医学了。

1913年大学毕业后,他为了能够继续学业,通过担任普林斯顿新生橄榄球队教练和在中学任教来攒钱。幸运的是,在第二年他竟得到了罗德奖学金,如愿以偿进了牛津大学,并有幸跟随诺贝尔奖得主谢灵顿学习医学。正是谢灵顿培养了他对揭开脑奥秘的无尽兴趣。在牛津度过两年,又在美国军队中服役一段时间之后,他在约翰斯·霍普金斯大学取得了医学博士学位,然后前往波士顿为脑外科医生库欣(Harvey Cushing)当助手。由于他还有到英国的一年奖学金资助额度,因此彭菲尔德来到英国国立伦敦医院工作。在那里,他迷上了癫痫研究。

为了能有条件研究癫痫,彭菲尔德辞谢了亨利·福特医院给他的高薪全职外科医生职位,接受了哥伦比亚大学和长老会医院的手术助理的职位,虽然这个工作薪酬不高,但是可以把做手术和搞研究结合起来。1928年,37岁的彭菲尔德终于在加拿大蒙特利尔的皇家维多利亚医院找到一个可以在附近的麦吉尔大学兼职的外科医生职位。他在那里的研究课题是脑外伤之后的疤组织是怎样形成的,又是如何引起癫痫发作的。彭菲尔德从踢橄榄球和做教练的经验中认识到,一个人单打独斗的力量是不够的,需要一个团队。为了充分认识癫痫并治疗它,需要多学科专家通力合作,于是他想建立一个研究所,把内科医生、神经外科医生和病理学家组织在一起。那时,他的姐姐露丝(Ruth)的右额叶深处长了个恶性肿瘤。虽然他对她进行了前人从未敢做的手术,并使她术后能正常生活,但还是没办法把癌细胞彻底切除干净。3年后,露丝疾病复发,不幸去世。这更促使他在1934年建立起蒙特利尔神经学研究所,以实现他“研究脑和心智以造福人类”的梦想。

蒙特利尔规范

彭菲尔德知道,病人在癫痫发作之前常常能感觉到某种“先兆”,因此他希望用微弱电流刺激皮层各处,诱发出这种先兆,这样就可以知道应该在什么地方切除掉引起癫痫发作的“源头”。同时,还要保证切除这些组织不会导致病人在行为或精神上出现问题。令人感到惊奇的是,脑中的许多部位在切除一小部分后并不会使人在行为上表现出明显的缺陷。不过,负责运动和语言的脑区不在此列。

为了避免无意中损伤这些部位,彭菲尔德想出一种方法,即在手术之前先用微弱电流刺激暴露在外的脑表面。由于脑内本身没有痛感受器,所以只要对头皮局部麻醉就可以进行手术了,病人意识始终保持清醒。如果对大脑的电流刺激引起肢体的突然运动,或是病人突然叫喊,那么就意味着刺激到的地方与运动或语言有关,应该避免手术。彭菲尔德在给病人施以刺激时,随时询问他们有何感觉,并且把刺激到的地方和相应的反应在脑图谱上标记下来。刺激大部分地方并没有什么反应,但偶尔病人会觉得肢体上有刺痛感,突然运动或发声,或是话说到一半突然停止,那么此时刺激的地方就是手术时不能切除之处。

这一方法大获成功,45%的病人结果理想,20%大有改善,35%的病人略有改善。在他所做的2000例手术中,死亡率不足1%。这种方法后来成了全世界切除疤组织治疗癫痫时所必须遵循的规范,被称为“蒙特利尔规范”(Montreal procedure),一直沿用至今。

皮层上的“侏儒”

蒙特利尔规范除了在临床上成功之外,还在阐明脑机制方面起到了意想不到的作用。1937年,当他们分析前面163例的结果时,刺激部位主要在中央沟前侧的运动皮层-中央前回。他们在一张中央前回沿着中央沟垂直下切所得的剖面图上把刺激各处所引起的对应肢体运动的部位名称标记下来,并把其图像画在旁边,结果就得到了像本书末彩图1左上部分所示的结果。对应肢体部位的图连在一起就成了一个倒立的侏儒。刺激中央前回的顶部,就会引起脚运动;当刺激电极向下移动时,随之运动的依次为腿、躯干、手臂等,一直到头。同样地,用微弱电流刺激中央沟后侧的体感皮层,记录下病人感到有刺痛感的肢体部位,也得到了一个倒立的侏儒,如彩图1右上部分所示。有趣的是,这些"代表区"的大小和相应的身体表面积不成比例,感觉或运动精细处(如手和嘴)的代表区特别大。

挑战语言区定位的经典学说

彭菲尔德关心的另一个问题是语言中枢的确切部位。他要病人高声朗读,同时用微弱的电流刺激脑各处,看刺激到什么地方时朗读会突然终止。他的工作再次证实了前人有关语言中枢在大脑左半球的论断。不过,与前人有所不同的是,除了著名的布罗卡区和韦尼克区之外,他发现运动皮层前侧的辅助运动皮层也和语言有关,因此语言所牵涉的解剖部位要比以前人们所认为的复杂得多。他还发现没有两个病人语言区的部位是一模一样的。实际上,语言功能在皮层上分布很广,这就使得蒙特利尔规范对癫痫的手术治疗更为重要了。

他的这一发现在学术界并未得到应有的重视,几乎所有的教科书上都还在重复"位于左额叶的布罗卡区是说话的中枢,而位于左颞叶后侧的韦尼克区则是理解语言的中枢,两者由弓形束联结起来"的经典学说。一直到2016年,才有学者大声疾呼:"布罗卡和韦尼克都过时了!"这是因为人们发现,所谓的布罗卡区和韦尼克区的解剖位置难以精确定义,而且除去这两个区域之外,还有其他脑区也和语言功能有关。脑中和语言有关的脑区还广泛地分布到额叶、顶叶和颞叶的许多脑区,甚至基底神经节、丘脑和小脑的有些部位都和语言有关。而联结有关脑区的神经通路也不只弓形束,还有许多其他神经束,如钩状束、下额枕束、中纵束和下纵束等。这一工作被在线杂志《神经科学新闻》(*Neuroscience News*)列为2016年有关神经科学的20大新闻之一。彭菲尔德的这一发现太超前了。

颞叶和记忆

20世纪50年代,彭菲尔德把注意力集中到了起源于颞叶的癫痫,这是因为在他的癫痫病人中大约有一半其病灶起源于颞叶。这类癫痫和倒地僵直的大发作不同,其典型表现往往是某种睡梦状态(或是失神状态),觉得好像想起了往日旧事(其实早在1938年他就观察到这种现象),有一种"似曾相识"的感觉。其他症状包括感觉嘴有异味、闻到特别的气味等。这种癫痫发作时还产生自动行为,也就是无意识的行为,比如,做咀嚼动作、玩弄衬衣纽扣等。有时候病人甚至走到别处而不自知。其实,早在1876年,英国神经病学家杰克逊(John Jackson)就知道这种病理状态,且因为之前费里尔(David Ferrier)发现电刺激猴子的颞叶前部会引起和人癫痫发作时类似的嘴部运动,而猜想这种癫痫的病灶可能在颞叶。

1931年,彭菲尔德检查过一位女病人,当电极刺激到她的左颞叶时,病人突然声称她看到自己正在生产女婴,但其实这已是多年前的往事了。当时彭菲尔德对此并未多加注意,以为这不过是碰巧而已。但是5年之后,当他用电极刺激到一位14岁女童的颞叶时,她声称自己感到正走过一片草地,后面紧跟着一位手里拿了条蛇的男子。她母亲证明确曾有过此事,并且这种感觉是她就要发作癫痫的先兆。病人的这种体验比不加电刺激主动回想时要生动得多。彭菲尔德认为,这可能说明与记忆有关的区域就在脑中产生癫痫的部位附近。

20世纪60年代初,彭菲尔德对500多位病人施加颞叶刺激,但是只有大约17%的病人有类似幻觉。这些病人报告说当他们的颞叶受到电极刺激时,他们会回忆起梦境,闻到气味,出现视幻觉或听幻觉,甚至还有灵魂出窍的感觉。这可能是幻觉、梦境和记忆的混合体。如何解释这些现象依然是一个令人极感兴趣的问题。彭菲尔德把此类病人又细分成两类:第一类是出现类似于癫痫发作之前的征兆;第二类则是出现对过去经历栩栩如生的回忆,不仅如此,这些病人往往还觉得自己正在重新经历往事。虽然病人明明知道这种感觉都是彭菲尔德所做的刺激引起的,但是他们依然有一种身临其境的感受。彭菲尔德的这些观察为人津津乐道。

这一切究竟意味着什么?彭菲尔德本人认为,他所用的刺激激发出了病人的真实记忆。他起初认为记忆就存储在颞叶,不过后来认为也可能存储在其他地方,但他依然认为,颞叶对人的记忆和意识都起关键作用。之后有些媒体曲解了他所观察到的现象,误以为记忆能把过去的一切都忠实地记录在脑中某处。不过,现在科学家都知道这样的解释是不对的,因为能引起可以得到证实的生动回忆的,只占了受刺激病人中的一小部分(不到5%)。另外,他的研究对象都是癫痫病人,而癫痫病人产生幻觉是常有的事。目前,对记忆的主流认识是,记忆是一种重建过程,而并非事无巨细的忠实记录。脑内并没有一台录音机或录像机。

彭菲尔德从临床观察出发,揭示出脑的许多奥秘,在神经科学史上留下了不可磨灭的印记。不过到晚年,由于无法解释观察到的某些现象(例如,他从来没有发现过,当电刺激病人时,病人会报告他想要做某事,或是相信某事),他认为脑中"除了有一块接线板之外,还得有一位接线员"。这导致他陷入了二元论的歧路。但瑕不掩瑜,彭菲尔德的一生,为治疗癫痫和认识脑做出了不可磨灭的贡献。

退而不休

1960年,彭菲尔德69岁了,终于从麦吉尔大学和他所创立的研究所退休了,但是他依然忙于公共事务、写作和讲演,以此作为他的"第二生涯",因为他认为"脑所需要的不是无所事事,无所事事会毁了脑"。[1]他写作的题材很广,甚至包括小说和历史故事。1974年,彭菲尔德83岁,他撰写了《心智之谜》(*The Mystery of the Mind*)一书,这本科普书总结了他对脑所进行的近40年研究。他的最后一本书《一个好汉三个帮》(*No Man Alone*)是他的自传,在书中彭菲尔德反复提到书名这句话,以强调团队工作在神经学研究和治疗中的重要作用。他把稿件发给家人和同事传阅,并和编辑反复修改,甚至重写其中的一些篇章,尽管当时他已身患重病腹壁肉瘤,哪怕是在手术后的恢复期内也依然笔耕不辍。定稿直到他去世前3周送到了出版社,而在逝世后的次年这本书面世了。[2]他的一生真可谓工作到死,这也为后来者树立了活到老、学到老、工作到老的榜样。

米尔纳

探索失忆症之谜的先行者

图1 米尔纳

英裔加拿大神经心理学家米尔纳毕业于英国剑桥大学，先后在加拿大麦吉尔大学和英国剑桥大学获得哲学博士和科学博士学位。1952年起在麦吉尔大学任教。她是英国皇家学会会员。米尔纳通过对失忆症病人亨利·莫莱逊（在他生前，为了保护隐私，科学文献中一般称他为H. M.）几十年的追踪研究，首先发现了内侧颞叶在记忆功能中所起的作用，同行称她这几十年的工作成就超过了之前几百年的记忆研究。她对记忆、大脑半球特异化和额叶功能的神经心理学研究都做出了开创性的贡献，并启发后人（包括诺贝尔奖得主坎德尔）对记忆进一步深入研究。坎德尔称颂她说："米尔纳对H. M.的研究是近代神经科学史上的丰碑之一，它开辟了研究脑中两种记忆系统（外显记忆和内隐记忆）的途径,为日后对人类记忆及其异常的一切研究打下了基础。”米尔纳也因此于2014年5月和英国神经科学家奥基夫、美国科学家赖希勒(Marcus Raichle)共享卡夫里神经科学奖。她对科学强烈的好奇心和执着钻研为后人树立了榜样。

混沌的早年岁月

标题中的“混沌”一词并无任何不敬之意,只是表示米尔纳从事记忆研究并非从小刻意为之,甚至她走上科学之路,也诚如她在其自传中的第一句话所说,“从我的背景来看,没有哪怕一丁点儿迹象可以预言我会以科学作为自己的毕生事业”。在她成长过程中的一连串偶然事件影响了她的整个人生轨迹。就像混沌动力学里所说的那样,开始时的一小点变化会引起未来极大的变化。她走上科学之路,并没有在幼时设计过什么“人生的起跑线”。

1918年,米尔纳出生于英国曼彻斯特一个艺术氛围浓厚的家庭,父亲是《曼彻斯特卫报》(*The Manchester Guardian*)的一位音乐评论作家,业余酷爱园艺,房子矗立在一大片花圃之中。他还为教堂演奏管风琴,由于才艺出众而得到资助赴德深造4年。除了音乐训练之外,他大部分都是自学成才,他认为当时的正规教育扼杀了创造精神。米尔纳的母亲原来是父亲的一位学生,跟着他学习歌唱。就在这么一个艺术家庭里,令父母失望的是,他们的独生女儿毫无“艺术细胞”。不过,他们还是接受了这个事实,并不硬逼她学琴棋书画。父亲教她算术、莎士比亚戏剧和德语。家里有一间藏书室,里面充满了散文和诗集,小米尔纳沉醉其中,但是里面没有一本书和科学有关。

8岁那年她父亲突然过世,母亲送她到一所女子学校求学,父亲传授给她的自学能力使她在许多科目上都名列前茅而跳了一级。当时的英国中学是文理分科的,所以到她15岁那年,她就得决定自己是选文科还是理科。当时她喜爱的是拉丁文,如果学校里开设有希腊文或其他古典课程,她很有可能选文科,但是遗憾的是,也是很幸运的是,并没有此类课程;此外,她觉得外语和文学,如果有需要,以后任何时候都可以再学，但是如果在年轻时不学科学，以后再想学就晚了，因此她选了理科。她的班主任对此大为恼火，因为她觉得米尔纳这样做，以后要想申请牛津或剑桥的奖学金就更难了，母亲虽然也希望她念文科，但还是一如既往地支持女儿的志愿。这是对初始条件的一次扰动。米尔纳确实是博了一次，结果她赢了。1936年，她拿到了奖学金进入剑桥。

世事从来不是一帆风顺的，在读了一年数学之后，她发现自己不大可能在数学上取得杰出成就，于是考虑转行，不过她对于数学推理的兴趣依然很浓，因此她考虑转到哲学和逻辑方面。但是她所在学院的高年级学生劝告她说很难靠哲学谋生，建议米尔纳转到心理学方面。巧的是，她所在的学院有位教授名叫巴特利特(F. C. Bartlett)，他已经因对记忆的研究而声名鹊起，而他的妻子是该学院的心理学主任。她对米尔纳表示欢迎，还送给她一本《实验心理学手册》(*Handbook of Experimental Psychology*)，让她在暑假好好读一下，以便进入这一新的领域。这是她人生的又一个重要转折。

对她来说，实验心理学真是一个幸运的选择，这满足了她对动物行为越来越大的好奇心，而且在巴特利特的领导之下，剑桥大学的心理学系和生理学的关系越来越紧密，而诺贝尔生理学或医学奖得主阿德里安的生理学实验室和他们系又在同一栋楼里。对她影响最大的是她的导师赞格威尔(Oliver Zangwill)，他强调对脑功能失常的分析，认为由此可以一窥正常脑的功能机制。这一正确的观点无疑对米尔纳以后的事业起到了很大的作用。多年以后，她回忆说，剑桥大学心理学系对脑机制的强调使她受益终身。

1939年，米尔纳大学毕业并留校做研究工作。但是，第二次世界大战开始了，实验室不得不把工作转向和战争有关的课题。例如，在挑选飞行员时应该做什么样的测试。后来，她到克赖斯特彻奇从事评估雷达操作员的工作。正是在那里她遇到了后来的丈夫彼得·米尔纳(Peter Milner)，一位在雷达部门工作的电气工程师。1944年，战争已经胜利在望，就在她开始考虑战后的前程时，彼得受邀到加拿大蒙特利尔从事原子能研究，这时他们刚结婚，因此她也随夫去了蒙特利尔，这是米尔纳人生的再一次转折。她在蒙特利尔大学心理学系找到了一份教职。她也常到当地的另一所大学麦吉尔大学参加科学讨论会。恰巧，日后提出学习机制的突触可塑性假设的赫布也刚应聘到麦吉尔大学任教。米尔纳对赫布的研究内容非常感兴趣，且若想在北美以科研为生一定得有博士学位，因此她决心到麦吉尔大学攻读博士。1949年，她终于说服赫布接受她做他的研究生。从此，米尔纳的人生新篇章开始了。

和失忆症结缘

吸引赫布回归麦吉尔大学的原因之一是该校多学科研究的氛围。在那里，合作共事的不仅有生理学家，还有在蒙特利尔神经病学研究所工作的临床脑外科专家彭菲尔德。彭菲尔德答应赫布可以派一名研究生到他那儿去研究药石治疗无效而不得不做脑外科手术的病人。赫布问米尔纳是否愿意以此作为她的博士论文题目：研究颞叶损伤所造成的后果。她同意了，赫布对她的临行赠言是："尽可能使自己有用，不要妨碍他人。"

1950年，她到蒙特利尔神经病学研究所以后，很快就发现这正是她喜欢的工作。她饶有兴趣地看着彭菲尔德用电极刺激清醒癫痫病人的皮层，病人报告他们的感受，有一小部分病人会报告说他们体验到了往日的情景。虽然米尔纳表现出对记忆问题的极大兴趣，但是当时她并没有打算从事记忆研究。因为她的论文有关颞叶损伤问题，而此前在这方面有关人的研究很少。当时为人所知的是克吕弗(Heinrich Klüver)和布西(Paul Bucy)在1937年所发现的双侧切除猴颞叶后表现出来的"精神盲"，这些猴子行动自如，但是不能识别对象，碰到什么东西都要塞到嘴里去。因此，米尔纳有理由期望在对病人作了颞叶切除之后也会表现出视觉缺陷，但是由于对病人一般都只做单侧颞叶切除，因此不大容易看到明显的变化，于是，她想对病人进行术前和术后的对照研究。当时米尔纳在城市另一头的蒙特利尔大学还有教学任务,而彭菲尔德做手术的时间又很不规律,常常到最后一分钟才决定做哪个人的手术,所以她在两地有多么疲于奔命就可想而知了。不过到1952年时,她已积累了论文所需要的足够数据。她发现术前病人在识别图形方面就略有困难,而术后则情况更加严重了,且切除右侧颞叶的后果更为明显。

当她开始论文写作时,她发现还有些问题需要进一步研究。例如,她曾经注意到左侧颞叶损伤的病人常常抱怨记性不好,而且这种缺陷总是和语言有关,即他们常说自己忘了听到或读过的东西。这就迫使米尔纳开始研究记忆问题。

按照原来的计划,她在1952年取得博士学位后可重返蒙特利尔大学,在那能得到一个终身教职。当她告诉赫布自己打算放弃这一职位,继续研究彭菲尔德的病人时,赫布直率地说她一定是疯了。因为那时经济很不景气,要找一个稳定的工作并非那么容易,而且据赫布的观察,“没有一位心理学家能够在蒙特利尔神经病学研究所待得长”。但是,当他看到米尔纳心意已定时,他还是答应给她一年博士后的经费支持。出乎她的意料,一年还没有到,彭菲尔德告诉她:“您一定得到我们这儿来,我们需要您。”米尔纳真不敢相信伟大的彭菲尔德会说出“我们需要您”这样的话。彭菲尔德给了她一间办公室,方便她和病人交谈,还给她开了一小笔薪金。这使米尔纳看到了神经心理学在蒙特利尔神经病学研究所还是有前途的,况且这时又有两名病人在做了单侧前颞叶切除后出现了严重的记忆丧失。

彭菲尔德在早期只切除病患颞叶前部,但是这样做往往还是控制不了其癫痫发作,因此后来不得不对他们做第二次手术。当时彭菲尔德之所以不轻易触及颞叶内侧面的海马等结构,倒不是因为他已经认识到了海马对记忆的重要性,而是因为他觉得这个美丽的大结构一定有什么重要的功能,在可以不必触及它的时候,还是尽量不要触及它吧。文献上有一位被称为P. B.的病人,他在切除前颞叶后癫痫依然经常发作,所以不得不做第二次手术。在手术前米尔纳对他的智力和记忆等各方面都进行了测试,结果表明除了癫痫发作之外,其他一切正常。这次手术他们切除了他左颞叶的内侧面,结果病人产生了严重的、永久性的短时记忆

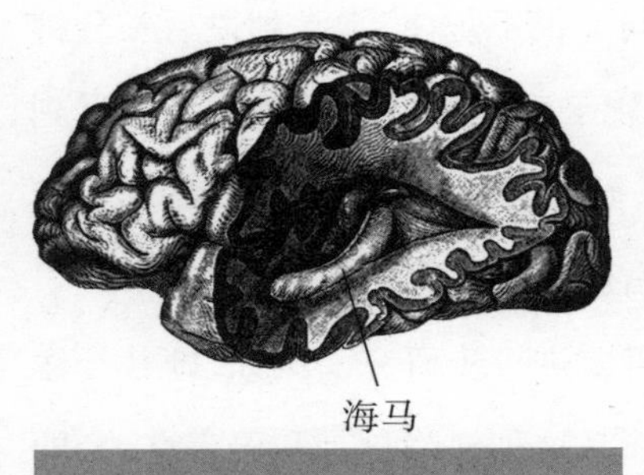

图2　海马

丧失，而其他认知能力则没有受到多大影响。他只要注意力一转移，就对刚刚做过的事茫然无知，同时对术前几个月内发生的事也毫无记忆。他对医生抱怨说："你们这些人都对我的记忆动了些什么手脚呀？"这是米尔纳第一次接触失忆症的问题。彭菲尔德当然对此深为忧虑，不过也有同事安慰他们说，这也许就是个不明原因的特例。但是，接下来另一位病人F. C.在切除了包括海马、前海马和旁海马回等的左内侧颞叶之后，也表现出类似的失忆症症状，这就不能再用这种话来搪塞了。

为什么以前的许多病人在做了单侧颞叶切除之后没有表现出这样严重的失忆症，而这两个病人却如此严重呢？他们认为，很可能是这两位病人对侧半球的内侧颞叶本来就有没被检测出来的萎缩性损伤，因此当彭菲尔德切除了左半球大部分的海马和旁海马回时，实际上就相当于剥夺了病人的双侧海马功能。他们特别强调了海马在其中所起的作用，由于P. B.的手术分了两个阶段，而只有在第二阶段切除了颞叶的内侧面时，记忆问题才明显地暴露出来。他们的这一假设最后被9年后P. B.过世之后的尸检报告所证实。

1955年，他们在美国神经病学会会议上对这两个病例做了报告。美国康涅狄格州的一位神经外科医生斯科维尔（William Scoville）读到他们的摘要后立刻打电话给彭菲尔德，告诉他说他的一位名叫H. M.的病人在做了双侧内侧颞叶切除，之后也出现了类似的记忆问题。他邀请米尔纳到他那儿共同研究H. M.以及其他类似的病人。

失忆症病人H. M.

1953年，斯科维尔对一位时年27岁的癫痫病人H. M.做了双侧颞叶切除。H. M.原来是一位在装配线上工作的工人，由于癫痫经常发作以致无法工作甚至正常生活，药石无效，无奈之下，只能动了手术。术后，癫痫是控制住了，但是付出代价之高是斯科维尔始料不及的。在术后的最初几天里，H. M.就明显地表现出短时记忆缺损。他记不住是否吃过早饭，在医院里总是迷路，除了斯科维尔医生之外，他谁都认不出(斯科维尔医生已经为他看病多年)。术前3年内的往事对他来说已如过眼烟云，但是比这更早以前的往事他都还记得。他说话得体，待人接物也没有什么问题。

1955年，米尔纳首次见到H. M.，发现他的情况一如彭菲尔德的那两个病人，不过情况更为严重。他的智商没有问题，甚至比术前还高了十几分，这可能是因为他不再发作癫痫，减少了用药。如果让他不断复诵584这个数字，他可以记住15分钟没有问题，但是只要一打岔，他就连要他记某个数字这回事都已忘得干干净净了。这说明他还有即时记忆，但是不能把这个

图3　27岁的H. M.。在他的记忆中，自己永远是这个样子

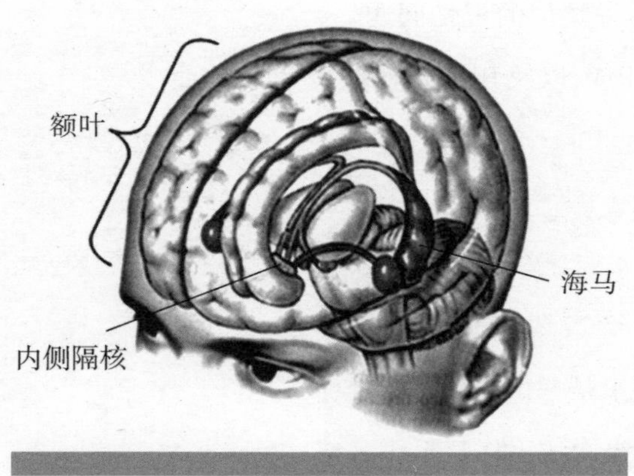

图4　H. M.被切除了两侧海马体的大部分

记忆转化为长时记忆。

米尔纳尽管追踪研究H. M.近50年，但是他还是不知道她是谁，所以当米尔纳去看他时，不得不每次都要自我介绍一番。对于他的情况米尔纳总结说："他不能学习一丁点儿新知识。他生活在过去小时候的世界里。你可以说他的个人历史停在了动手术的那个时间点上了。"这说明他虽然依然有关于自己的经历和知识的短时记忆，但是他不能把短时记忆转换成长时记忆。为了让读者有更直观的印象，下面我们照抄米尔纳和他之间的一段对话：

"通常每天您都干些什么呀？"

"哎呀，这正是我回答不了的，我记不住事。"

"嗯，那么现在的美国总统是谁呀？"

"我答不了，我一点都记不住。"

"总统是男的还是女的？"

"我想是位男士吧。"

"他的第一个字母是G. B.[①]，这能帮你想起点什么吗？"

"没用，还是想不起来。"

"你知道你昨天都做了些什么吗？"

"不，我不知道。"

① 指乔治·布什。

“那么今天早上你做些什么呀?”

“我连这个也记不住。”

“你能告诉我今天你午餐都吃了些什么吗?”

“老实告诉你,我真的不知道。”

“1929年发生了什么大事?”

“股市大崩盘。”

“没错。”

在米尔纳第二次去见H. M.的时候,她让他做一个练习,就是给他一张上面画有一颗五角星的图片,五角星的边由相隔很近的两条线组成,他的任务是拿笔在这两条线之间把五角星描一遍,问题的困难之处是他在描的时候既不许直接看图,也不许看自己的手,只许看放在纸边上的一面镜子里的像。这对谁都不是一个容易的任务,但是H. M.在经过几次练习以后越做越好,虽然他并不记得他曾经做过练习。这一事实让米尔纳大为惊奇。这说明人脑中有几个不同的记忆系统。海马主管的是把情景或是知识这样能用言语表达的短时记忆转化为长时记忆,而不是把像骑车、游泳这类只能意会、不能言传的技巧转化为长时记忆。

后来,米尔纳还发现H. M.也能学会看碎块图。所谓碎块图就是一张初看起来只有许多碎块而没有什么有意义的对象的图,但是一旦有人指明以后就能看到其中的一些碎块组织成了一个有意义的对象,

图5 H. M.照着镜子里的像描出的五角星。左图是H. M.第一天的描图结果,右图是经过30次练习后,在第3天描出的结果

图6　碎块图

并且一旦认出之后,以后任何时候一看就能认出。如图6所示,请先看图(A),如果你以前从未看到过它的话,你大概很难看出这是什么。然后请看图(B),很清楚这是一位女士在擦地。然后,请再看图(A),这次你一定能看出这张原来看不懂的图其实也是一位擦地的女士。这就是启动效应。H. M.也有这一能力,但是他根本没有别人指导过他的印象,甚至声称他以前从来也没有见过这幅图。

光辉的榜样

在攀登科学高峰的崎岖路径上,运气和机遇常常会起很大的作用。有的人抓住了机遇,百折不回向上攀登,终于到达了光辉的顶点;有的人像手抓水银那样让机遇溜走,或者一遇困难就打退堂鼓,蹉跎终生。米尔纳无疑属于前者。米尔纳在她自传的最后部分写道:

回顾过去50年，我好像一直运气很好，我总在恰当的时候出现在恰当的地方，另一方面，我又对目标非常执着，而不为面临的艰难困苦所吓倒，就像我在蒙特利尔神经病学研究所初期所经常遇到的情况那样。我也得益于我的好奇心，正是好奇心使我总想深入到吸引我眼球的表面现象的深处，一直到现在依然如此。

她在另一场合说道：

从我的本性来说，我是一个很好的观察者。我会在某个病人身上发现某种怪事，并且会想："这非常有意思，病人为什么会是这个样子呢？"然后，我就力图进一步找出原因，并用科学的方法加以检验。

在一次答记者关于"您要求您的研究生有些什么品质"的问题时，她的答复是：

他们必须有很强的好奇心……他们对科学必须不抱任何不切实际的幻想。他们不要幻想每年甚或每个月都会做出重大的发现。在任何工作中都会有许多平凡的日常工作……如果你不端正态度的话，这会显得非常枯燥。

英国生物学家贝弗里奇说道："对于研究人员来说，最基本的两种品格是对科学的热爱和难以满足的好奇心。"米尔纳正是以她的事迹为这一论述做了最好的注解。

坎德尔

近代记忆研究的奠基人

图1　坎德尔

犹太裔美国神经科学家坎德尔把他的一生全都奉献给了探求记忆之谜。由于对记忆研究的卓越贡献，因此他获得了2000年诺贝尔生理学或医学奖。

童年剧变

当埃德尔获得诺贝尔奖时，和每位诺奖得主一样，他也得写一篇自传。[1]他回忆道："在写作过程中，我比以前更加清楚地认识到，我对记忆本质的兴趣原来植根于我在维也纳的童年经历。"[2]

坎德尔出生于奥地利维也纳的一个犹太中产家庭。父亲经营一家玩具店。他9岁生日那天，父母把一辆漂亮的蓝色遥控小汽车作为生日礼物送给他，这正是他日思夜梦的玩具。他接连玩了两天，把这辆小车开到了家里的每个角落。可惜好景不长，两天后的傍晚，随着一阵惊天动地的敲门声,两个便衣纳粹警察闯了进来,将他们扫地出门。坎德尔只好和母亲暂时寄居到他人家中,而在这段时间里他的父亲也不知踪影。过了好几天,他们才获准重返旧居。进门后,昔日温馨的家已一片狼藉,稍微值点钱的东西都已不翼而飞,就连他那辆玩了不到两天的玩具汽车也未能幸免。而这一切仅仅是开始,奥地利纳粹暴徒的反犹暴行比他们的德国同伙有过之而无不及。

这一段不堪回首的往事一直深印在坎德尔的脑海中,即使后来他们移居美国,开始了新生活。半个多世纪以后,每当回首往事,这一幕依然历历在目。在他获得诺贝尔奖以后,奥地利称这是奥地利人获得的诺奖,他立刻回应说:"这不是什么奥地利人获得的诺奖,这是犹太裔美国人获得的诺奖。"当时的奥地利总统打电话给他问道:"我们要怎样做才行?"他答道:"首先应该把卡尔·吕格(Karl Lueger)博士环形道更名。"吕格是希特勒在《我的奋斗》(*Mein Kampf*)里面提到过的一个维也纳反犹市长。一个甲子的岁月并未抚平那一段痛苦的记忆,他说:

> 我不得不承认我在维也纳生活的最后一年的经历,对我后来对心智的兴趣,对人行为的理解,对无法预知的人的动机,以及对记忆的持久的兴趣有着很大的影响。[1]

从精神分析转向神经科学

坎德尔在哈佛大学最初念的并非科学,而是历史和文学。他感兴趣的是,为什么一个热爱音乐和艺术的民族会一下子犯下滔天罪行?因此,他选了德国和奥地利的当代史作为自己的专业,试图从中寻找问题的答案。也许与此有关,他在大学的最后一年又对精神分析有了兴趣,因为精神分析研究的正是从个人记忆和经历的深处挖掘出其动机、思想和行为的根源。坎德尔在大一快结束时,认识并爱上了一位姑娘克里斯(Anna Kris)。她也是来自维也纳的移民,而她的父母都是知名的精神分析学者。她的父亲还是精神分析的奠基人弗洛伊德的朋友,他告诉坎德尔心理学研究不仅需要观察,还需要实验。弗洛伊德也是犹太人,曾长期住在维也纳,后来也被迫离开维也纳。这些都令坎德尔对精神分析有亲切之感,对其的研究兴趣也与日俱增。由于当时的精神分析学家绝大多数都是医生,所以克里斯的父亲劝坎德尔先学医学。就这样,他决心改行学医。

1952年,在坎德尔进入纽约大学医学院之后不久,沃森(James Watson)和克里克就发现了DNA的双螺旋结构,人们得以从分子水平上研究遗传。其实,早在1920年,弗洛伊德就提出过如果能用生理学和化学来研究精神分析则会有所帮助。到了20世纪50年代,有些人提出可以用脑生理机制来研究精神分析的问题。正是在这股思潮的冲击之下,坎德尔开始思考如何通过生物学研究来揭开学习和记忆之谜。维也纳不堪回首的往事是如何在脑细胞中留下痕迹的呢?那大门上恐怖的嘭嘭声如何刻录到了自己的脑细胞和分子之中,历时弥久而依然栩栩如生?也许是到了解答这些问题的时候了。由于当时纽约大学还没有开设有关神经科学的课程,因此他就到哥伦比亚大学选修神经生理学家格伦德费斯特(Harry Grundfest)教授的课程。坎德尔把兴趣转向脑科学得到了他新婚妻子丹尼丝(Denise)的大力支持和鼓励。

1955年秋,他到格伦德费斯特教授的实验室进修半年。当他和格伦德费斯特教授谈起他想研究弗洛伊德学说的生物学机制时,格伦德费斯特教授告诉他这样做是不现实的。他说道:"如果你想认识脑,你就得采取还原主义的路线,每次只研究一个细胞。"[3]格伦德费斯特教授的话在他面前打开了一个新世界,即采取自下而上的策略揭开脑机制。正是从格伦德费斯特那儿,他认识到了记录神经细胞的电活动的重要性。在那个时代,霍奇金和赫胥黎对动作电位产生和扩布的开创性工作打开了从分子和细胞层次认识脑的道路,对脑科学的认识越深入,他越是感到以前那种想一下子就研究出弗洛伊德学说的生理机制是不现实的。由于学习和记忆是精神分析和心理治疗的核心,因此他想研究记忆的生理基础也许会有助于认识人的高级心理功能。

1957年,当坎德尔到美国国立卫生研究院工作时,米尔纳和斯科维尔正好向外界公布了他们对失忆症病人H. M.的研究。这说明海马是把短时记忆转换为长时记忆的关键部位,颠覆了当时在意识研究中占统治地位的拉什利记忆分布于全脑的学说。米尔纳的工作使坎德尔着迷,既然米尔纳从行为和解剖中阐明了海马是把短时记忆转化为长时记忆的关键部位,那么一个很自然的想法就是,海马神经元是否有什么特殊之处?于是,坎德尔做的第一件事是记录海马锥体细胞的电活动。海马深藏于脑的内部,要把电极插到锥体细胞内部并非易事,但坎德尔还是成功了。当看到一连串的动作电位时,他高兴得想在实验室里翩翩起舞。他确实发现了海马锥体细胞和脊髓运动神经元的某些不同之处。例如,它能自发放电,并且动作电位可以起源于其树突。尽管这些工作很重要,并且广受欢迎和赞扬,但是这些都和如何解释它们的记忆功能无关,坎德尔发现,如果继续沿这条路走下去,就会违背他研究记忆机制的初衷。经过一年多的深思和讨论,他领悟到记忆机制的关键可能并不在于神经元本身的特性,而在于神经元与神经元之间的联结。海马内部神经元与神经元之间的联结过于复杂,并不是研究这个问题的理想标本。

这时坎德尔想起了霍奇金和赫胥黎的研究,他们的成就在某种程度上应该归功于其选择了一种合适的动物标本——枪乌贼,其巨大的轴突使他们能对此做实验和分析,以致霍奇金后来在得诺贝尔奖时曾开玩笑地说得奖的应该是枪乌贼。坎德尔开始考虑要找一种动物,这种动物要有一个比较简单的从接受刺激到产生反应的完整通路,其中的神经元大而数目少,并且能够表现出最简单的学习和记忆功能。但是,许多科学家对他的这一想法不以为然,其中包括诺贝尔奖得主埃克尔斯等资深神经科学家。他们认为用低等动物来研究像学习记忆这样的高级功能是没有希望的,想从细胞层次来研究高级功能也纯属天方夜谭。不过,坎德尔还是坚信科学还原论的方法,以及进化的保守性,即使是高级功能也常常在低等动物身上有其痕迹,有某些普遍原则存在。尽管他也曾有过困惑和犹豫,但还是

在这条道路上坚持了下去。

要想找到坎德尔要求的，拥有一个神经元大而数目少的神经系统，反射活动有可塑性，输入输出的通路易于定位（这样才容易把行为的变化和细胞的变化联系起来）的动物谈何容易。幸运的是，美国国立卫生研究院是美国国际神经科学研究中心之一，经常有国内外顶级专家来做报告，他们会谈到他们所用的实验材料，坎德尔可以从中挑选。功夫不负苦心人，几经比较，他终于把目光锁定在一种原始的海生动物——海兔——身上，它满足了坎德尔希望的所有条件。不仅如此，海兔神经回路中的不同细胞还可以一一加以识别，这真是太理想了！由于之前没有一个美国人研究过海兔，所以1962年坎德尔就到在美国国立卫生研究院讲演过海兔的法国科学家陶茨（Ladislav Tauc）的实验室去工作了。陶茨是当时全世界研究海兔的仅有的两位科学家之一。

图2　海兔。这种动物可长达30厘米，重1千克

攀登高峰

坎德尔把巴甫洛夫对习惯化、敏感化和条件反射的研究移到了海兔身上。不同于巴甫洛夫的是，他不仅观察动物的行为变化，而且还测量负责这些反射的神经通路中神经元的突触电位的变化。他选择了海兔的一个十分明显的反射活动——缩鳃反射——作为其研究对象。海兔的鳃是一种非常柔嫩的器官，触摸它就会使它缩进去。如果轻轻触摸多次，对于这种无害的刺激，鳃就不再理会，这就是习惯化。但是如果给予一次强烈的刺激，那么即使以后给的是轻微的刺激它也会产生强烈的反应，这就是敏感化。坎德尔把负责这种缩鳃反射的一个包括2000个神经元的神经节分离了出来，并且用在感觉神经上施加电流刺激来代替直接触摸，并把靶细胞的突触后电位作为突触联结强度的指标。如果对另一个通路也给予刺激，那么他还可以研究条件反射。

尽管陶茨在一开始并不太相信可以在分子水平上研究学习问题，但是他还是支持了坎德尔的研究。坎德尔在这个神经节内一个名为R2的细胞中插入微电极，然后在通向该细胞的一束轴突上施加一串10个弱电流，结果发现它们所引起的突触后电位越来越小，最后只有原来的1/20。突触强度的这种变化可以持续好几分钟，这正是习惯化在神经通路中的表现。以后的实验也发现了相应于敏感化和条件反射的突触后电位的强度变化。这样他们就得出了一个结论：突触变化可能是信息存储的基础。

这一成就大大增强了他对自己科研能力的自信心，他后来说道：

> 我虽然也有失望、沮丧和无计可施的时候，但是我发现只要再读读文献，到实验室去分析分析日积月累得到的数据，再和学生们以及博士后们讨论讨论，我总会得出下一步该怎么做的点子。

1965年，坎德尔受聘到纽约大学组建一个神经生物学和行为学中心。这是一个大胆的决定，因为当时一般科学家，包括当时全美神经科学的领军人物库夫勒都觉得细胞生物学和行为学跨距太大，难以在有生之年把两者结合起来。坎德尔虽然非常崇敬库夫勒，但是在这一点上他不能苟同。他认为不能由于自己在知识上的缺陷就放弃研究重要的科学问题，因此他把中心的任务定位在把细胞神经生物学和简单行为的研究结合起来。他要找出一条完整而又简单的行为神经通路，考察在学习过程中，在这条通路中发生了什么变化，这样他们就可以用细胞神经生物学的技术来分析这一问题了。这一思想开辟了一个全新的研究领域。

接下来，他们经过耐心的研究，在海兔的腹神经节中逐个分辨出参与缩鳃反射的神经元以及它们之间的联系，绘制出了缩鳃反射的"线路图"！幸运的是，所有海兔的这种线路图都是完全一样的：同样的神经元和同样的联结。这样他们就第一次把行为学研究和细胞神经生理学研究紧密地结合在一起，仔细观察在学习过程中相应神经回路究竟发生了怎样的变化。触碰皮肤引起感觉神经元的发放，继而在运动神经元中引起突触后电位，最终产生动作电位而引起缩鳃反射。在整个过程中，各个神经元的突触电位都是可以测量的。虽然其结果与他以前和陶茨合作的结果类似，但是后者是在孤立的神经元上做的，并没有和行为结合在一起。现在行为变化和突触强度的变化彼此平行，无论对习惯化、敏感化和条件反射来说都是如此，他们的新结果雄辩地说明了学习确实和突触强度的变化有关，短时记忆就存储在突触强度之中，至少对于海兔的缩鳃反射来说是如此。

那么长时记忆又如何呢？虽然前人早就已经从行为学的角度得知短时记忆转化成长时记忆需要一段固化时间，并且需要有新的蛋白质合成，但是其具体的细胞机制并不清楚，坎德尔认识到他的海兔缩鳃反射模型给他们提供了阐明这一问题的机会。他们发现，对习惯化、敏感化和条件反射这样最简单的非陈述性记忆来说，短时记忆只改变现有的突触联结强度，而长时记忆则需要合成新的蛋白

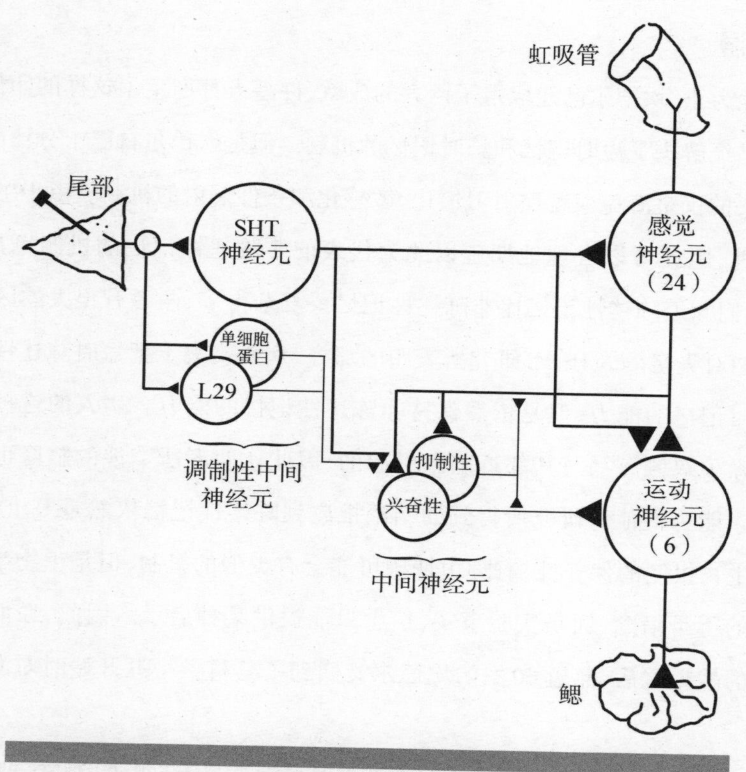

图3 海兔缩鳃反射的“线路图”[4]

质和改变基因表达。此外，形成长时记忆还会产生新的突触或消除某些旧的突触，即神经元的解剖结构也会发生变化，这就无怪乎从短时记忆转化成长时记忆需要“固化”时间了。他得出的结论是：短时记忆是突触功能变化的结果，而长时记忆则还需要结构上的变化。

尽管他们已取得了不俗的成就，但是他们并没有止步于此，随着分子生物学的飞速发展，他们又在海兔缩鳃反射这一模型上把对短时记忆和长时记忆的研究深入到生物化学和分子生物学的层面。

征途漫漫

到此为止,坎德尔已经取得了巨大的成就,许多人都产生了这样的印象:他们的研究已经解决了短时记忆和长时记忆的机制。但是坎德尔自己十分清醒,他们当时解决的仅是海兔缩鳃反射习惯化、敏感化和条件反射的机制。由于生物机制的保守性,因此可以合理地期望以此为代表的非陈述性记忆的机制也是如此。但是,我们知道陈述性记忆比非陈述性记忆要复杂得多,两者有很大的区别。正如米尔纳对失忆病人H. M.研究所表明的那样,病人丧失了把短时陈述性记忆固化为长时记忆的能力,但是依然保持非陈述性记忆的能力。病人的这种症状是由于切除了双侧海马及其邻近脑区引起的,因此这两者所牵涉的脑区也必定是不同的。能否把他们研究所得到的结论推广到陈述性记忆依然是一个问题,尽管由于生物机制的保守性,有理由期望可能会有类似的机制,但是生物学机制的阐明靠的不是信念,而是实验事实,信念只能提供某种启示。因此,在取得了这些巨大的战果之后,年近60岁的坎德尔又回到了其科学生涯开始时对海马的研究上。

一般说来,陈述性记忆的特征是需要意识的参与,因此很难用低等动物,甚至非灵长类动物进行研究。不过,其中的空间记忆相对说来比较简单,可以用鼠类进行研究。当时,人们已经知道空间记忆和海马及其邻近脑区有关,而且和坎德尔与陶茨在海兔上所做的离体研究类似,当给予海马神经元一连串电刺激后能够引起突触后电位的长时间增强(长时程增强),这使人们期望这种长时程增强也可能是陈述性记忆的基础。不过问题是,这种现象是在人为的实验室条件下产生的,在自然条件下是否也是如此呢?他们的一个重要贡献是培育出了一种转基因老鼠,去除了对长时程增强至关紧要的基因,让这些老鼠学习在迷宫中找出路,结果发现它们的空间记忆变差了,从而有力地说明了长时程增强和空间记忆是有关联的。

那么，对于一般的陈述性记忆又如何呢？坎德尔在其出版于1981年的《神经科学原理》(*Principles of Neural Science*)一书中，曾给陈述性记忆和非陈述性记忆下了如下定义：

> 内隐记忆①通常以自动的方式表现出来，主体不需要有意识地进行处理……另一种记忆则是故意地或有意识地回忆以往的经历，以及有意识地回忆关于人、地方和事物的知识。这种类型被称为外显记忆(或陈述性记忆)。[5]

坎德尔又说道：

> 这最终提出了这样一个问题：人的外显记忆和内隐记忆的区别在于回想时需要有意识的注意。那么有意识的注意是如何体现在外显记忆上的呢？确实，人们怎样能研究小鼠的意识呢？我们在研究位置野(place field)的过程中，肯特罗斯(Kentros)、埃格尼霍特里(Agnihotri)、霍金斯(Hawkins)和我发现，动物能否长期牢记位置野映射图(the place field map)，与动物是否注意其环境有很大的关系。这说明，要想长期可靠地回忆起位置细胞的映射图，小鼠需要注意其环境，这就像人的外显记忆一样，而并非一种内隐的自动过程。[1]

由于生物机制的保守性，再加上上述研究，所以很可

① 人们常常也把非陈述性记忆称为内隐记忆，而把陈述性记忆称为外显记忆。

能陈述性记忆和非陈述性记忆在其基本机制上有共同性。例如,短时记忆只牵涉突触联结的强度改变,而长时记忆则需要合成新的蛋白质,改变基因表达,增生或减少突触。可是在笔者看来,尽管这样的想法是有根据的,但是一切空间记忆是否都是陈述性记忆?它和情景记忆或语义记忆之间是否存在本质性的区别呢?老鼠在没有视觉线索的情况下,在一个池子里发现水下平台的空间记忆要比人脑中回忆自己以往的经历和学到的知识简单得多。所以,即使空间记忆确实都是陈述性记忆,对于情景记忆或语义记忆来说也是如此吗?这些问题依然有待研究。

高瞻远瞩

在诺贝尔奖颁奖典礼结束后的晚宴上,坎德尔指出心智的生物学研究在新世纪的重要性,现在它已经成为科学界的共识:

> 展望未来,我们这一代的科学家相信有关心智的生物学研究在21世纪的重要性,正如20世纪中有关基因的生物学研究的重要性一样。……有关心智的生物学研究把研究自然界的自然科学和研究人类存在意义的人文科学联系了起来。把这两者结合起来所产生的新思想不仅使我们能更好地认识精神失常和神经失常,而且还能使我们更好地认识我们自身。[2]

既然如此,那么前方的路应该怎样走呢?是在他们已经开辟的领域进一步深耕细作,还是在此基础上奋勇向前,开辟一条新路,走向前人从未探索过的无人区?无疑,前者更为保险,但坎德尔选择的是后者。他在其自传体名作《追寻记忆的痕迹》(*In Search of Memory*)的最后一章中说道:

> 有关心智的新科学将引向何方?在研究记忆存储方面,我们现在还只是站在巍峨群山的山脚下。我们现在对记忆存储的细胞机制和分子机制有了

点认识，但是我们需要由此出发深入到对记忆的系统性质的认识。对不同类型的记忆来说，哪些神经回路才是重要的呢？脑是怎样编码有关一张脸、一幅风景、一支曲子或是某个经历的内部表征的呢？要想从我们现在所处的地位跨越到理想境界，在我们对脑的研究上必须进行概念上的重大转变。其中之一就是要从研究基本过程，即研究单个蛋白质、单个基因和单个细胞转而研究系统性质，亦即研究许多蛋白质的组合体、由神经细胞组成的复杂系统、整个机体的功能，以及个体组成的群体中的相互作用的机制。将来，细胞方法和分子方法当然还会继续给予我们重要信息，但是仅仅靠这些方法本身还不足以揭示神经回路中的内部表征之谜，也不足以揭示许多神经回路相互作用之谜，这是把细胞神经科学以及分子神经科学和认知神经科学联结起来的关键步骤。要想把神经系统和复杂的认知功能联系起来，我们就不得不深入到神经回路层次，我们也不得不阐明不同神经回路中的活动模式如何会一起产生某种协调一致的表征。要想研究我们如何感知以及回忆复杂的经历，我们就得搞清楚神经网络是如何组织起来的，注意和有意识的知觉又是如何调节和重组这些网络中的神经元的活动的。生物学因此也不得不把注意力集中到非人类灵长类动物以及人类身上，以此作为模型系统。为此，我们就需要能分辨个别神经元活动以及神经网络活动的成像技术。[2]

记忆研究现在究竟处在怎样的阶段？2009年，坎德尔总结说：

关于记忆有一大堆深层次的问题。虽然现在我们已经有了一个好的基础，但是在充分认识有关存储、固化和提取的复杂性方面我们还只是开了个头。2009年，有关记忆的神经科学的情况有点让人想起（如果不说类似于的话）1900年的数学。在那一年，希尔伯特（David Hilbert）在巴黎举行的第二届国际数学大会上发表讲话，并概括性提出了数学界需要解决的23个问题。……他指出其中有些问题过于普遍和深刻,或许永远都解决不了,还有些问题则没那么难,很可能在一些年内就能解决。只要某个科学领域还有问题需要解决,那么这个领域就能保持其活力。这句话对神经科学同样适用。[6]

他以希尔伯特为榜样,提出了记忆研究中还未解决的11个大问题,虽然他谦虚地说他自己不是希尔伯特,既提不出那样多的问题,也不能保证所提的问题都很深刻。但无疑这些问题都体现了坎德尔高瞻远瞩的思想,下面就是他提出的11个问题:

1. 新的突触联结是怎么产生的,跨突触的信号传输要怎样协调才能诱发并保持产生新的突触联结?

2. 是什么跨突触的信号协调了从短时程可塑性到中时程可塑性,再到长时程可塑性的转换?

3. 计算模型对认识突触可塑性能起怎样的作用?

4. 找出突触前膜和突触后膜的分子成分是否会给认识突触可塑性和新生突触带来革命性的变化?

5. 什么样的神经元发放模式引发各种突触的长时程增强?

6. 海马中的神经再生的功能是什么?

7. 记忆是如何在海马之外的脑区稳定下来的?

8. 记忆是如何再现的?

9. 微核糖核酸在突触可塑性和记忆存储中究竟起什么作用?

10. 在忧郁症、精神分裂症、非老年痴呆症的老年性记忆缺失中表现出来的认知缺陷的分子本质是什么?

11. 对前额叶皮层中的工作记忆而言,回响性自兴奋回路或内禀性持续发放模式是否也起作用?

经验之谈

坎德尔在回顾其科学生涯时，语重心长地谈了一些他对走过的科研道路的体会。首先是他对科学的无比热爱，他说道：

> 思考记忆如何工作，提出如何保持记忆的具体设想，通过和学生以及同事讨论完善这些设想，然后观察如何通过实验纠正这些设想，我由此取得巨大的乐趣。我不断地对科学进行探索，在这样做时我几乎就像一个孩子，总是怀着纯朴的乐趣、好奇心和惊喜。[2]

坎德尔虽然身为科学巨匠，却始终虚怀若谷，他说道：

> 我不仅从老师那儿取得教益，而且还从出色的研究生和博士后团队的日常交流中获益匪浅。[2]

然而，科学之路也并非总是充满阳光和鲜花，只有耐得住寂寞、不畏艰险、一往无前的勇士才能攀登到科学的顶峰。他说道：

> 虽然我对科学生涯深为满意，但是这种生涯也绝非轻松容易。就像任何探索未知的人那样，我也有时感到孤独、没有把握、没有现成的路可走。每当我踏上一条新路，总有些好心的朋友和同事加以劝阻。我不得不及早学会对这种不安全感安之若素，并在一些关键问题上相信自己的判断。[2]

坎德尔对科学的无比热爱，强烈的好奇心，不畏艰险，锲而不舍，不断与同行甚至自己的学生讨论，真正体现了一位科学巨匠的最可贵的品质，也为后人树立了楷模。

奥基夫

脑定位系统的发现者

图1 奥基夫

2014年，拥有英、美双重国籍的神经科学家奥基夫因为发现了“构成脑中定位系统的细胞”而与挪威神经科学家爱德华·莫泽、梅-布里特·莫泽一起分享了诺贝尔生理学或医学奖。有意思的是，这位诺奖得主的早年岁月异常艰苦，但其对知识与研究的渴望远超同龄人。通过不懈努力，奥基夫终于取得成功，而其一生的经历的确给予我们很多启发，让我们一起走进奥基夫的世界吧。

早年经历

奥基夫于1939年11月出生在纽约哈莱姆的一个爱尔兰移民家庭里。他的父母在大萧条前夕来到纽约，他们在爱尔兰甚至都没有读完小学，他的父亲在纽约通过上夜校完成了高中学业，并以维修公共汽车为业，母亲则在造船厂当焊工。估计他的父母当时既无心也无力在教育奥基夫身上花工夫。奥基夫的中小学成绩并不好，更谈不上是什么“学霸”了。他拿不到大学的奖学金，又负担不起学费，那就只有工作一途了。一开始他在金融界工作，当时苏联成功发射了第一颗人造卫星，这令美国举国震惊，航空工程对年轻人产生了巨大的吸引力，所以，奥基夫在白天工作之余到纽约大学上夜校学习航空工程。在这段时间里，奥基夫每天都要在交通高峰时段驱车超过160千米，每周还要上12—16小时的夜校，这使他感到疲于奔命，他渴望如果能用全部时间上大学就好了。也正是在这段时间，他通过一些非工程课程对哲学产生了兴趣，并觉得哲学中的许多大问题可以通过脑研究来解决，随即对脑研究产生了浓厚的兴趣。

艰难的抉择

1960年，奥基夫决定放弃工作，专心上大学。这个决心并不那么好下，因为当时他工作的公司允诺提升他的职务，并让他参与阿波罗宇宙飞船计划的月球探险舱组件的开发工作。如果纯粹从收入和从事当时最红火的职业出发，他应该选择留下来，但是奥基夫毅然决然地辞职到纽约城市学院接受全日制教育。这所学校隶属于纽约城市大学，是美国为数不多的免收学费的学院之一。不过，为了谋生，他不得不在图书馆打工，放映电影和在晚上开出租汽车。在纽约城市学院，他选修了许多不同科目的课程，包括电影制作、高级英语文学、物理学，以及许许多多心理学和哲学课程。那时候还没有神经科学课程，但神经行为学的先驱之一莱尔曼(Daniel Lehrman)开设了生理心理学课程，奥基夫选修了这门课并参加了相关实验。他对这样的学习生活乐不可支，以致院长不得不找他谈话，说他选修的课程已经太多了，足够得好几个学位了，他该是决定究竟以什么作为自己的专业并适时毕业了。最后，奥基夫选择主修心理学，而以哲学为辅修专业，并于1963年毕业。

为了进一步深造，他申请到麦吉尔大学心理学系攻读博士学位。当时，该系人才济济，教师中包括因提出学习的突触可塑性假设而闻名于世的赫布以及记忆的研究先驱米尔纳，而附近的蒙特利尔神经病学研究所则是由发现体感和运动皮层定位的彭菲尔德领导的。麦吉尔大学提供了一个很好的学习环境，不仅有强大的师资力量和先进的设备，而且还鼓励学生创造性地思考和做实验。他的博士论文主要是把微电极埋藏在杏仁核中进行记录。他的主要发现是在杏仁核中有些细胞长时间（在某些情况下长达几天和几周）保持静默，这些细胞只对高度特异性的刺激做出反应。这使他认识到这些貌似静默的细胞实际上可能有着非常重要的功能，也为他以后研究海马，特别是海马的静默细胞打下了基础。

有意栽花花不发，无心插柳柳成荫

从麦吉尔大学取得博士学位之后，奥基夫于1967年得到美国国立精神健康研究所的资助到英国的伦敦大学学院做博士后，与沃尔一起研究体感。他和他的家人很喜欢在英国的生活，而伦敦大学学院也给了他很好的条件，使他对能自由行动的动物进行单神经元记录。在用完美国国立精神健康研究所的资助之后，他从英国的一些基金会申请到了一些资助，这些基金足以支付他的工资和实验经费，这样他就不用花大量时间去担任教学工作或行政职务，进而能全心研究。当然，这样做是有风险的，学校人事部门经常提醒他，如果得不到下一笔基金，他就得准备将实验室关门并走人了。

1970年，他最初的研究计划是记录自由活动的大鼠背柱核（dorsal column nuclei）的活动，以观察来自新皮层的下行传入是否会改变这些一级感觉细胞的兴奋性。经过两年的努力，他一无所获。不过，他在业余时间记录到了丘脑体感区和体感新皮层的细胞。有一次，他在把微电极插到丘脑体感区时插偏了，误插到了海马中。他记录到的是海马中的一个中间神经元“θ”细胞，结果发现这个细胞的活动与海马中8—10赫兹局域场电位以及动物的运动行为有很强的相关性。他在麦吉尔大学时听过米尔纳的课，知道海马和记忆功能有关。那么，他现在所发现的海马神经元与运动的相关性和记忆功能之间究竟是怎样的一种关系呢？他当机立断，不再研究体感系统，转而研究海马。

他还发现，在海马中除了θ神经元之外，还有大量通常保持静默的神经元，而他以前对杏仁核中静默细胞的研究提示这类细胞可能是非常重要的，研究这种细胞使他入迷。他的这一转向得到了华尔(Patrick Wall)的全力支持，尽管有许多反对者认为这一切纯属浪费。

发现位置细胞

他们在动物从事各种各样的任务时记录了其脑中单个神经元的活动，这些任务既包括基本的日常行为，如饮食、梳理毛发、探索新环境、寻找食物，也包括简单的学习任务，如按压杠杆和接近不同的刺激以获取食物。他们从这些实验中几乎立刻就注意到了两件事。按照锋电位的幅度和宽度以及基础发放率可以把细胞分成两种不同的类型。第一类细胞有高幅的动作电位，并在大多数时间保持静默，只有当动物静静地坐着或在慢波睡眠时偶尔发出一簇锋电位。这些簇发发放都发生在海马细胞外局域场电位的尖峰处，并伴随有高频波，他们称之为“起伏波”。他们发现起伏波在CA1锥体细胞层的中心处最大，而尖波则位于数百微米以下的锥体细胞的顶树突处。

他们也注意到，第二类细胞有更高的发放率，与当时的局域场电位的θ振荡有明显的锁相关系，并且还与运动的某些方面有关。这些方面与单个肢体的运动或任何特定行为无关，但与运动的某些较高方面相关，如运动速度，而改变动物位置的动作则似乎显得特别重要。他们花了很长时间才确定了有关的细胞类型，这是一种低放电率的锥体细胞。经过几个月，他开始怀疑这些细胞的活动可能和动物正在做什么或为什么这样做无关，而是与它在什么地方行动有关。有一天，他突然意识到引起细胞反应的正是动物在环境中的位置。如果他们每次仅改变环境的某一方面，这对细胞的位置响应几乎没有影响，但是如果进行某种重大改变，例如，移除把平台隔离开来的围在平台周围的幕布，细胞的活动就会突然改变。第二天当他再考虑这些结果时，他意识到这一发现可能意味着海马是托尔曼(Tolman)认知图的神经基础。托尔曼说过：

> 我们相信，大鼠在学习过程中，其脑中会建立起一种类似环境的地图。……正是这种假想的地图，表明了路径和环境之间的关系，从而确定了动物最终会做出怎样的反应(如果有反应的话)。

他企图用这种认知图来解释啮齿动物迷宫行为的某些方面，但是由于缺乏实验证据而长期没有受到人们的重视。认知图需要有关动物行为的高阶方面的信息，例如速度，以便计算它行进的距离。奥基夫决定将这些与运动相关的细胞命名为“位移细胞”(displace cell)。他认识到，以此也可以解释布兰查德(Blanchard)的实验。布兰查德发现海马受损的动物可以学会避开特定的有害物体，但不太擅长识别不太具体的威胁，如通过地板施加的电击。也许啮齿类动物中的海马是一种特殊类型的记忆系统，一种用于记忆地点的系统，这也可能为人类更一般的情景记忆系统提供基础。德国哲学家康德曾猜想，空间感是大脑的一种特殊属性，为世界其他方面的表现提供了一个框架。奥基夫感到自己可能找到了康德这一猜想的神经基础，并为此兴奋不已。

于是，他写了一篇简短的报道，宣布海马是托尔曼认知图的神经基础的想法。该文最初被《脑研究》(*Brain Research*)杂志拒绝了，但经过微小的修改后还是被接受了。他满以为该文会引起海马研究界的轰动，结果除了少量响应之外，几乎没有引起任何评论。他以此为主题所写的一本书也被拒绝出版。不过，他并不气馁，继续研究。奥基夫推测有两种独立的方式可以激活“位置细胞”(place cell)：第一种是当动物身处某个特定位置时直接由和环境有关的感觉输入激活；第二种是通过海马本身内在的路径积分机制，这种机制利用了动物行为的某些抽象度量,例如在前一位置时的运动方向和之后经过的距离,并不断更新其所在位置的表征。他的这一猜想为后来的一系列实验所证实。

为了研究海马和空间记忆的关系,需要设计一个实验,让动物可以在没有其他线索的条件下,从不同地点出发都能在环境中找到某个安全的位置。这可并非一个容易的任务。20世纪70年代中期,一位刚毕业的动物学习理论家莫里斯(Richard Morris)设计了一种水迷宫来实现这一任务。他的设计是在一个浑浊的水面下安置一个隐藏的平台,没有其他线索表明这个平台的位置。把大鼠从不同的位置放入水中,大鼠需要找到这个隐藏了的平台歇息。利用这种水迷宫,奥基夫及其同事发现如果破坏了大鼠的海马,那么它们在找这种平台时就会出现困难。

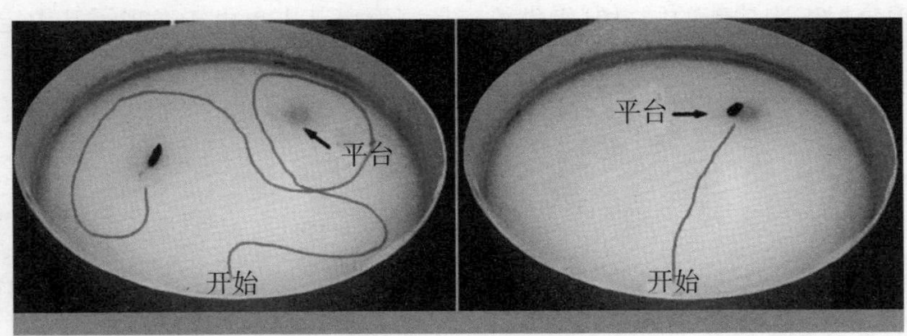

图2 正常大鼠在水迷宫中学习找水下平台。(左图)第一次,大鼠到处乱游,找不到平台;(右图)第8次,大鼠一下水就直奔平台(引自奥基夫诺贝尔奖讲演幻灯片)

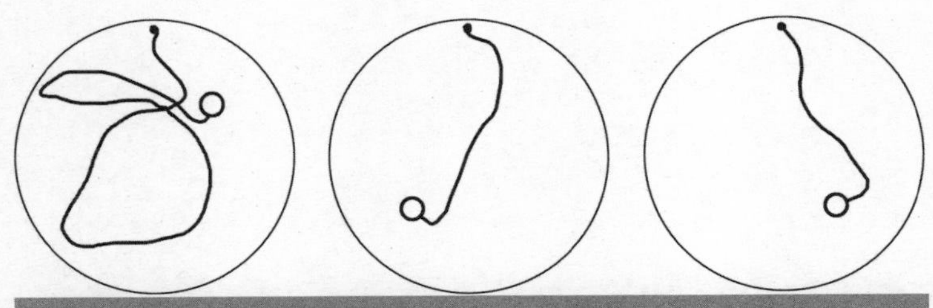

图3 毁损海马及其他部分皮层对大鼠在水迷宫中学习找水下平台的影响。(左图)大鼠的海马受到毁损,它虽经训练还是要很久才能找到水下平台;(中图)大鼠有部分皮层受到损伤,经过训练还是能直奔水下平台;(右图)对照实验(引自奥基夫诺贝尔奖讲演幻灯片)

奥基夫的发现主要是在海马中找到了一些神经元,它们只是在环境中的特定部位时有发放,这个部位就称为这个神经元的“位置野”(place field),而这些细胞被称为“位置细胞”,不同的细胞有不同的位置野(见书末彩图2)。

奥基夫的发现激起了人们对于海马如何存储空间信息的兴趣,人们猜想有些细胞能表征运动方向和距离,这样就可以在一个像地图一样的结构中确定位置表征。后来人们果然在前海马支脚中发现了表征动物的头部所朝方向的细胞,而到奥基夫实验室学习过的爱德华·莫泽和梅-布里特·莫泽则在海马边上的内嗅皮层发现了构成脑内空间坐标系统的网格细胞,这些细胞能给出动物沿特定方向移动的距离。人们也在海马支脚和内侧内嗅皮层发现了对边界敏感的细胞。这些都为认识位置细胞功能的脑机制提供了支持。而奥基夫也由于发现了脑中定位系统的细胞机制而与莫泽夫妇分享了2014年的诺贝尔生理学或医学奖。

爱德华·莫泽和梅-布里特·莫泽

网格细胞的发现者

图1 1986年,莫泽夫妇在厄瓜多尔[1]

继美国科学家格蒂·特蕾莎·科里(Gerty Theresa Cori)与丈夫卡尔·科里(Carl Ferdinand Cori)因发现糖代谢中酶促反应与另一位科学家分享1947年诺贝尔生理学或医学奖之后,又有一对科学家夫妇爱德华·莫泽和梅-布里特·莫泽于2014年因发现组成脑中定位系统的细胞机制而与科学家奥基夫获此殊荣。这一事件一时被传为佳话。不过,此后不久就传来了两人劳燕分飞的八卦。为了避免私人生活受打扰,梅-布里特·莫泽告诉大家:"这并不是我们想与他人分享的东西,但我们知道谣言正在流传。因此,我郑重地告诉大家,这不会对中心①产生负面影响。这是私人问题,我们希望任何对研究中心和我们的研究感到不安的人放心。"她还告诉记者:"我们是杰

① 指他们两位共同工作的记忆生物学研究中心。

出的合作伙伴，各有优缺点，又相互补充。我们仍在一起工作，并且合作得很好。目标是更好地了解大脑中的过程，并建立一个比今天更大的研究环境。我们还要在了解和防治阿尔茨海默病方面取得进展。”她在自己的姓中并没有去掉前夫的姓。

孤岛少年

1962年，爱德华出生在挪威西海岸外的一个名叫哈赖姆索伊的小岛上，整个岛上一共只有500个居民。第二年，他们家迁居到另一个稍大一点的哈雷德岛上，不过那里的居民也仅有4000人左右。他在那里一直生活到18岁高中毕业。他的父母都是从德国移民到挪威来的，在第二次世界大战时，他的父母虽然想接受教育但不可得，于是他的父亲学了一门制作教堂管风琴的手艺，后来看到哈赖姆索伊岛上有个小风琴厂在招收技工，就去应聘了。

在这样的孤岛上自然不能指望有什么重点中小学或私人教师了，不过他的母亲给他买了许多书。一开始他喜欢看唐老鸭的故事书，后来却对科学书入了迷。最初，他对地理很感兴趣，为此他用帮人剪草坪得到的一点钱买了个地球仪。后来，他常随父亲到各地的教堂去调管风琴，这也增进了他对各地自然风光的热爱。他恳求母亲到德国图宾根大学的书店给他买有关天体物理的书。他梦想成为一名科学家，虽然他并不清楚将来要研究什么，也不清楚做一名科学家究竟意味着什么。暑假期间到法兰克福参观自然博物馆是他最大的享受。

对爱德华说来，幸运的是他就读的岛上有一所不错的高中，教数学、自然科学、历史和文学的老师都能循循善诱，使他对这些学科都产生了浓厚的兴趣。也正是在这所高中里，他初次遇到了来自另一个小岛的女生梅-布里特，他们上相同的数学、物理和化学课。不过，因为当时爱德华还是一个腼腆的男孩，所以他们之间并没有太多交往。课余他最热爱的事就是爬山。

当时正值冷战时期，中学毕业之后，爱德华同所有的挪威男青年一样都要服一年半的兵役。不过，在服兵役期间事情并不多，所以他有时间自学微分方程，并规划未来。服役期满，他准备进奥斯陆大学学习，而梅-布里特则早在一年半之前就已考进奥斯陆大学了，因此当他们在奥斯陆偶遇时，她就成了向导，领他到大学里到处转转。虽然梅-布里特在奥斯陆大学已经学了一年半的数学、物理学和天文学，但是她和爱德华一样在当时还没有下决心选什么作为专业。

花开两朵，各表一枝。在介绍了爱德华的少年时代之后，下面来说说梅-布里特的少年生活。梅-布里特同样出生在挪威西海岸附近的一个小岛上，她的父母拥有一所小农场，父亲还会做木匠活，母亲不但要打理农场，还要照看5个小孩，所以总是忙忙碌碌。不过，这使梅-布里特从小就懂得勤奋工作使人快乐的道理。她的母亲经常给她讲充满希望和梦想的童话故事，这些故事使她从小就有了这样的信念：即使你一无所有，只要努力，也会成功。

她在小学里虽然并非总名列前茅，但是她的老师们还是发现了她的优点而对她加以鼓励。到高中时，梅-布里特的成绩虽然不算差，但如果想要考医学院就不行了。她的母亲经常警告她说，如果不努力学习，将来就只有做主妇一途了，这把她吓坏了。最后，她通过努力终于考进了奥斯陆大学，不过一时未下定决心究竟选哪个专业。后来，她遇到了高中的老同学爱德华。

大学时代

大学时爱德华读了弗洛伊德的名著《梦的解析》(*The Interpretation of Dreams*)，并且看得入了迷，而梅-布里特也喜欢上了心理学，于是1983年秋，他们都选了为期一年的心理学学士课程。这个课程的内容十分广泛，他们特别喜欢的是其中的行为主义心理学，因为在他们看来从科学上来说这一分支比较严谨，但是他们又感到这一内容有点过于简化，他们想知道行为背后的神经机制。恰逢其时，他们听了一次介绍休伯尔和维泽尔的演讲而大受启发，于是他们就向行为主义心理学的老师请教：怎样才能把心理学和生理学结合起来？老师递给了他们一本《科学美国人》,那是1979年9月有关脑的特刊,里面刊载了坎德尔、休伯尔、维泽尔及克里克等大师的文章,这令他们大开眼界,原来真有这样一个科学领域在研究他们感兴趣的问题。不过,要想转向这样的研究,他们首先得完成为期一年的心理学的学士课程。在这一年里,爱德华还得在一个精神病医院工作,业余时间他选修了数学、统计学和计算机编程。后来,这些知识对他的成功起了很大的作用,但是当初他并没有预见到这一点,仅出于兴趣。与此同时,梅-布里特除了听课之外,还在一所老年医学研究所工作。由于志趣相投,于是他们在1984年订婚了,并决定于1985年结婚。

心理学专业第一学期的内容主要是社会心理学,爱德华和梅-布里特发表了一篇有关这方面的论文。社会心理学教授很喜欢他们,鼓励他们以此为业,但是他们的回答是:"不,谢谢了,我们想研究脑。"他们去找学校里当时唯一与脑研究有关的心理学家萨格沃尔登(Terje Sagvolden),他研究的是大鼠注意失常的神经化学机制,在他那儿他们完成了3篇论文,但是他们觉得这些工作还是太偏于行为,对行为背后的脑机制依然一无所知。幸运的是,在萨格沃尔登的系里有一位从事记忆神经机制研究的大师安德森(Per Andersen)。有一次安德森在学校做了一个有关突触传递长时程增强机制及其与记忆之间的可能关系的报告,他们听后非常兴奋,觉得这正是他们一直在寻找的把生理学与心理学联结起来的突破口。

巧拜名师

爱德华与梅-布里特马上到了攻读硕士学位的时候了,如果能师从安德森,那真是再理想不过了。但安德森不大喜欢心理学家,在他的神经科学系中工作的都是医学博士,而且他的研究组也满员了。要是换了别人,早就知难而退了,但是他们两人下定决心去找他谈一谈,要是安德森不答应收他们为硕士生,他们就赖着不走。安德森实在缠不过他们,最后说道:"好吧,如果你们真的要在我这里做硕士研究，那么你们就读一下这篇文章[1]，让我看看你们是否能读懂，然后照样建造一个水迷宫实验室。要是你们做到了，我就收你们在我实验室里攻读硕士学位。”这样的要求本来可能使许多人望而却步，想不到爱德华应声说道：“太好了，我们还想跟着您攻博呢。”

于是，他们从塑料工厂买来了一个直径2米、高50厘米的大鱼缸，里面盛1200升水，再掺上3升牛奶，以使得大鼠看不到隐藏在水面下的平台，同时要保持水温恒定在25摄氏度，让大鼠在水中感到舒服。他们把这个水缸安置在由地下室改造成的实验室中。他们又买来了一个水泵，因为池水每天都得换，否则牛奶就会发臭。由于他们在白天还得完成心理学的学业，所以这些工作就只能在晚上做了。幸运的是，安德森实验室里有一位程序员帮他们编制了一个可以记录大鼠在水迷宫里游泳轨迹的软件。这样他们就像诸葛亮草船借箭那样完成了“周瑜”交代下来的任务，正式成了安德森的学生。

攻博之路

在有了水迷宫之后，他们发现只要损伤了背侧海马(保留腹侧部分不受损伤)，大鼠就无法找到平台；但如果只损伤腹侧海马(而保留其背侧部分不受损伤)，那么大鼠依然可以找到目标。这说明背侧海马和腹侧海马在水迷宫学习方面所起的作用是不同的，通过文献调研，他们得知背侧和腹侧海马的皮层输入截然不同。当然，还有个问题依然有待解决：如果海马的背侧部分和记忆有关，

① 莫里斯有关水迷宫的一篇文章。

那么腹侧部分又起什么作用呢？另外，内嗅皮层分别和海马背侧和腹侧部分之间的联系又起什么作用呢？他们将其联合完成的硕士论文发表在《神经科学杂志》(*The Journal of Neuroscience*)上。这是安德森实验室首次发表有关行为研究的工作。

当爱德华和梅-布里特在1990年通过硕士论文答辩后，他俩都想继续在安德森的指导之下攻读博士学位，但是当时很难在同一个导师那儿得到两份奖学金。安德森认为，如果以“长时程增强和记忆之间的关系”为题一定能够得到资助，因为这是一个既重要且在当时又成为热点的问题。当时已有好多迹象表明长时程增强效应(LTP)可能与记忆有关。例如，莫里斯已发现，如果LTP被NMDA(N-甲基-D-门冬氨酸)受体拮抗剂阻断，则学习将无法进行，但没有人观察到海马兴奋性突触后电位(EPSP)的变化是学习的直接结果。所以，这是一个具有可行性的重要问题。问题是，他们必须决定他们中的哪一个以此为题申请。梅-布里特要爱德华去申请，因为他对这个问题非常感兴趣。安德森告诉梅-布里特也不要放弃，承诺会尽己所能帮助她找到资助。安德森计划让她与他在毒理学系的同事合作，研究乙醇对动物海马突触的影响问题。可梅-布里特一点也不喜欢这个课题，她觉得这种操作太笼统了，无法由此得出任何有关学习和记忆的具体知识。不过，如果这样直说未免有点太“不识抬举”了，因此她就以自己成长于挪威的圣经带作为理由婉拒了安德森的提议。尽管安德森一再劝说，她依旧坚持己见。

梅-布里特深感兴趣的是用激光扫描共聚焦显微镜观察突触。这在当时是非常新的做法，人们甚至还不能确定是否可以用这种设备看到突触。她不想研究乙醇是否会减少突触数，而想通过训练动物，研究其学习后突触数量是否会增加。奇怪的是，安德森完全不看好她的计划，认为这个计划是完不成的，也申请不到奖学金。不过，梅-布里特可不是一位轻言放弃的姑娘，她一次又一次地去安德森办公室，结果安德森就像她的老爸一样拗她不过，最后只得同意一试。令安德森惊异的是，梅-布里特和爱德华的课题申请都被批准了。这真是个皆大欢喜的结果！梅-布里特后来回顾说：

大约就在这个时候，我意识到自己有多么坚持不懈。我一直都对人友善和有礼貌，但是如果我真的想要一些东西，就没有人能阻止得了我。

初战告捷

1991年，他们学会了制作电极并将其植入海马，记录清醒且能够自由行动的动物的场电位。爱德华将慢性电极植入海马齿状回，并让大鼠在盒子里四处游荡。当它们熟悉了所处环境时，EPSP会变强，通常持续20—30分钟。这一点并非什么新发现，但奇怪的是，当将同一只动物放进水迷宫中学会找到平台后，EPSP却总是变小了，这不合常理。要是学习会产生长时程增强的话，EPSP应该变大才对啊。

最终他们才发现，EPSP减少的原因是它们对脑的温度非常敏感。温度越高，EPSP越大。由于水迷宫的水温远低于大鼠的体温，因此使EPSP减小了。爱德华降低水迷宫的温度，发现温度越低，EPSP减少也越多。安德森建议他在鼠脑中插入一个热敏电阻，以直接监测温度，结果证明突触连接的强度直接取决于脑的温度。爱德华发现，探索和其他学习行为有时会使脑部温度升高2摄氏度以上，先前所报道的伴随学习的EPSP变化是由于温度而不是LTP引起的。他们于1993年在《科学》(*Science*)上发表了这些发现。1995年，爱德华的博士论文终于通过了答辩。

不过爱德华也发现了，如果减去温度的影响，那么学习可能略微增强EPSP。然而，温度可能极大地影响EPSP这一事实震惊了整个领域。他决定把工作深入到单细胞记录，因为它对温度的依赖性要小得多。正是这一决定使他到伦敦大学学院的奥基夫实验室去学习。

梅-布里特的博士论文研究要求给大鼠提供内容丰富的环境，为此她每天都得改变环境，甚至移动地板，以便创造一个新的环境。在让大鼠连续两周每天4小时处于这种环境之后，她做了大鼠活体的海马切片，并对其中的棘进行计数。结果发现，生活在丰富多彩的环境中的大鼠棘的数目要比生活在贫乏的环境中的大

图2 当梅-布里特工作时，有时不得不把孩子带到实验室。为了使小孩安静下来，她让女儿伊莎贝尔“阅读”《海马》(*Hippocampus*)，她还似乎真的很感兴趣呢。后来当他们有了第二个女儿之后，他们也依然这样解决困难[2]

鼠的棘要多。另外，在丰富的环境中生活的动物在水迷宫中寻找隐藏平台时表现得更快且更好。她将这些结果发表在学界顶级杂志上，且一共发表了3篇文章。

英国之行

在他们完成博士论文之前，他们就想在取得学位后到爱丁堡大学的莫里斯实验室一起做博士后。事情的缘起是，他们在1990年斯德哥尔摩举行的欧洲神经科学会议上首次见到了莫里斯。莫里斯注意到了他们有关海马背侧和腹侧在空间学习中起不同作用的墙报，并在他的大会报告中提到了这一工作，这对两位初出茅庐的年轻人当然是极大的鼓励。后来，莫里斯又邀请他们访问他的实验室，做进一步的实验来支持他们的结果。他们去了几次并得出结论，只要保留很小一块海马背侧，动物依旧能够进行空间学习，这一结果于1995年发表在《科学》上。虽然他们在爱丁堡待的时间不长，但他们学到了很多东西，结识了来自世界各地的科学家，并进行了广泛的讨论，这对他们确定将来的研究目标很有好处。而且，他们还与莫里斯建立了终身友谊。

他们在爱丁堡想通过单细胞记录来寻找与记忆有关的神经活动变化。不过，那时莫里斯实验室还没有单细胞记录的经验和设备,而他们本来计划在1996年晚些时候回到挪威建立自己的单细胞记录实验室。于是,莫里斯推荐他们到伦敦大学学院奥基夫的实验室去学习。这对他们来说,是非常关键的一步,由此导致通向诺奖之路。后来,爱德华经常将在奥基夫实验室学习的这段时期看成是他一生中学习最多的时期。因为奥基夫花了很多时间陪伴他,教他学会如何进行单细胞记录,向他展示如何进行手术、如何制作电极、如何记录,以及如何分析数据。爱德华的小办公桌就在奥基夫的办公室里,这几乎使他可以随时请教奥基夫。当他做记录的时候,他们讨论了关于位置细胞的种种问题,奥基夫提醒他注意该领域种种应该注意的问题,这对于他以后的事业来说至关重要。

白手起家

1995年,他们本来想在取得博士学位后到国外做一段博士后,但萨格沃尔登劝他们不妨到位于特隆赫姆市的挪威皇家理工学院(1996年更名为挪威科学技术大学)心理学系申请教职,最后他们真就这样做了。由于他们当时只发表过几篇论文,还没有通过博士学位论文答辩,因此并未对申请教职一事寄予多大希望。但是就在答辩之前,他们接到了挪威皇家理工学院的面试通知。他们告诉招聘委员会,如果只有一个名额那他们就不去了。最终,学校同时录取了他们俩。随后,他们提出需要一个新的实验室,还需要实验用的所有设备,他们给学校一张包括价格和供应商的物品清单。结果学校同意了他们所有的要求,给了他们位于心理学系地下室的一间防空洞作为实验室。 唯一的条件是,他们必须在1996年8月入职任教。这种机会是不能轻易放弃的,所以到国外工作的计划只能暂时搁置了。

1996年8月1日,爱德华和梅-布里特到特隆赫姆开始工作。由于心理学系以前并不进行动物实验,因此他们在订购和建立位置细胞记录设备的同时,还得建造动物饲养箱。一切都得“从头开始”。直到一年后,他们才记录到了第一个位置细胞。值得庆幸的是,当时的校长迪尔斯塔德(Jan Morten Dyrstad)虽然是一位社会经济学家，但一直大力支持他们的工作。爱德华和梅-布里特一边忙于实验，一边还得处理日常的技术工作——从制作电缆到清洁鼠笼等一切工作。另外，他们还须完成大部分生物心理学方面的教学工作。虽然学生们很喜欢这门课，但是大多数学生都希望将来成为一名医生，而不愿意在一个老鼠实验室度过余生。因此，他们的实验室很难招聘到人。

直到1999年，他们才招到一名学生到实验室工作，还招到了一名兼职的技术人员来帮助他们做解剖和组织学工作，而这完全得益于一笔额外的资金（约11 000欧元）。虽然俗语常说“祸不单行，福无双至”，但是这次他们真的双喜临门了。当时心理学系需要一名技术人员来管理人类神经心理学部分的全部测试工作（test batteries），而人事部门把这里的batteries误解成了“电池”，因此就招聘了一名电子学工程师谢潘（Raymond Skjerpeng）来完成这项工作。他对神经心理学测试一无所知，所以神经心理学家无法用他，他们就趁机说服系里让他加入莫泽夫妇的实验室。幸运的是，谢潘非常有创造性，白天和黑夜都在防空洞里度过，帮助他们建立了最先进的神经生理学实验室。

这时爱德华和梅-布里特虽然不断记录到位置细胞，但是记录的数目并不多。他们意识到如果想真正认识记忆，必须同时记录大量细胞，而在那个时候如果想学习大规模同时记录许多细胞活动的技能，只有到位于亚利桑那州图森的麦克诺顿（Barnes-McNaughton）的实验室。因此，在2001年，莫泽夫妇利用为期6周的学术休假到图森学会了这门技术。

登顶之路

随着他们对位置细胞的研究越来越深入，他们很自然地向自己提出了一个基本问题：海马中位置信号的起源是什么？要知道，在脑的感觉输入中并没有位置信号，那么它是怎么发生的呢？它是由海马本身产生的吗？自1971年奥基夫发现位置细胞以来，几乎所有研究都集中在CA1这部分区域。脑内海马分为4个区，

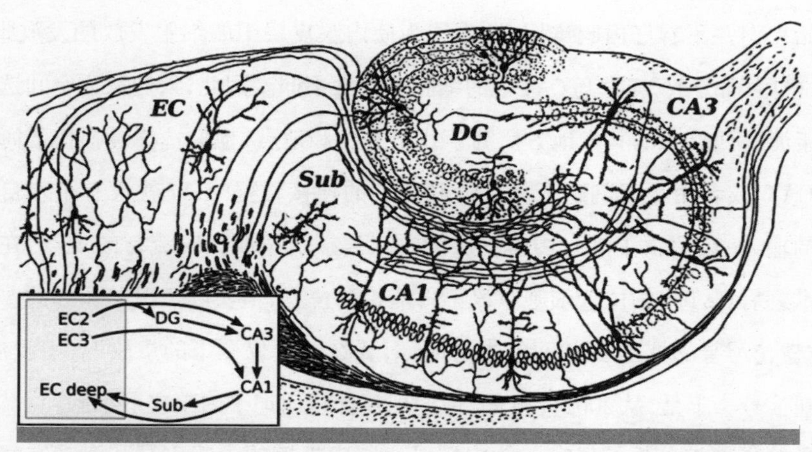

图3 海马和内嗅皮层的内部神经回路。图中DG指齿状回,EC指内嗅皮层

CA1、CA2、CA3、CA4,其中CA1是海马回路的最后阶段。那么其前的部分(齿状回和CA3)是否也起作用呢?内嗅皮层向海马提供了大部分输入,那么要是更进一步追问的话,内嗅皮层在位置编码中是否也起作用呢?

为了解答这些问题,他们向多处申请基金支持。在一份向欧盟的申请书中,他们把问题直指研究内嗅皮层向位置细胞输入的性质,以解决位置细胞是如何产生的问题。这一申请得到了批准。2000年,爱德华成了一个包括莫里斯在内的共7个研究组参与的大项目的协调者。一年后,他们又从挪威研究理事会申请到了一笔"战略"资金,虽然在开始时神经科学并不在申请的范围之内。

大约在同一时间,他们将实验室搬到了医学院,以适应他们在神经科学研究方面日益扩大的工作要求。之后好事不断,他们又申请到了一些大基金。2002年,他们成立了记忆生物学研究中心,他们有足够的资金购买设备、招收学生,并且聘请了包括莫里斯在内的一些国际顶级专家作为顾问,这些世界一流专家每年一到两次到实验室来帮助他们计划和做实验。

这样,发起"赤壁之战"似乎已万事俱备,只欠东风了。为了解决位置细胞检测位置的信号来源问题,只有两个选项,或是来自海马内部,或是来自内嗅皮层。

一开始人们并不看好内嗅皮层,这是因为使内嗅皮层中的细胞发放的发放野(firing field)大而分散,与海马CA1中的细胞有很大不同。因此,人们认为空间选择性起源于海马回路中的某个地方。为了找出方法和地点,他们选择性损伤了海马背侧的CA3,或者用小刀割断了从CA3到CA1的连接,这样CA1就没有了来自海马内部的输入,仅留下了来自内嗅皮层的直接连接。按照当时流行的观点,在这样的手术之后CA1中的位置细胞应该不再能检测位置,但实际情况并非如此。这表明,位置信号要么来自CA1回路本身内部,要么基于仅剩下的皮层源(内嗅皮层)的空间信号。于是,从2002年开始,他们把目标投向记录内嗅皮层细胞。

爱德华首先分析了以前的体内记录研究中报道的内嗅皮层和海马空间选择性之间的差异。这主要是因为以前的记录都是在内嗅皮层的内腹侧进行的,那里主要是与腹侧海马相连,发放野很大,当大鼠在标准大小的实验环境中走动时,很难定出其发放野。因此,他们认为,应该记录内嗅皮层的背侧部分。考虑到许多视觉体感输入到内嗅皮层的内侧部分,所以记录这一部分也很有意义。于是,他们尝试把电极插到背内侧内嗅皮层中。但是这样的实验以前从未有人做过,而且在鼠脑的解剖图谱上也往往只有冠状和水平剖面,没有矢状剖面的图谱,可这却正是实验定位所需要的。尽管困难如此之多,但他们还是把电极插到了背内侧内嗅皮层的细胞中。结果发现,那里的细胞也有离散的发放野,只不过周围环境中有多个发放野,不能仅从单个细胞的发放就推断出动物的位置。但是,这些发放野并非随机排列,相邻野之间的距离惊人地恒定。2004年,他们在《科学》杂志上发表了这些发现。现在人们知道背内侧内嗅皮层为CA1提供了很多空间输入,但仍不清楚这些输入的神经编码。

2004年年底,他们的这一结果在圣迭戈的神经科学学会会议上引起了位置细胞界的极大兴趣。有人认为这些细胞的发放野可能呈六角形结构。为了确定这一点,需要把环境加以扩大,还需要在黑暗中测试动物,以表明该模式是由路径积分产生的。正是这些工作引导他们发现了使他们最终获得诺奖的网格细胞。

网格细胞

开会归来之后，他们就组织了一个5人团队全力攻关发放野结构问题。梅-布里特和另外两人负责实验，爱德华负责分析数据，将其记录下来，并尝试加以解释。还有一位同事莫尔登(Sturla Molden)负责编程和统计分析，包括用空间自相关程序来寻找空间周期性。

虽然他们之前的记录已显示这些细胞的发放野可能存在类似六边形的结构，但是，这似乎太不可思议了，为了更有把握，需要来自较大环境的数据以确保这种周期性并非偶然。为此，他们用了一个直径为2米的圆形环境，结果表明发放野的排列看起来非常接近六角形，而莫尔登的自相关程序则更强烈地表明了这一点。这种六边形图案既不是巧合也不是技术假象。爱德华给这种细胞起了一个非常直观的名称——网格细胞。

不管动物运动速度和方向发生怎样的变化，这些细胞的发放野总是如此规则，这表明网格细胞必然是空间映射机制的一部分。关于这一点，奥基夫早在1976年就猜测过，但是苦无证据。爱德华坚信他们已经找到了认知地图的重要组成部分。

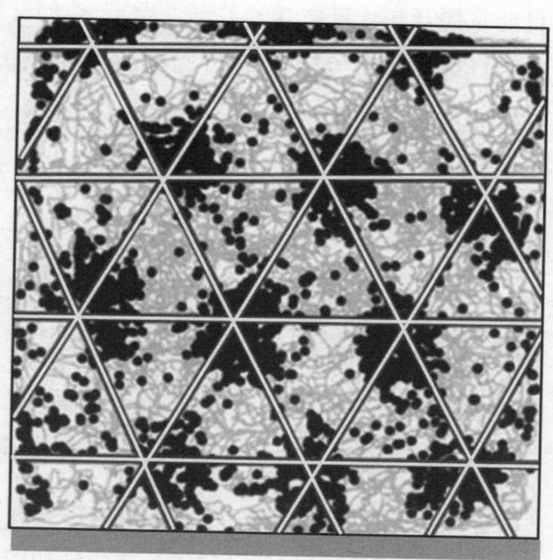

图4　大鼠网格细胞有强烈发放的位置中心点互相连接起来得到了一系列非常规整的正三角形结构

尽管发现网格细胞在动物空间导航中的作用也很重要,但是,更重要的是我们看到了脑如何产生其自身的内部代码,以及反映皮层系统内部工作原理的机制,而与任何特定的感觉输入完全无关。有了网格细胞和奥基夫发现的位置细胞,就可以知道一种显然与环境特征,也就是动物的位置有关的神经活动。他们认为,这是揭开脑计算之谜的关键。外部世界中并没有网格图案,因此该图案必定源自内嗅皮层本身或相邻结构中的活动。

他们的这一发现在神经科学界引起轰动。2007年,卡夫利(Kavli)基金会资助他们成立了世界上第15个卡夫利研究所——卡夫利系统神经科学研究所。在此前后,他们在内嗅皮层又发现了两种和空间有关的细胞——头朝向细胞(head direction cell)和边界细胞(border cell)。前者告诉动物它正在向哪个方向运动,而后者则在靠近边界时产生发放。

当然,问题并没有完全解决,网格细胞究竟是如何运作的?它们又是如何产生的?它们如何与其他细胞类型,以及更远的大脑结构相互作用?回答这些问题可能是揭开脑计算之谜的关键。后来,他们又发现有些细胞同时兼具头朝向细胞和网格细胞的功能,他们把这些细胞称为"联合细胞"(conjunctive cell),这些细胞把空间信息和朝向信息结合在一起,无疑是把位置与运动方向联结在了一起。最近,他们在这些细胞之外又发现了一种"速度细胞"(speed cell),它们的发放率和运动速度线性相关。

漫漫征途无尽路

爱德华与梅-布里特发现了网格细胞,为认识脑的空间定位打开了大门。然而,包含位置细胞和网格细胞的脑区对于日常记忆也至关重要,那么空间与记忆之间究竟有什么联系呢?是不是同一些神经元同时负责这两种功能呢?如果是的话,那么它们又是如何同时执行这两种功能呢?这些问题都还有待回答。

网格细胞在内嗅皮层第二层中最为丰富,它们可能是从内嗅皮层向海马投射的主要成分。爱德华与梅-布里特及其同事在环境发生变化时同时记录网格细胞和海马中的细胞。他们在同一地点或是不同房间的不同隔间中同时记录网格细胞和位置细胞。结果令人惊奇,在网格细胞中地图结构保持不变,但在海马中就没有了这种相似性,这表明当信息从网格细胞传到位置细胞后发生了极大的变化:在内嗅皮层中只有同样的通用地图,而在海马中则对每种环境都相应有多种近乎正交的地图。这表明有两种类型的空间图:内嗅皮层中的地图是不变的,有一种和环境性质无关的度量,而海马体中的地图则因环境而异,更像是一种记忆存储系统。

虽然他们的研究对我们认识空间记忆以及如何在环境中导航有了极大的推进,但是依然有大量问题有待解决:例如,内嗅皮层的内部网络结构到底是什么样的?网格式的模式究竟是如何形成的?网格细胞如何相互作用?这种网络如何得以实现单个网格细胞无法独自完成的任务?在内嗅皮层中还有其他哪些细胞类型?所有这些细胞究竟又是如何相互作用,从而形成有关空间的某种全景表征?这些将是他们继续研究的方向。

斯德哥尔摩来电

2014年10月6日,爱德华乘飞机到慕尼黑去访问马克斯·普朗克神经生物学研究所。当他飞抵机场时,令他感到惊奇的是,他受到了机场代表的欢迎,代表向他献上鲜花并告诉爱德华,他赢得了马克斯·普朗克学会奖。不过,那位代表把事情搞混了。当爱德华拿出手机时,他看到的却是诺贝尔奖委员会秘书汉松(Göran Hansson)发来的一条短信:"爱德华,尽快给我回话,至关紧要!"接着,祝贺的短信纷至沓来。在到达研究所后,主人开香槟庆贺他荣膺诺贝尔奖。然后是记者会,大家喝了更多的香槟。只是在此之后他才有机会和梅-布里特通话,其实她在两个小时之前就接到了汉松的电话。

图5　2014年10月7日，爱德华回到特隆赫姆市机场时受到盛大欢迎[1]

人生感悟

当初有谁能料到两个孤岛少年可以成长为诺奖得主？回首往事，爱德华坦率地承认，他至今仍然不能完全确定是什么使之成为可能。不过，总还是有点经验教训可以加以总结，他说道：

我父母对学术的兴趣当然起了作用，但是如果外部没有一个良好的教育环境，如果没有在小学或中学中额外的激励，那么我最终成为一名成功的科学家也许是不可能的。

即使我立志终身从事科学研究，也还是不能保证就一定成功。找到合适的研究小组是任何科学事业的重要一环，我可以说我的选择带有偶然性。我在萨格沃尔登那里学习了行为分析，而当我所从事的领域到了需要将心理学和生理学结合在一起时，我适时转到了安德森那儿研究神经科学。

从我们攻博开始，梅-布里特和我一直得到许多人士和机构的帮助，他们都看到了我们工作的潜力并给予了我们支持。也许我的性格也多少起了作用。我有坚强的意志,我会专注于某个特定目标,即使达到目标需要花几十年的时间也依然坚持不懈。我对数学的热情也很有用,我还热衷于将收到的各种信息整合在一起。在梅-布里特的帮助下,我感到有时我可以看到全景和前进的道路。[1]

当然,他们的成功还得益于他们对自己工作的无比热爱。梅-布里特回忆说:

我们的两个女儿一直开玩笑说我们的实验室就像我们的第三个孩子一样,从很多方面来看,她们说得没错。我们为我们所有这三个孩子感到自豪。除了我们的实验室“孩子”外,还有真正的“生物”孩子给我的生活带来的无比幸福。这使我能更轻松地做好科学研究。

克里克

意识研究的开拓者

图1 克里克

1953年，旅居美国的英国分子生物学家、神经科学家克里克与美国分子生物学家沃森、英国生物学家威尔金斯(Maurice Wilkins)共同发现了脱氧核糖核酸(DNA)分子的双螺旋结构，解决了基因的物质基础，分享了1962年的诺贝尔生理学或医学奖。1966年，当生物医学的基础轮廓被清楚勾勒出后，克里克毅然离开了他开辟成熟如日中天的分子生物学的坦途，吹响了用自然科学手段研究意识的号角，再次披荆斩棘、重新出发，踏上了一条被当时绝大多数科学家视为畏途的意识研究之路，成为20世纪下半叶生物科学的领跑者。这需要何等的勇气和胆略！直到今天，虽然意识之谜依然未被揭开，但它已被科学界普遍称为"21世纪科学的中心议题之一"。

2000年诺贝尔奖得主坎德尔将克里克誉为“20世纪最伟大的生物学家”，认为克里克是可以与伽利略、牛顿、达尔文和爱因斯坦比肩的科学巨匠。另两位美国神经科学家波吉奥(Tomaso Poggio)和拉马钱德兰也分别称赞说：“克里克和沃森的英名将如爱因斯坦、普朗克一样与世长存。”[1]“现在已经很少有人被人称为‘天才’了，但是没有什么人会否认克里克是个天才。绝大多数科学史家都会同意他是20世纪最伟大的生物学家。”[2]

大器晚成

1916年6月8日，克里克出生于英国中部的一个中产阶级家庭。他是一个勤于思考的孩子，但是也没有到“神童”的境界。父母给他买的一套儿童百科全书是他所受到的科学启蒙教育，他对此爱不释手，并决心长大了要当一名科学家。正是对科学的执着，使他在12岁左右就不愿意再和家人一起到教堂做礼拜了，因为当他学到了地球年龄和化石知识以后，就再也不能相信《圣经》里所讲的创世记了，而如果《圣经》中有一部分是明显荒谬的话，他觉得其他部分也就不可信了。这使他成为一位无神论者。他的这一立场非常坚定，以致拉马钱德兰在设想发明一种测量宗教信仰虔诚度的仪器时，曾开玩笑说要把克里克作为零点来定标。[3]尽管他一直是一位好学生，但是并没有什么特别惊人之举。第二次世界大战打断了他研究高压下的水黏度的工作，德军的轰炸把他的整个设备化为灰烬。他只好转去从事磁性和声学水雷的设计工作。战争结束了，他有点迷茫，不想再搞武器设计，研究水黏度对他既没有吸引力，也不再有设备。他想做基础研究。但是问题是研究什么，要知道在此之前，他并没有什么专长。没想到的是，这反而成了一个有利条件，他可以转向任何自己真正感兴趣的方向。他回忆什么是自己最喜欢和人谈论的话题：一个是生命和非生命的差别，再有一个就是脑功能的机制问题。这必定就是自己的兴趣所在，他把这称为判断一个人爱好的“闲聊测试”。然后就该两者择一了，根据当时的条件，他觉得自己从事前一项研究更容易入手，于是义

图2　沃森(左)和克里克(右)

无反顾地投身到这一研究中去。

1949年,已过而立之年的克里克来到英国物理学的圣地卡文迪什实验室,再度成为一名研究生,学习通过X射线晶体衍射研究蛋白质的三维结构。由于他以前一直是学物理学的,之前对生物学所知甚少,因此他不得不花很多时间去学习生物学知识,而更重要的是去学会理解生物学家的思想习惯和思考方式。克里克后来回忆说:这种转变"几乎就好像是要求人重生一次"。其实,这对于任何一个想从事和生物学有关的交叉领域研究的人来说,都是必要的。物理学已树立起了取得巨大进步的榜样,这使克里克有信心攻坚克难,相对当时典型的生物学家,他更有勇气面对挑战。而他的物理背景也帮助他得以把想象力和逻辑顺利结合起来,很快成了解读衍射模式的专家。

1953年,年仅23岁的美国博士后沃森到卡文迪什实验室合作研究结晶肌红蛋白,而长他12岁的克里克则正在做其有关蛋白质和多肽X射线晶体衍射的博士论文。但是两人气味相投、一见如故,他们都热衷于揭开遗传的分子机制之谜。因为在这一时期,生物学中的一个尚未解决的中心课题是遗传信息如何代代相传。当时,几乎没有人相信这个问题能够在分子层次上得到解决,绝大多数人相信基因是蛋白质，只有个别人提出基因是由DNA构成的。这虽然不是他们的正业，但是在两年时间里，无论是在实验室里，还是午饭后散步间歇，或是夏日泛舟河上，他们都在不断地讨论这一话题，最后他们研究组的组长把新分配到的一间办公室给了他们，以免他们滔滔不绝地讨论影响他人工作。

在研究过程中关键的一步是，克里克根据美国女科学家富兰克林（Rosalind Franklin）实验取得的DNA衍射模式猜想出DNA的空间结构，并借用了美国化学家鲍林（Linus Pauling）用模型解决α螺旋的思想；而沃森则偶然想到两对碱基特异性配对的性质。正是在这些基础上，他们提出了DNA分子的双螺旋结构模型。克里克意识到其可能的遗传学意义，将他们的研究结果发表在权威杂志《自然》上。刚开始时，许多人并不理解他们的工作及其意义，以至于1958年克里克申请剑桥大学遗传学教授职位时竟然遭到拒绝，理由是他不是一位“恰当的”遗传学家，尽管正是他的发现把遗传学变成了一门真正的科学！

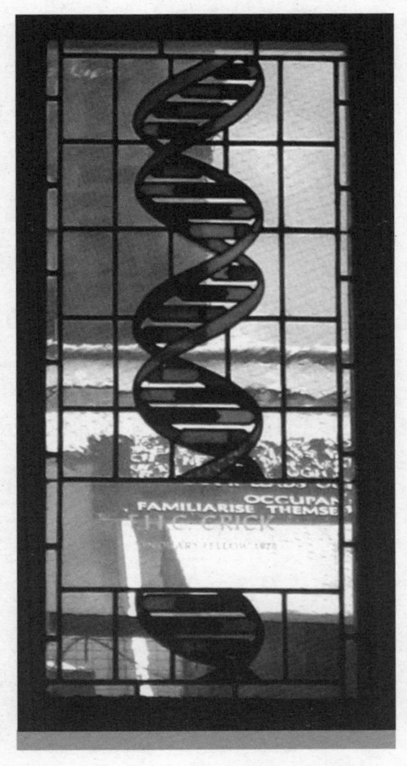

图3　剑桥大学圣卡尤斯学院餐厅的一扇窗。玻璃的图案展示了DNA的双螺旋结构，也表达了对克里克的追认和纪念

关于DNA分子双螺旋结构和遗传密码的研究故事很多地方都有介绍，最详细且最权威的莫过于研究者克里克和沃森的著作，前者的自传《狂热的追求》（*What Mad Pursuit*）与后者的回忆录《双螺旋》（*The Double Helix*）

将20世纪最为重要的科学事件之一描述得栩栩如生,在此不再赘述。

再攀险峰

1966年,人类苦苦探索的遗传基因之谜终于解开了,64个密码子全部被破译。克里克认为,此时该将兴趣转向神经科学,尤其是"意识"问题了。1976年,他来到索尔克生物研究所,正式开始从事脑与意识的研究,这时他已年逾花甲,他对自己说:"要么现在就干,要么就永远也干不成了。"[4]沃森不愧为他的至交,一语道出了这位大师的崇高思想境界:"弗朗西斯(克里克的名字)……从来不追名逐利,他唯一有兴趣的就是解决问题。"所以,后来克里克婉拒了英国女皇授予他的爵位也就不足为奇了。

克里克晚年在意识研究上的长期合作者克里斯托夫·科赫(Christof Koch)回忆道,在20世纪80年代末,当他们开始研究意识问题的时候,绝大多数科学家会说:"至于意识,我们还是把它留给宗教界人士吧,或者留给哲学家,或者留给新世界教派的邪教,科学家对此无能为力。"[5]克里克和克里斯托夫·科赫都觉得这种想法非常愚蠢,因为我们明明知道自己是有意识的,如果不去研究,那实际上就是永远剥夺了自然界中的一个最重要的问题。他们确信意识也是一种自然现象,因此可以用自然科学的方法进行研究。

当他们开始着手研究的时候,他们发现没有一个人能给意识下一个大家公认的定义。既然对意识连公认的定义都没有,那么它还能成为科学研究的主题吗?克里克认为:

> 在前DNA时代,生物学家从来也不坐在一起说:"在我们研究生命以前,先让我们清楚地给生命一个定义。"我们只是一往无前去寻求生命究竟是什么。毫无疑问,对我们所讲的东西有一个粗略的概念总是好的,不过关于术语定义之类的问题最好还是留给那些专门搞这种事的哲学家去干。事实上

清楚的定义常常来自经验研究。我们现在不再去争辩病毒究竟是不是活的这样一类问题。[6]

他指出，不要说像意识和生命这样的难题了，即使对于电现象，远在发现电子之前，人们也没有停止过对电的研究，而且得出了像库仑定律、欧姆定律等这样的基本规律。因此，克里克觉得字面之争纯属浪费时间。我们暂可满足于对意识的一个大致概念，即那个当你无梦熟睡……深度麻醉或是昏迷时离你而去，但当你清醒过来时又随之而来的东西。虽然这并不是一个严格的定义，但是至少绝大多数人都会认可这确实是你理解的“意识”的意思。于是，它就成了研究意识的出发点。

尽管克里克在研究意识之前就已对脑有所了解，但当时他毕竟还不是一位神经科学家，在正式研究意识问题时，他发现自己对脑了解得实在太少了。根据他通过研究DNA的双螺旋结构发现遗传密码的经验，他深刻领会到生物学中的一条普遍规律，那就是如果你想要理解某个生物系统的功能，那么你首先要了解它的结构。因此，他做的第一件事就是自学神经解剖学的知识。接着，他开始广泛阅读实验文献和综述，以全面掌握脑科学研究现况。另外，他根据自身情况对自己的工作做了一个明智的定位：

至少在开始时不直接亲自做实验，除了技术上的困难之外，我想我可以在理论方面发挥更大的作用。……我希望能在用各种不同角度研究脑的学科之间架起桥梁。

考虑到自己的年龄、背景和经历，克里克决定“不直接亲自做实验”，但是这并不意味着他不重视实验，或者可以脱离实验事实去苦思冥想；相反，他和神经科学家保持密切联系，并且“广泛阅读实验文献和综述”，他的意识理论既来源于实验事实，同时也要受实验事实的检验。接下来的问题是，如何选择突破口，即从什么样的具体课题入手呢?

克里克认为,自我意识是意识的一种高级形式。除了极少数例外,动物并没有自我意识,这令其更难于研究,所以他认为要研究"自我"这样的问题,现在还不到时候。即使不牵涉自我,要想解释主观体验是怎样由神经回路产生的也是非常困难的,查默斯(Chalmers)把它称为意识研究中的困难问题。克里克说道:"还没有人能够对我们是如何通过脑的活动而体验到红色的'红'这样一种主观体验以可信的解释。"他和他的忘年交克里斯托夫·科赫认为,打仗要选择好最容易取得战果的突破口,而这个突破口就是"揭示视知觉的神经相关集合"[①]。因为不仅是人,许多动物都有感知觉,所以研究意识也许应该从感知觉是由脑的哪些部位的哪种神经活动引起的这样一个问题开始。他们把这些最小限度的神经元集群活动称为该知觉的神经相关集合。所以,他们提出意识研究的第一步应该集中在对视知觉的神经相关集合的研究上。

正是这样,他们经过近20年的研究,提出了一个意识研究的理论框架,这个框架的一个中心思想是有关相互竞争的集群的想法。脑后部的集群和脑前部的集群之间有广泛的相互作用。并不是所有的皮层活动都是有意识的。注意对新产生的集群进行选择。优胜集群的活动就表现为意识的内容。他们的这一理论已经总结在他过世后由克里斯托夫·科赫发表的专著《意识探秘》(*The Quest for Consciousness*)一书中了。虽然意识之谜一直到

① 旧称"神经相关物",然而根据他们的定义,这一术语指的是"足以产生某个特定知觉或体验所需要的神经机制或事件的最小集合",并不只是指某些脑区,故改今名。

今天也没有揭开，但是正是克里克开辟了意识的自然科学研究之路。当他刚开始走进这一领域的时候，任何有关意识的研究根本不可能得到基金资助，而今天有关意识的学术会议的参加者已逾千人，而且主流科学家都认为对心智（包括意识）的研究将成为21世纪的科学前沿。

春蚕吐丝

2004年7月，88岁高龄的克里克得了结肠癌，病情已到了晚期，化疗不起任何作用。医生告诉克里克，也许他过不了9月了。尽管疼痛难忍，但是他依然对科学充满热情，对他无能为力之事保持冷静。就在他逝世的前一个星期，美国科学家史蒂文斯（Charles F. Stevens）和谢诺夫斯基为建立一所新的克里克-雅各布斯计算与理论生物学中心的事去看他，克里克依然在伏案工作，他周围堆满了论文，一如以往。他们谈了大概有一个小时，绝大多数时间都在谈论他对屏状核的想法，他正在写一篇有关这个问题的综述。由于这个核团和许多皮层区都有双向联结，因此他猜想这一核团可能对意识起重要的作用。克里克说他希望他的文章能激发人们对这个以前一直受人忽视的组织的研究。

直到他临终前的几个小时，他还在写论文。对来访的朋友，他从来不谈自己的疾病，谈的依然是意识研究中的种种问题。他以一种极度理性的态度对待他的疾病，别人看不出他对此有何不安，他更从来不因此让他的朋友感到不安。他的好友拉马钱德兰回忆道：

> 在他去世前三星期，我到他拉霍亚的家中去探望他。在那儿的两个多小时里，我们一点都没有提到他的病，只是讨论有关意识的神经基础的种种想法。……当我离开时，他说："拉马，我认为意识的秘密就在于屏状核，你说呢？要不的话，它为什么要和大脑中那么多的区域有联系？"然后他意味深长地朝我眨了眨眼。这是我最后一次见到他。[2]

2004年7月28日，一代巨星陨落。这位近世最伟大的生物学研究大师带着他对解开意识之谜的执着追求走完了他的人生道路。在他身后越来越多的科学家投身追求意识之谜。令人欣慰的是，在克里克逝世差不多10年之后，他梦魂萦绕的屏状核之谜有了好消息。2014年6月，美国科学家可贝斯(Mohamad Koubeissi)说，他让一位癫痫病人不断复读“房子”这个词，并且不断地用手打榧子，如果在此时用高频电脉冲刺激病人的屏状核，病人说话会越来越轻，动作会越来越慢，最后逐渐丧失意识，而一旦停止刺激，病人马上恢复了意识，这提示屏状核可能在触发产生意识体验中起到关键作用，就如同一个意识开关。克里斯托夫·科赫感叹说：“弗朗西斯要是知道了这个消息，准会高兴得就像喝了潘趣酒一样。”

万世师表

克里克的科学业绩永垂青史，而他对科学的热爱、严谨的治学之道更为后人留下了光辉的榜样。克里斯托夫·科赫后来回忆说：

> 因为他太有名了，许多人都不敢对他的想法进行批评，而他要的就是对他想法的批评。他的想法多得惊人。有些非常聪明，有些非常有洞察力，但是也有些并非如此，还有一些简直是发了疯。你要知道，你碰到的是这样一位奇才，这样一位富于创新的天才，他的思想喷涌而出，他需要有人和他共鸣，并告诉他这个想法不行，那个想法太棒了，而那个想法又太愚蠢了……这就是他的工作方式：你早上10点去见他，他会与你一直讨论到傍晚6点，他会把所有的证据从头到尾梳理一遍，他会对数据进行筛选和讨论，会从不同的角度进行考察或否定某个想法，提出新的假说，再次予以否定，然后吃晚饭。通常饭后这个过程还要继续下去。直到他去世的那天为止，他数十年如一日始终如此地工作和生活。
>
> …………

作为一名理论家，弗朗西斯的研究方法是静静地思索，每天广泛地阅读有关文献，并进行苏格拉底式的对话。他对于细节、数字和事实如饥似渴。他会不断把各种假设结合在一起以解释某种现象，然后他自己又推翻了其中的绝大多数。清晨，他通常总是会向我提出一大串新奇的假设，这些都是他在半夜醒来时想出来的。我睡得要深沉得多，因此不大有这种午夜灵感。

…………

弗朗西斯是一位智力上的巨人，是我遇到过的思想最清楚也最深刻的人。他得到的也是旁人能得到的信息，他读的文章也和旁人无异，但是他会由此提出全新的问题和推论。我们共同的朋友，神经病学家和作家萨克斯(Oliver Sacks)回忆起和他见面的那种感觉，有点像是坐在智力的反应堆旁边……一种从未经历过的炽热的感觉。

…………

同样值得一提的是弗朗西斯极易相处。他一点也没有名人的做派。他和沃森一样，我从来也没有看到过他故作谦虚，也没有看到过他傲慢自大。不管是低年级大学生，还是诺贝尔奖得主，只要和他说话的人讲的是某些有意思的事实，或观察，或大胆的提议，或是他以前从未想到过的问题，那么他都乐于和他们交谈。但是如果对话者满嘴胡言，或者根本不明白他们的推理为什么不对，那么他也会很快失去耐心。不过，他是我遇到过的头脑最为开放的科学大师之一。[7]

他对年轻有为的科学家总是充满了热情，以平等的态度和他们讨论及争辩科学问题。对年轻40岁的克里斯托夫·科赫如此，对年轻20岁的波吉奥和马尔(David Marr)也是如此。波吉奥后来回忆说："我永远也不会忘记他慷慨地让人分享他的智力成果，他永远有时间和兴趣与人讨论科学问题，并使人感染他对科学的热爱。"他的每次访问都使波吉奥感到"以一种独一无二的方式让我头脑清醒，

图4 克里克(右)和汪云九(左)(感谢汪云九教授提供私人照片)

充了电,对研究也对生活重新产生深究和欢乐的心情”。“他对充满好奇心的人极为耐心。我记得有一次他在麻省理工学院演讲完后,尽管他已经很累了,但是他对那些留下来不走的学生和听众所提出来的无穷无尽的问题耐心而又温和地一一作答。”[1]

西格尔(Ralph Siegel)是一位比克里克小40多岁的年轻神经科学家,当他在20多岁第一次拜访克里克时,他向克里克介绍了自己的工作,后来他回忆说:

弗朗西斯倾听我的介绍,然后提出了一系列以前从来没有人向我提出过的难于回答的问题。看上去他好像一下子就掌握了整个情况,把它们安放到了他那巨大的颞叶皮层中的内心模式中去了,并由此提出了关键问题。

这是我生平第一次见到有人能这样做。弗朗西斯记忆力惊人,思维敏捷。在以后20年中,在许多学术报告会上,我看到他好像睡着了一样,以手托腮,双目紧闭;而当报告完了时,他会提出一个报告者猝不及防的问题,直指报告的问题所在。

…………

毫无疑问,科学研究中最艰苦的工作是解决问题。但是提出什么样的问题正是究竟是取得成功和获得新成果,还是失败和浪费多年时间走进死胡同的分界线。

他的另两位朋友里奇(Alexander Rich)和史蒂文斯也回忆说:"他强烈的好奇心总是伴随着高度原创性的思维。在学术报告会上他总是要求报告人讲清楚,因此气氛不免有些紧张。不过他也很富幽默感,尖锐但从来不带恶意。"有一次有一位来访的科学家介绍了他有关脑功能的模型以后,感到克里克不以为然,他就急着说:"克里克博士,我的模型很漂亮,也确实行啊。"克里克不客气地回答说:"我的朋友,如果您推销的是吸尘器的话,那么您可以以此为标准,但是我看不出您的模型和脑有什么关系。"他曾说过:"客气是对所有良好的科学合作的一剂毒药。"

克里克是一位理论家,而不是一位实验工作者。他坚信对生物学来说,理论的重要性不仅在于组织和解释现象,更在于提出问题并要求解答。他经常邀请神经生物学家做客,这可不是为了构建人脉。他从来访者中吸取营养和激发灵感,而来访者也从他的洞见卓识中受到启发。

他过世以后,他的同事、学生和朋友都异常悲痛,但是他们都认为虽然斯人已随黄鹤去,但是他播撒在人们头脑中的种子将继续生根发芽,开花结果。

加扎尼加

探索左、右脑功能分工的先驱

图1　加扎尼加

1961年，美国科学家加扎尼加作为一名研究生率先开展了对裂脑人（也就是联系人脑两半球的神经纤维束断开了的病人）的研究，并持续进行了半个多世纪。这一研究深刻改变了人们对脑两半球功能偏侧化和如何交流的认识。对破解脑如何产生心智之谜的不懈追求，使他参与创立了当代最活跃的前沿科学之一——认知神经科学，并被公认为“认知神经科学”之父。

和裂脑结缘

加扎尼加走上裂脑研究之路可以说纯属偶然。1960年，他还是地处美国东北角达特茅斯学院的一名学生，暑假时他申请到美国西南角的加州理工学院实习，原因是他想接近他在冬天时遇到过的一位女生，她家就在加州理工学院附近。当然，对科学的热爱也是一个原因，他一直对“脑究竟是如何实现其种种功能的”这一问题怀有极大的兴趣，而有谁不知道加州理工学院在生物学和创新方面的名声呢？他在回忆这段往事时连自己也讲不清主因究竟是哪一个。当然，加州理工学院斯佩里教授在《科学美国人》上发表的一篇有关神经回路生长的文章无疑也起了作用。

就这样，加扎尼加在那年暑假来到了斯佩里实验室。机缘凑巧，当时正值该实验室开始对裂脑动物进行研究，这些研究最终导致斯佩里荣获1981年的诺贝尔奖。所谓裂脑，就是通过手术切断联系大脑两半球的神经纤维束——胼胝体。他们想知道当把猫脑或猴脑的左右两半球分开以后，训练一侧半球学会某种行为，另一侧半球不做任何训练是否也能自然学会这种行为？结果是否定的。加扎尼加立即被这一研究吸引住了，并全心投入了此项研究。他想出了一种通过向兔一侧颈动脉注射麻醉剂使一侧半球陷入睡眠，而同时保持另一侧半球清醒的方法来研究这个问题，这给斯佩里留下了很好的印象。因此，第二年春天加扎尼加就被加州理工学院生物系录取，成为一名研究生。

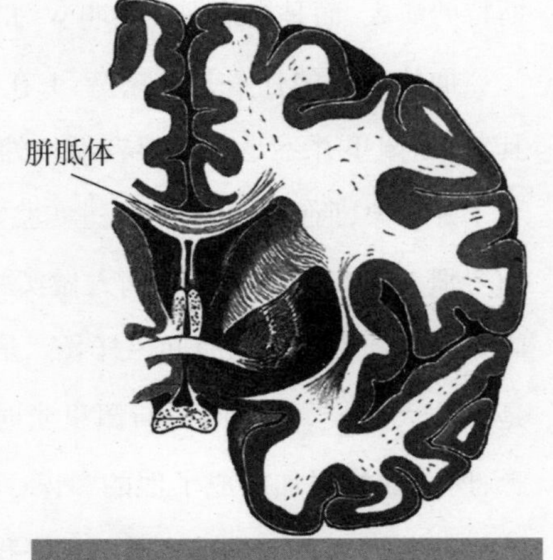

图2 人脑中的胼胝体。这是脑从上到下的横切面（冠状切面），胼胝体把左右两半球连接了起来

加扎尼加的暑假之行，令他深为下列问题所吸引：如果把人的胼胝体也断开的话，那会怎样？不过，当时人们普遍认为人和动物不一样，不会产生类似动物的裂脑症状。其根据是：20世纪40年代初，罗切斯

特大学为了阻止癫痫大发作，在药石无效的情况下切断了病人的胼胝体以阻断癫痫发作从一个半球扩展到另一个半球，手术结果大大减少了癫痫发作，同时在术后也没有发现有什么副作用。然而，斯佩里实验室发现裂脑猴的左手不知道它的右手正在干什么，那么裂脑病人会不会也有这种现象呢？加扎尼加决定对罗切斯特的病人重做检查。尽管他征得当时对这些病人主刀医生的允许，筹措了一小笔经费，与斯佩里商讨了实验计划，还借到了必要的设备，但是当他真的到达罗切斯特，等待他的是医生的反悔和要他离开。科学探索的道路并不是笔直的，除了问题本身的原因之外，种种人事和社会环境因素也会横生枝节。他不得不把对裂脑病人的实验推迟到大学毕业以后。

就在加扎尼加到加州理工学院报到前不久，他发现了一例天生没有胼胝体的小孩，孩子并无异常，这似乎支持了人可能没有像动物那样的裂脑效应的看法。斯佩里知道加扎尼加对裂脑人感兴趣，虽然他本人对再研究裂脑人能否得出什么新结论并不抱有多大希望，但是让一个新生去试一试并不会有多大损失，所以斯佩里就指派加扎尼加去观察裂脑病人是否有裂脑效应。这次的病人不再是罗切斯特的病人，而是当地一位名叫W. J.的病人，他正在等待进行裂脑手术。

加扎尼加的任务是观察W. J.在胼胝体断开之后在行为上有没有什么变化。其实，斯佩里并不是一位很容易相处的人，或许是因为加扎尼加在实习时给他留下了好印象，所以从加扎尼加进实验室后不久，两人就有了每天讨论至少2个小时的习惯。每当加扎尼加对病人做实验以后，他都要向斯佩里详细汇报，汇报的时间差不多和做实验的时间一样长。虽然当时加扎尼加只是一名研究生，而斯佩里是一位大教授，但是因为斯佩里当时对以人为研究对象进行裂脑实验还不太熟悉，所以加扎尼加倒成了他的参谋。后来有人说，加扎尼加是能使斯佩里微笑的唯一的人。还有人开玩笑说："或许我们应该把加扎尼加留下来，这样斯佩里就有人可谈了。"

首战告捷

为了找出裂脑人的左右两半球在功能上有没有什么不同，传统的检查方法已经不管用了，必须另辟蹊径。加扎尼加设计了下面这样的实验：让病人注视屏幕正中的一个光点，然后在光点的一侧显示某个图片100毫秒，并要病人回答看到了什么。术前对W. J.所做的检查表明他是正常的。手术切断了他的整个胼胝体和前联合（另一小束联结两半球的神经纤维束），术后再测试，当在光点的右侧显示一个方块时，W. J.回答说他看到了一个方块；而当方块显示在光点的左侧时，W. J.说他什么也没有看见。这时加扎尼加心脏狂跳，他回忆说当哥伦布发现新大陆时狂喜的心情大概也不过如此。"在同一个头颅里有两个心智在分别工作，一个会说话，而另一个则不会说话！"接着，加扎尼加稍稍把实验做了一点改变，不再要求病人口头报告看到了什么，而是用手指（不论左右手）指点方块所在的位置。当方块显示在光点的右侧时，病人用他的右手正确地指点了方块的位置；而当方块显示在光点的左侧时，他依然能够用他的左手正确指点位置，尽管他说他没有看到任何东西。这正是加扎尼加期望得到的结果。根据神经解剖学原理，他知道如果双眼直视正前方，那么在注视点右侧的半个视野就会投射到左半球的初级视皮层；而左半视野则投射到右半球。当胼胝体完整时，左右两半球能交换信息；而当胼胝体断开以后，就只能各行其是了。由于只有左半球有言语中枢，因此当右半视野中的对象信息传送到左半球时，会说话的左半球会讲看到了什么；左半视野中的对象信息尽管传送到了右半球，但是不会说话的右半球无法用言语来表达，而能说话的左半球对此一无所知，只能说没有看见。但是右半球控制的左手能够指点右半球看到了的对象的位置！加扎尼加的这一工作开启了此后半个世纪的对裂脑人的研究！当他把这一结果报告给斯佩里听时，斯佩里非常感兴趣。不过，当加扎尼加试着写出论文初稿，交给斯佩里时，斯佩里看后只是冷静地建议他去上一下写作课。第一次写作科学论文对谁来说都不是一件容易的事情。

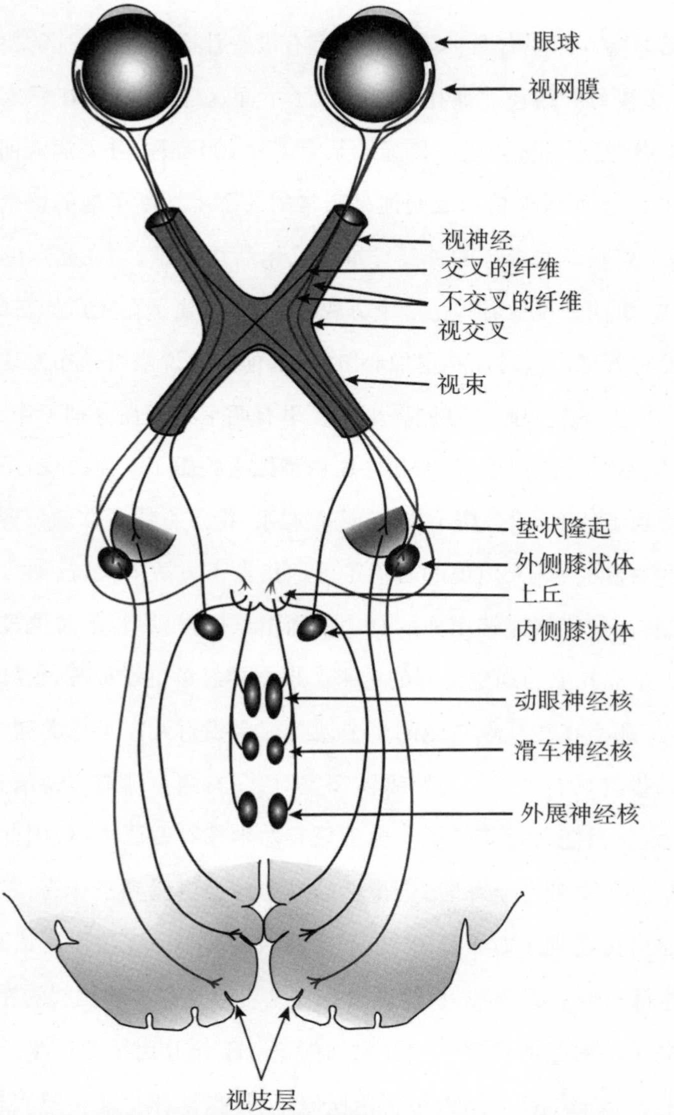

眼球
视网膜
视神经
交叉的纤维
不交叉的纤维
视交叉
视束
垫状隆起
外侧膝状体
上丘
内侧膝状体
动眼神经核
滑车神经核
外展神经核
视皮层

图3　视觉通路

那么,是不是有右半球擅长而左半球不行的事呢?加扎尼加给W. J. 4块6面有不同图案的积木,要他按照某张样张把这4块积木排成样张所示的图形。W. J.的左手很好地完成了任务,而当他只用右手时却怎么也做不好,这时,左手甚至要抢着帮右手来做。为了不让左手"抢功劳",加扎尼加甚至不得不在开始时就让W. J.坐在自己的左手上!在处理空间关系上,右脑强过左脑!更有甚者,当放任病人的双手时,它们甚至互相拆台,就好像在病人的头颅里有两个不同的心智在互相斗争以实现自己的观点。这不禁使笔者想起金庸笔下周伯通的"双手互搏"之术。

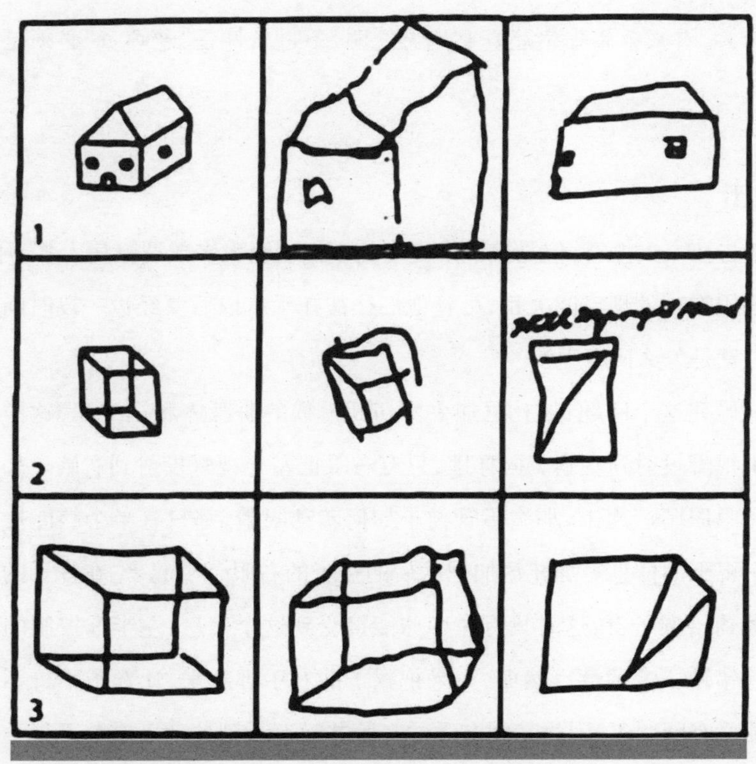

图4 裂脑病人分别只用左手(中间一列)和右手(右面一列)临描样图(左面一列)所得到的结果。左手(右脑)能画出空间关系,而右手(左脑)则不行(引自Gazzaniga,1967)

天下学武之人，双手不论挥拳使掌、抡刀动枪，不是攻敌，就是防身，但周伯通双手却互相攻防拆解，每一招每一式都是攻击自己要害，同时又解开自己另一手攻来的招数，因此，左右双手的招数截然分开，真是见所未见，闻所未闻的怪拳。……常言道："心无二用。"又道："左手画方，右手画圆，则不能成规矩。"这双手互搏之术却正是要人心有二用，而研习之时也正是从"左手画方，右手画圆"起始。

说来非常巧的是，多年以后加扎尼加的一位裂脑病人J. W.还真能做到"左手画方，右手画圆"，虽然J. W.并非要学"双手互搏"的绝技，甚至从来也没有读过《射雕英雄传》。看来金庸先生还真有先见之明，不过条件是"老顽童"必须是一位裂脑病人！

乘胜追击

初战告捷令人振奋，但是接下来更多的病例表明大多数裂脑病人并不像W. J.一样不会用右手处理空间关系，尽管他们往往在手术以后要经过一段时间才能学会。这究竟是怎么回事呢？

为了研究这个问题，加扎尼加手术切断猕猴的胼胝体和视交叉，这样只有左眼把右半视野投射到左脑。同样地，只有右眼把左半视野投射到右脑。如果把裂脑猴的一只眼睛遮起来，那么不管猴子如何转动眼睛，都只有半个脑能接受来自对侧半个视野的信息。加扎尼加把术后的猴子的右眼蒙了起来，在杆子的顶端挂上一串葡萄给猴子看，这时只有左半球能接受到这个信息，左半球控制的右手就能毫无差错地去拿葡萄。然而，如果把猴子的右手绑起来，让猴子不得不用左手去拿葡萄就有问题了，因为控制左手的右脑并没有看到葡萄。右脑不得不利用其他线索：虽然看到葡萄的左脑这时指挥不了右手，但是它依然能让猴子转身朝向葡萄，这时身体中的本体感受还是能到达右脑，使它知道目标的大致位置，从而伸出左臂去摸索，尽管此时右脑依然不知道左手要摸的是什么东西。但是一旦左手摸到了葡萄，就像我们在黑暗中摸到了东西一样，这下就能顺利地拿到葡萄了。这样，看起来裂脑病人的半球好像也能控制同侧手，其实它是给出某些线索通过对侧脑来做到这一点的。

后来，加扎尼加在另一位裂脑病人D. R.身上也证实了裂脑病人可以利用其他线索控制同侧肢体的运动：他口头命令D. R.用右手做一个拦车的姿势，因为听懂语言的中枢和控制右手的中枢都在左半球，因此病人没有任何困难执行了命令。然后他要病人用左手做这个姿势，病人也做到了。

右脑是通过什么途径知道要它做什么的呢？加扎尼加设计了一个进一步的实验：这次他要病人先用左手做一个OK的姿势，也就是拇指和食指弯成O形，而其他三个手指微弯上翘的姿势，病人就做不来了。但是如果让病人先用右手做这个姿势，然后要他用左手做，他就能做到。所以加扎尼加猜测这是因为前一个动作建立起一个模板，右脑利用这一点作为线索，而控制左手做同样的动作。由于病人总是在无意识地做出和检测到这些线索，这就使许多裂脑病人在术后不久就能在行为上表现出好像他们没有分裂的头脑似的。加扎尼加把分离开来的两半球比喻成一对被禁止通话的老夫妇，多年的共同生活使彼此只要一个眼神就能领会对方的意思，虽然两人有两个不同的心智。许多研究者往往忽视了这种重要因素，而得出错误的结论，这也许是前人认为裂脑手术对病人的行为并无影响的原因吧。

正如加扎尼加多年后所总结的那样：在科学上取得成功除了辛勤工作之外，还需要有一点运气。加扎尼加和斯佩里的运气确实很好，他们研究的第一位裂脑病人W. J.不仅胼胝体断开，而且还有右额叶的脑损伤，阻碍了同侧感觉/运动系统的反馈机制，消除了这些线索，从而使裂脑效应明显地表现了出来。

重起炉灶

研究生生涯总有结束的时候,1967年,加扎尼加到加州大学圣巴巴拉分校担任助理教授,那儿离加州理工学院不太远,他打算继续对原来的那些裂脑病人做测试。然而不久后斯佩里多次让人传话给他,要他不要再对加州理工学院的裂脑病人做实验了。但是对裂脑病人的研究已经成了他生活的一部分,既然在加州已经无法继续,那就只好干脆走人。出售了刚刚花了不少精力装修好的、环境幽雅、被朋友戏称为"宫殿"的新居后,1968年,他来到纽约大学工作。加扎尼加家人丁兴旺,使他不得不把家搬到郊区,而这又要花太多时间在上下班途中。因此,他接受纽约州立大学石溪分校的邀请转到该校任教。令他十分高兴的是,在那里他招收了一位出色的研究生勒杜(Joseph LeDoux,后来成了有关情绪神经科学研究的奠基人)。另一个好运是他的母校达特茅斯医学院邀请他去做一次演讲,就在这次演讲会上,一位神经外科医生威尔逊(Charles Wilson)告诉他自己有一些裂脑病人,问他是否有兴趣研究这些病例。这真所谓"踏破铁鞋无觅处,得来全不费工夫",竟然有无人研究的裂脑病例!他终于建立起自己的裂脑病例队伍。不过,接下来问题也就来了,这些病例散布在新英格兰各处,而且有些人的居住条件还很挤,即使把实验设备运到他们家里去也摆不开。加扎尼加绝不是一个轻言放弃的人,他干脆买了一辆拖车,把它改装成一间流动实验室,这样他和自己的研究生就可以开着车到最偏远的地方去做实验。因此,他面试研究生时的最后一个问题总是:"你会开车吗?"

威尔逊在裂脑手术上有些改进:首先,他在切断胼胝体时,有意保留前联合的完整;其次,为了尽可能减少创伤,他往往把手术分成两次,第一次只切断一半胼胝体,如果这还不能抑制癫痫发作的话,过段时间再进行第二次手术,把其余的胼胝体也切断。但是,这为加扎尼加分析原因带来了困难。例如,他以为经过两次手术的病人其胼胝体已经完全断开了,但是有位病人实际上在第二次手术时医生无意间保留了两次手术衔接处的少量纤维。因此,加扎尼加在分析时不得不分外小心。

重大突破

达特茅斯的医生在一次手术中切断了病人P. S.的整个胼胝体,不过同样保留前联合的完整。虽然如此,但他的表现和加州的裂脑病人完全一致:会说话的左脑完全讲不出显示给他右脑看的图片。但是有一点和加州病人不同,他的右脑除了不会说话之外,不仅能懂得显示给他看的名词,还懂得显示给他看的命令。这和以前人们认为只有左脑才有意识,而右脑在认知能力方面十分低下的想法很不一样。因为他的右脑认字,所以现在可以向他的右脑提问题了:把问题显示给他的右脑看,然后要求他的左手用字母卡片拼出他的答案。因为他的右脑知道自己的名字,还能回答以后想做什么工作,所以他的右脑无疑有自我觉知。不过,有趣的是,他的左脑和右脑对后一个问题的答案竟然可能不同!

在这一研究中,勒杜成了他的得力助手。有一天,他们在拖车实验室里对P. S.进行实验,他们给他的右脑看"站立""挥手""笑"等词,而P. S.也照命令行事。大家都很高兴,右脑会按字面命令行事,本来事情可能就到此为止了。然而,加扎尼加认为研究还可以再进一步,于是他问P. S.为什么会这样做。能用语言回答的左脑并没有看到这些词,他会说些什么呢?结果他用想伸伸腰来解释为什么站起来,用他以为看到了一个朋友来解释他为什么挥手,而用实验人员很滑稽来解释他为什么笑。

在下一次实验中,他们事先准备好了一些图片来进行测试。他们让P. S.的左脑看到一只鸡爪,而让右脑看到雪景;然后要他的左、右手分别从一堆图片中挑选出和他之所见最匹配的图片。结果他的右手挑的是一只鸡,而左手挑的是一只铲雪的铲子。当问他为什么要这样挑时,会说话的左脑回答说是因为看到了鸡爪所以挑选鸡,而挑铲子是因为要用它打扫鸡厩!

图5　左脑是一位解释者，它能在事后给自己的行为找出貌似合理的理由

根据这些实验，加扎尼加提出左脑起到解释者的作用，它总要在事后为主体的行为找出貌似合理的解释。在这之前的20年中，对裂脑人的研究只问：单侧半球能做什么，不能做什么？是否有信息在两半球之间传输？但是，加扎尼加和勒杜提出了一个新问题：会说话的左半球如何“看待”右半球所做的一切？虽然左半球对右半球为什么如此行事一无所知，但它会猜测，会把事情合理化，会找出某种因果关系，使回答尽量能和左半球之所知相容。这是裂脑人研究上的一个重大突破。他的这一理论得到以下实验的进一步支持。他们让一位裂脑病人V. P.的右脑看一张把人推入火堆的图片，然后问病人看到了什么。病人回答说：“我不确切知道看到了什么，我想我只是看到了白光一闪。”然而，当问病人情绪上有什么变化时，病人回答说：“我讲不清这是为什么，我只是觉得有点害怕。我感到有点怕，我想或许是我不太喜欢这间房间的缘故吧，也可能是因为你，你使我感到不安。”病人转身对加扎尼加的助手说：“我知道我喜欢加扎尼加博士，但是现在不知道为什么我有点怕他。”控制情绪的一条回路是皮层下的，并没有受到切断胼胝体的影响，右脑看到的令人害怕的景象所产生的情绪影响到了左脑，只是左脑并不知道原因，而根据当时环境编出一套理由来解释。

他的这一理论还为他们的进一步实验所证实。他们让裂脑病人看一叠反映一个人从早起到准备工作的系列图片,然后再给他看另一叠图片,其中既有原来看到过的图片,也有和此关系密切然而是新的图片,以及与此完全无关的图片。他们要病人分辨这些图片是否曾经看到过。他们分别对病人的左脑和右脑做实验,结果两者都能认出看到过的图片。但是左脑还把与此有关的新图片也当成看到过的,而右脑则只选取确实已经看到过的图片。因此,左脑看来牺牲了精确性,而从它接收到的错综复杂的素材中通过推理编造出一个逻辑上讲得通的故事——左脑是一个解释者。

新的开始

加扎尼加接受康奈尔大学医学院的邀请到该院任教。在那儿,他首先遇到的一个大问题是他得指导住院医生攻读博士学位。用他的话来说,医生和理科研究生是两种完全不同的"动物"。研究生学习的是如何做实验;而住院医生遇到的是人的生老病死和情绪的大起大落,他们不得不随时做重大的决定。现在,加扎尼加的任务是把这两者结合起来研究人的认知。他现在既要指导理学博士生又要指导医学博士生。问题是他自己对形形色色的神经病学症状并不熟悉,尽管他从书上读过相关内容,也和失语症病人打过交道。因此,他到了康奈尔做的第一件事就是和研究生一起查房。学生们很快就发现老师是位新手,所以学生倒变成了老师,而老师则成了学生。加扎尼加并不羞于承认这一点,他非常虚心地向自己的学生学习,不过他的经验使他能很快地提出应该对一些经典的综合征做些什么实验来发现新现象。这种教学相长很快就结出了硕果。

一位住院医生将一群右顶叶有损伤的病人介绍给加扎尼加,这些病人的症状非常奇怪。如果实验人员在病人面前要求其注视自己的鼻子,然后分别举左手或右手,再让病人来辨认,病人能毫无困难地做到;但是如果实验人员同时举起双手,那么病人就只看到实验者的左手,好像实验者根本没有举起右手似的。那么,这时有关左半视野的信息有没有进入病人的脑呢?他们设计了下列实验:同时给病人的两侧半视野闪现两张图片，然后要病人判断这两张图片是否相同。病人能不能做出正确判断呢？结果病人确实能正确判断，但讲不出左半视野中显示的是什么。觉知不到的信息却帮助做出有意识的判断！

从裂脑人研究到对忽略症和盲视病人的研究，把加扎尼加引向脑如何产生心智的问题。这个问题吸引了无数哲人的思考，现在终于可以开始着手用科学的方法进行研究了。

认知神经科学的诞生

当加扎尼加深入研究脑如何产生心智问题时，急需一位心理学专家共同讨论。幸运之神又一次眷顾了他，和他康奈尔大学办公室相邻而居的正巧是被后人称为20世纪最伟大的心理学家之一的米勒(George Miller)。加扎尼加立刻打电话给米勒问他是否可以拜访他，回答是肯定的。加扎尼加进入米勒办公室后的第一个印象就是这里的书刊比整个心理学系所有书刊还多，而且看上去其中的大多数都被读过！他们一见如故，成了好朋友。米勒的专长是语言心理学，通过对语言心理学的研究，他深切感到，当时在心理学研究中占据统治地位的行为主义否定对内心过程研究的想法是不对的。他们两人志同道合，足足有三年时间，他们定期在洛克菲勒大学的酒吧里讨论脑怎样产生心智的问题，他们的经历使他们正好互补，加扎尼加给米勒讲临床发现，而米勒则给加扎尼加讲新的实验方法和思想。有一次，加扎尼加带米勒一同去查房，这是米勒以前没有经历过的，后来他评论说精神病人正是许多心理学家梦寐以求的研究对象。这些病人由于脑损伤所表现出来的认知缺陷正是正常人由于脑的局限性而犯错的放大版。正是这无数次讨论使他们意识到他们所讨论的问题应该成为一门新学科的主题，他们不仅在工作时讨论、在酒吧中讨论，甚至在坐出租车时还继续讨论。“认知神经科学”这个名称就是他们在出租车的后座提出来的！研究脑如何产生心智的问题终于有了自己的专门学科——认知神经科学。几年以后，加扎尼加在达特茅斯大学建立起了第一个认知神经科学研究所，还创办了一本国际期刊《认知神经科学杂志》(*Cognitive Neuroscience*)。

20世纪80年代以前，对裂脑病人进行研究通常会遇到的问题是，裂脑病人的胼胝体是否真的完全断开了？当时的成像技术，包括计算机断层扫描术(CT)不能显示白质(神经纤维)，因此回答不了这个问题。只是在发明磁共振成像术(MRI)以后，科学家才能在术后鉴定这一点。当加扎尼加让裂脑病人J. W.躺到磁共振成像仪上进行测试时，整个研究团队都紧张得喘不过气来，如果结果表明J. W.的胼胝体还残存有少量神经纤维，那么他们以前的许多工作都得重新解释。结果使他们如释重负：整个胼胝体都被切断了，而前联合依然保持完整！他们的认知神经科学研究通过了严格的考验！技术的发展进一步提供了认知神经科学新的研究利器：事件相关电位(ERP)使研究者可以看到当人在做某种认知活动时，相关脑区的电活动是如何随时间变化的；而功能磁共振成像(fMRI)则使研究者可以看到当人在进行某种认知活动时，哪些脑区的活动发生了变化。在认知神经科学的历史上，对精神病人的研究一直占据着重要的地位，新技术的出现并没有降低其重要性，反而赋予了其新的可能性。加扎尼加和米勒在此时提出认知神经科学作为一门独立学科可谓恰逢其时。

战果辉煌

加扎尼加对裂脑病人的执着研究，使他对左、右脑功能上的差异和两者之间的关系有了逐步深入的认识。

虽然正常人一时只能注意一件事，裂脑病人的两半球却可以各自注意不同的事。他的下列两个实验说明了这一点。

他给裂脑病人的两半球各自显示一个井字格，然后往其中的四个格子中依次填上X。这里有两种情况：一种是两边井字格中4个X的分布是一样的，称为简单任务；而另一种则是两者不同，称为困难任务。要求受试者记住显示的模式。在这之后，实验者在井字格中再一次依次填上4个X，要求受试者按照先后两次的模式是否完全相同，而分别按“是”或“否”两个按钮。对于正常受试者来说，他能很快地正确完成简单任务；裂脑病人J. W.也同样能正确完成简单任务。对困难任务来说，连信心满满的大学生都被难住，反倒难不住J. W.，就好像有两个心智分别注意各自视野中的模式有没有发生改变。

他们的第二个实验是在散布有许多上半部为红而下半部为蓝的长方形（分心物）的背景中插入一个上半部为蓝而下半部为红的长方形（目标），要求受试者尽快找出后者。对正常受试者来说，如果增加分心物的数量的话，那么找出目标的时间也要线性增大，每增加2个分心物，搜索时间就要增加70毫秒，而且这和分心物的位置无关。但是，对J. W.做同样实验得到了不同的结果：如果增加的分心物都在同一半视野，那么他的结果和正常人一样；然而如果把增加的分心物平均分布在视野的左右两半，那么搜索时间就会加快。这似乎说明分裂开来的两半球各有自己的搜索扫描机制，两者并行工作，因此加快了速度。

如前所述，威尔逊在做裂脑手术时，往往先切断胼胝体的后部，如果这对控制癫痫效果不够的话，那么在10周之后再次手术切断胼胝体的前部。对J. W.的手术就是如此，这给了加扎尼加宝贵的机会测试他在两次手术前、两次手术之间和整个手术都完成以后的变化。

威尔逊对J. W.的第一次手术是切断了后一半胼胝体。在这以后对J. W.所做的测试似乎表明他显示出裂脑病人的所有症状。但是，由于前一半胼胝体还是完整的，那么这前一半胼胝体传输的究竟是什么信息呢？为此他们对J. W.做了如下实验：给J. W.的左半球闪现文字“太阳”，而给右半球闪现一幅交通信号灯的黑白线条画。下面是他们之间的一段对话：

“你看到了什么？”

“右面是太阳这个字，左面是一幅图画。我不知道这究竟是什么，我讲不清。我想讲但是就是讲不出来。我不知道这究竟是什么。"

"这个东西有什么用吗?"

"这我也讲不清。右面是太阳这个词,左面是一幅什么图……我想不起它是什么。我能看到它就在我的眼前,但是就是讲不出来。"

"这和飞机有什么关系吗?"

"没有关系。"

"这和汽车有关系吗?"

"有关系(点了点头)。我想是有关系的……这是某种工具之类的东西……我不知道它究竟是什么,我讲不出来。太糟了。"

"这和颜色有关吗?"

"有关啊,红、黄……是红绿灯吗?"

"你答对了!"

看来,胼胝体前部传输的是一些更为抽象的信息,它传输的并不是图像的具体图形。左半球接收到这些信息之后就像猜灯谜那样试图找出某个词来描述。在第一次手术后的第8周,有一次,加扎尼加给J. W.的右半球显示"骑士"一词。J. W.自言自语说:"我头脑里有张图,不过我讲不出来。比赛场中有两位斗士……古装,穿着铠甲,戴着头盔,骑在马上要把对方挑下马来……是骑士吗?"所以,"骑士"这个词应该是在J. W.的右脑中激发起所有这些高层次的关联,而其左脑根据这些信息,最后解决了问题,说出答案:"骑士。"可在第二次手术之后,也就是整个胼胝体都被切断以后,当仅仅显示给右脑某个词或图画时,他就再也不能这样用话语猜出右脑看到的是什么了。

任重道远

自从对W. J.进行研究到现在,半个世纪已经过去了。加扎尼加回忆说:

至今我还依然在努力寻找对这一基础性的原创发现的正确认识。我深知我只是参与了这一长征，还没有走到终点。也没有人走到了终点，今后在一段时间里都不会有人走到终点。

裂脑研究表明我们每个人实际上都有多个心智，但是脑如何把这些许许多多局部的处理综合成一个统一的心智，一个带有个人特征的心智，这依然是个谜，而这也是神经科学的中心问题。正如2000年诺贝尔奖得主坎德尔所言：

认识人类心智的生物学基础已经成为21世纪中对科学的核心挑战。我们想要认识知觉、学习、记忆、思维、意识，乃至自由意志的生物学本质。……生物学在过去50年中所取得的巨大成就已经使得现在有可能这样做了。

在这些“巨大成就”中无疑包括了加扎尼加的裂脑人研究，从这些研究出发，科学家在21世纪正在向探索脑如何产生心智这一世纪之谜发起冲击。

拉马钱德兰

探索心智的马可·波罗

在西方人眼中，马可·波罗是富于探险精神的、“发现”了富饶而神秘的东方的传奇人物。所以，在科学界，同行将印度裔美国神经科学家拉马钱德兰(朋友们常常简称他为“拉马”)誉为“神经科学界的马可·波罗”，并称赞他“长途跋涉科学的丝绸之路走向我们知之甚少而神奇莫测的心灵异域”。2000年诺贝尔奖得主坎德尔还称他为“当代布罗卡”。2011年，拉马钱德兰入选《时代》(*Time*)百大人物。

图1 拉马钱德兰

昔日神童

1951年，拉马钱德兰出生于印度泰米尔纳德邦的一个知识分子家庭，他的父亲是一位工程师和外交官，母亲则是一位数学家。双亲对儿子的教育倾注了大量心血，但绝不是“虎爸”“虎妈”式的硬性灌输，而是仔细观察儿子的兴趣爱好，“投其所好”，循循善诱。

拉马钱德兰从小就对科学感兴趣。在八九岁时，他就开始搜集化石和贝壳，对分类学和进化很入迷。之后他又对化学很感兴趣，自己在他家楼梯底下建了一个小化学实验室。当老师告诉他们，法拉第(Michael Faraday)在磁铁上面只放了一张撒了些铁屑的纸就在人类历史上第一次直观地显示出磁力线，并证明了磁场的存在，而在一个线圈中间往返移动磁铁就发现了电磁感应，从而开启了电气时代时，拉马钱德兰为从那么简单的实验中就能导出那样重要的发现而手舞足蹈。

拉马钱德兰是一个好问为什么的孩子，特别是对一些异乎寻常的现象更是充满了好奇。在12岁时，他读到有关美西螈的一则记事，这种动物从本质上来说是一种蝾螈，但是进化使得它始终停留在水生幼体阶段。通过停止变态和在水中性成熟，它们一直保留着鳃(而不是像蝾螈或者蛙类那样改成了肺)。当他读到只要给它施以变态激素，就可以把它们变回到由之进化而来的、早已灭绝了的、没有鳃的陆生成体祖先的样子时，真是大吃一惊。这不就像使时间倒流，复活一种早已灭绝了的史前动物了吗？他知道蝾螈成体在失去腿后不能再生，那么美西螈(它其实就像是某种“成熟的蝌蚪”)在失去腿以后，能否依然保留再生断腿的能力？要知道蝌蚪有再生能力，而青蛙没有。如果用适当的激素混合物，能不能把人也变成像其祖先的直立人那样呢？一篇简单的报道引起了他的浮想联翩，涌现出许许多多问题和猜测，使他从此迷上了生物学。

到了考大学的时候，父亲建议他学医，而这也正是他之所好。他觉得医学是一门充满未知的学科。诊断一位病人既是一门科学，也是一门艺术，它需要观察、推理和智慧。在临床上经常会碰到一些匪夷所思的古怪病例，正如他的偶像福尔摩斯(Sherlock Holmes)所说：“亲爱的华生(John Watson)，我知道，你和我一样，喜欢的不是日常生活中那些普通平凡、单调无聊的老套，而是稀奇古怪的东西。”这种智力探险给了他无穷的乐趣。1971年，在他大二的时候，拉马钱德兰的一篇有关双眼竞争的论文无须修改就被顶级期刊《自然》接受发表了。

诺贝尔奖得主李政道说:"要开创新路子,最关键的是你会不会自己提出问题。能正确提出问题,就是创新的第一步。"拉马钱德兰正是这样的一个人,他不断地提出有道理的问题,然后提出种种假设,构思出巧妙的实验,只需要技术含量不高的设备就能证实或者证伪他的假设。而代价昂贵的高级技术则只是进一步验证了他的这些假设而已,这也许正是他成功的秘诀之一吧!成功的例子暂且搁置,我们先来介绍一个他错失良机的教训。

在大学求学时,有一次他问一位来访的牛津大学教授有关建立激发免疫系统的条件反射的可能性问题。当时,人们知道有许多人对花粉过敏。比如,对玫瑰花粉过敏,以后病人只要看到玫瑰花就可能引起过敏,甚至看到的是一朵塑料玫瑰花,也可能通过条件反射诱发哮喘。于是,他想应该也有可能通过条件反射的方法消除或中和这种发作。比如说某人患有哮喘,如果每次医生用支气管扩张剂为他治疗的同时给他看一朵塑料向日葵花,他就可能把向日葵花的影像和哮喘缓解联系起来,那么以后当这位患者感到哮喘快要发作时,是否只要拿出塑料向日葵花来看上一眼就能制止哮喘发作了呢?

这位教授听了他的提问以后,评论说这听起来虽然很有意思,但是有点想入非非,很不靠谱。当时,他只不过是一个没有经验的毛头小伙子,在遭到权威否定后,拉马钱德兰没有坚持自己的想法,只是和那位教授一起大笑了一场。他把这一思想暂置一旁,不过这一思想一直留在了他的心中。如果真能做到这一点,那么这对临床医学来说将有巨大的意义。

直到20世纪末,加拿大麦克马斯特大学的阿德(Ralph Ader)博士发表了他的发现,这证明拉马钱德兰当初确实错过了机会。当时阿德正在研究小鼠对食物的厌恶问题。为了引起动物的呕吐,他给它们服用一种催吐药环磷酰胺,同时也给它们服用糖精,阿德想知道在下一次实验中,当他只给小鼠服用糖精时会不会也引起小鼠呕吐?事情确实如此。但出乎意外的是,小鼠竟得了一场大病,发生种种感染。大家知道环磷酰胺除了催吐之外,还大大地抑制了免疫系统,但是为什么单单糖精也有同样的效应？阿德推论说，只是把无害的糖精和抑制免疫系统的药物配对在一起就使小鼠的免疫系统“学会”了这种关联。一旦这种关联建立起来，每当小鼠遇到糖精时，其免疫系统的功能就会急剧下降，使它面对感染不堪一击。这是心智影响肉体的一个有说服力的例子。

直到今天，拉马钱德兰还在为自己没有坚持当初的想法而抱憾。事后他总结了一条教训：“不要听从您的教授们，即使他们是从牛津来的。”当然，这话有点夸张，他只是强调人应该独立思考，不要迷信书本和权威，真知只有通过实践才能检验，而不是“权威”的一句话。

他的早期兴趣在视觉，不过从20世纪90年代初开始他就把全部精力放到了揭开许许多多离奇古怪的神经病症状之谜了。

解开“幻肢”之谜

拉马钱德兰第一个惊世骇俗的发现是揭开“幻肢”之谜。所谓幻肢，就是当病人的肢体在手术或事故中丧失以后，他们依然能感到这个已经失去了的肢体。拿破仑时代的英国海军名将纳尔逊勋爵(Lord Horatio Nelson)在英法战争中屡建奇勋，他在一次海战中失去了右臂，但是他觉得他失去了的手臂还在疼痛，于是人们将其当作“存在灵魂的直接证据”。拉马钱德兰想，如果一条手臂丢掉了，我们都能感到它依然存在，那么整个肉体死亡以后，为什么我们就不再存在了呢？这真是一个令人困惑的问题。

拉马钱德兰从第一次听说这种现象开始，就被深深地吸引住了。他觉得自己就像福尔摩斯，要根据搜集到的蛛丝马迹和科学推理去解开这令人不解的谜题。美国神经科学家庞斯(Tim Pons)对一只猴子做了手术，切断了从它的一只胳臂传向脊髓的所有感觉神经。11年以后，他们对这个猴子进行了麻醉，打开其颅骨，再次记录大脑体感皮层的代表区。由于从它的一只胳臂传来的感觉信息早就被切断了，因此一个合理的推理是当刺激这条胳臂时，猴脑上相应于这条胳臂的感觉代表区上的神经细胞应该没有反应。事实也确实如此。但是,令他们惊讶不已的是,当他们触摸猴子脸部的时候,对应于这条早已失去了感觉的胳臂的脑区上的细胞猛烈地反应起来。当然那些原来就对应于脸部的脑区上的细胞也有猛烈的反应。这意味着来自脸部的触觉信息不仅传到了原来就对应于脸部触觉的脑区,而且还"侵入"了"脸区"旁边原来对应于胳臂的脑区。1991年,当拉马钱德兰读到庞斯的这篇论文时,惊喜交集。他想道:"天哪!也许可以用这一点来解释幻肢现象!"他很想知道当触摸猴子脸部的时候,它的感觉究竟如何?它是不是也感觉到触摸它早已瘫痪了的手臂?可惜,猴子不会说话。

拉马钱德兰突然想到,虽然猴子不会说话,但人是会说话的。触摸一下幻肢病人的脸部,病人是不是也感觉到触摸了他的幻肢呢?他急忙打电话给他在整形外科工作的同事,问他们有没有刚失去手臂的病人。正巧有一位这样的人,他名叫汤姆·索伦逊(Tom Sorenson)。汤姆是一位17岁的中学生,在一次车祸中失去了肘关节以下的左手臂。在事故以后的几个星期里,尽管他知道已经没有手臂,但是总感到似乎还在。电话铃响起来的时候,他会不由自主地想用幻肢去接电话。

当汤姆在实验室里坐下来以后,拉马钱德兰用眼罩把他的双眼蒙上,不让他看到和听到正在做什么。拉马钱德兰用一根棉签的头触碰他的身体各处,问他感到棉签触碰的是他身体的哪个部位。拉马钱德兰碰了碰他的面颊,问他:"你感到碰到了哪里?"他回答说:"你碰到了我的面颊。"拉马钱德兰又问他:"还有什么感觉吗?"他回答说:"真有点滑稽,你碰到了我失去了的大拇指了。"拉马钱德兰把棉签移到了他的上唇,问他:"现在碰到哪儿了?""你碰到了我的食指,也碰到了我的上嘴唇。""真是这样吗?你敢肯定吗?""没错,两处我都感到了。"拉马钱德兰碰了碰他的下巴,问他:"这是哪儿了?""这是我已经失去了的小指。"

就这样,拉马钱德兰在汤姆的脸部找到了对应于他的幻肢的地图。他所看到的正对应于庞斯在猴子的电生理实验中所发现的东西。其中的奥秘就在于,失去

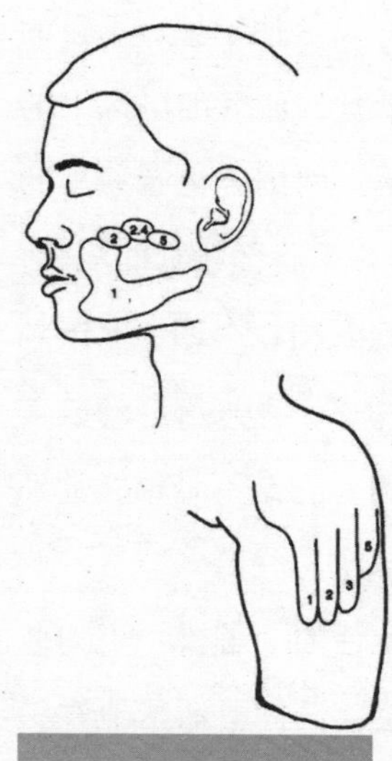

图2 触摸图中脸上和上臂标出的部位，断肢病人感觉到断手的相应部位似乎也受到了触摸（引自 Ramachandran and Blakeslee，1998）

手臂以后的大脑触觉皮层的代表区发生了重组，而在正常情况下，脸部的代表区正好就在手的代表区的边上。在汤姆失去手臂后，正常情况下来自脸部的感觉神经就侵入了现在空无所用的原来对应于手臂的代表区，并且驱使那儿的细胞活动起来。这就是为什么当他碰到汤姆的脸的时候，汤姆感到他早已没有了的手也被碰到了。另外，触摸代表区和下臂代表区相邻的上臂也有同样的现象，在上面也可找到相应的地图。这里既没有鬼，也没有幽灵！

拉马钱德兰揭开了幻肢之谜，不仅破除了迷信，而且还为治疗以前医生们束手无策的“幻肢痛”开辟了道路。一些幻肢病人会觉得他的指甲掐入手掌而产生锥心般的疼痛，或是幻臂僵在一个非常不舒服的位置而苦恼不已，要怎么去缓解一个根本就不存在的肢体的疼痛呢？拉马钱德兰知道，当不同的感觉有冲突的时候，视觉往往占主导地位。因此，他想出了一种简单的“虚拟现实”装置，即在一个纸板箱的中间插入一面镜子，在前壁上镜子两旁开两个洞，他让病人把两臂（好臂和断臂）伸进两边的洞里。他让病人从好臂一侧看镜子里好手的像，然后让病人的好手松开拳头或是放松姿势，病人从镜子里看到他的幻肢似乎也在做同样的动作，从而立竿见影地缓解了疼痛。虽然这种缓解并不能持久根治，但是至少能缓解一段时间。这对病人来说已经是天大的福音了。

联觉之谜

有人在受到某种特定的感觉刺激时，可同时唤起其他感官知觉。比如说，有人认为不同的阿拉伯数字是具有不同的特定颜色的，尽管实际上它们的颜色都一样；而有些人则把某个音符和某个颜色一一对应起来，因此当他们听交响乐的时候同时也看到了一幕色彩狂舞。这种"怪"现象被称作"联觉"。虽然现在已经无从考证这一现象最初究竟是在什么时候被发现的，但是至少在1892年，达尔文的表弟高尔顿(Francis Galton)在《自然》杂志上就发表了一篇有关联觉的论文。不过，他的工作在当时并没有引起科学家的严肃对待，因为这听上去太荒唐了。于是，在差不多100年的时间里没有人认真地研究过这一问题。

1997年，当拉马钱德兰第一次接触联觉问题时，这位一向以解决疑难问题高手著称的科学家也觉得有些手足无措了。他的第一个想法是，要确认一下联觉是不是真的。这年秋季，拉马钱德兰要给300个学生的一个大班上课，他想碰碰运气，于是就在课堂上宣布："有些其他方面一切正常的人会看到声音，或者有些数字在他们看来都带有特定的颜色。如果你们中间有谁是这样的话，请举手！"令他失望的是，没有一个学生举手。不过，那天晚些时候，有两位女生来找他，说她们确实有这种感觉，只是不希望被别人看成不正常而不敢在课堂上举手。其中的一位告诉拉马钱德兰："当我看到某个数字时，我总是看到特定的颜色。数字5总是暗红色的，3是蓝色的，7是鲜艳的血红色，8是黄色，而9则是苹果绿色的。"

现在他有联觉的受试者了，但是怎样才能证明她们讲的确有其事，而不是胡说或者神经错乱呢？拉马钱德兰设计了一个"跳出试验"，即在一片由类似元素组成的图案中，如果其中有少数元素在某些基本特性，例如颜色、线条的朝向等方面，与其他元素不同时，那么观察者不需要逐个去找，就能一下子发现它们，它们就像是从周围的环境中自动跳出来一样；然而，如果这些元素是由许多基本特性组合而成的图形，不同的只是其中的某一个基本特性，那么这种对象就不会跳出来，需要观察者逐个去找。科学家早就知道了颜色是导致“跳出”的一种基本特性。那么对有联觉的人来说，他所感觉到的数字颜色是不是也能起到同样的作用呢？如果是的话，那这就说明他确实看到了颜色。于是，拉马钱德兰在一大群均匀分布的5字中间，镶嵌了5个由2字组成的几何图形，所有数字的颜色都是相同的，并且这些数字都是采取电子表上的那种字形，5和2正好呈镜面对称，都是由三横两竖构成。拉马钱德兰首先对20个正常大学生做实验，让他们看屏幕上显示的类似于书末彩图3左图那样的图。这些图中有的2字构成一个三角形，而有些2字则构成一个圆形。每幅图都只显示半秒钟，并且两种不同的图是随机显示的，因此学生没有时间逐个去找图中的2字，也无从猜测什么时候可能出现哪一种图。然后，他要求受试者按两个不同的按钮告知他们看到的究竟是三角形还是圆形，结果准确率大约在50%，这说明实际上他们根本就没有看到这些图形，只是瞎猜而已。然后让自称有联觉的女生做同样的测试，她们的准确率却达到了80%—90%。他们以相同的方法，用类似彩图3右图那样的彩色图做实验，结果正常人的准确率也达到了80%—90%。这说明在有联觉的人看来，彩图3中的左图确实就像是右图一样。

就这样，拉马钱德兰及其同事肯定了联觉确实存在。接下来的一个问题是，联觉的脑机制如何？拉马钱德兰注意到，最普遍的一种联觉现象是数字-颜色联觉，而脑中的色觉中心和有关数字辨识的中心就在这附近(见书末彩图4)。因此，一个合理的猜测是：联觉是这两部分脑区中有的神经通路串了起来。他们用脑成像技术显示受试者看数字时脑中的活动区，确实发现它们和色觉区正好比邻而居。就这样，拉马钱德兰及其同事的工作终于初步揭开了蒙在联觉现象上的神秘面纱，开辟了用科学研究这一过去认为近乎超自然的秘密。

狂热的追求

正像他的挚友和偶像克里克一样，拉马钱德兰对科学中的未知领域，特别是对心灵之谜，充满了“狂热的追求”，幻肢和联觉只是其中两个例子。拉马钱德兰还通过测量有卡普格拉综合征的病人的皮肤电反应[①]的方法，说明了其病因可能是由于脑外伤使病人联结脑中的人脸识别区和情绪中枢的通路断开了。这种综合征的主要表现是病人会把自己的亲人说成是样子像极了的冒名顶替者，而在其他方面表现正常。拉马钱德兰给正常人看一组照片，其中有陌生人和亲人，当显示亲人照片时受试者的皮肤电阻显著减小；然而给此种病人看类似一组照片时，即使给他看的是亲人的照片，皮肤电阻也没有任何变化。因此，患有卡普格拉综合征的病人在看到双亲时体会不到应有的激情，而只能把这种异常归之于看到的不是真正的双亲，而是冒牌货。更带有猜测性的工作是，他提出自闭症的病因是镜像神经系统失常。20世纪90年代，科学家发现脑中一些因执行某个动作而被激活的细胞在看到他人做同样的动作时也会有猛烈的发放，这种细胞就被称为“镜像神经元”。拉马钱德兰猜测，这种细胞可能是同感、模仿、语言乃至文化的神经基础。他的思想是如此活跃，涉及许多过去无人敢涉及的“神秘”领域，如病觉缺失（即病人不承认自己有病）、宗教信仰、美学及意识和自我的神经基础。当然对于这些问题，他承认自己也还只是处于猜想阶段。另外，也不是所有的科学家都同意他的观点。有科学家批评，他的许多工作只是大胆的猜想而缺乏对事实的严格分析，还有科学家批评他的近作《泄密的大脑》（*The Tell-tale Brain*）只是一本对许多大问题做空泛回答的科

① 测量人体的皮肤电阻，当人激动时，会不由自主地出汗，从而使皮肤电阻显著变小。

普作品。他的回答则是:“不管是好是坏,我走遍了视知觉、立体视觉、幻肢、病觉缺失、卡普格拉综合征、联觉及许多别的领域。”

从本文对拉马钱德兰在幻肢和联觉研究的简单介绍中,读者至少可以看到,他的有些研究并非只是大胆的猜想,并且这些问题是原来许多人想都不敢想的。科学上有许多重大发现都是从大胆的猜测开始的,只是经过后来无数人的努力,有的被证明是错了,而有的则得到了支持和普遍承认,最后修成正果。

收场白

他们为什么能攀上科学高峰？

2004年退休之后，我决心以脑科学的科普著译作为余生的事业。先是写了4本以有趣的故事说明脑科学道理的科普书，后来，为了回答自己在写作过程中常问自己的问题："现在书上所讲的脑科学知识是怎么得来的？如何判定我们现有的认识是正确的？还有没有其他可能的解释？"我阅读了不少科学家传记和回忆录，深深为他们那种强烈的好奇心、不折不挠的毅力、质疑精神、广博的知识，以及善于提出问题和解决问题的能力等所折服。对照自己，虽然在科学界工作了一生，却没有做出多少贡献，不免掩卷长叹：如果自己能早点效法先行者，深悟其治学之道，那么我的一生或许就不会是现在这个样子了吧！

往者已矣，自己再要想在科学上做出贡献是不可能了。不过，看看周围，有不少年轻人可能仍如我年轻时一般迷茫，不免有了种冲动：何不把脑科学家的成才之路和治学之道集中起来写本书？正所谓"他山之石，可以攻玉"，若能激发读者对脑科学的热爱，使其充分感受大师们攀登科学高峰的方法与精神，总结经验教训，闯出一条自己的路，这该是件多么有意义的事儿啊。

但年轻人中有句流行语是这么说的："理想很丰满，现实很骨感。"社会上耐得住性子、稳健踏实的求学者为数不多，更多人是把工作作为猎取名利或仅仅是谋生的手段，开启了麻木的、高密度的灌输性学习。殊不知，这样做正是忘记了学习的本义，忘记了搞科研的关键是思考，更不要说"吾爱吾师，吾更爱真理"的质疑精神了。而这种风气不知道何时流向了更为低龄化的群体，“不能输在起跑线上”的观点让灌输式学习和功利化学习得到了最大量的释放。

这不由得使笔者联想起近年来，自己在向公众作脑科学科普讲座后，在与听众的互动环节常常有人问笔者：练习钢琴是否有助于孩子右脑开发？人的智力到底取决于先天还是后天？是否应该推行全脑教育？甚至有人直接问，以目前的脑科学研究进展是否可以在有效干预下帮助子女成才？很遗憾，笔者的回答常常不能使听众满意。

我们不妨换个思路来问：“化学如何帮助达·芬奇画出蒙娜丽莎？”达·芬奇画《蒙娜丽莎》当然要用颜料，颜料的化学成分对这幅名画起到基础作用，如果他改用泥土代替颜料作画，恐怕就是另一番光景了。但是用了相同的颜料，每个人都能画出《蒙娜丽莎》吗？这个问题似乎有点傻气。从颜料的化学成分到名画之间有着太多的层次了，怎么能把《蒙娜丽莎》画作之美完全归结到达·芬奇所用颜料的化学成分呢？同样地，一个人能否成才固然和他的脑有关，如果脑有问题，那恐怕对成才会有很大的影响，但是从孤立的脑（特别是目前脑科学中算是研究得比较清楚的神经回路以下水平），到人的成才之间有太多的层次了，家庭、学校，以及社会环境等对其都有着莫大的影响。在极为复杂的系统中，怎能随意给出结论，断言哪种干预更佳呢？如果孩子脑部出现某种异常，引发了诵读困难、自闭症、情绪失控、多动症等状况，能否提供治疗方向或特训方案,帮助孩子回归正常?这或许才是现在脑科学家直接研究的问题。至于成才之路,以笔者的管见,还不如读读成功人士的传记,看看他们是怎样根据自己的条件,通过怎样的途径,最终取得成功的。

人生的道路是复杂的,并没有一个标准的模式。回顾本书介绍的29位脑科学家,他们都是在神经科学发展长河的关键时刻做出决定性贡献的人物,但是读者会发现这些科学领航者的"起跑线"五花八门,成功之路更是各不相同,没有哪一位的成才之路是可以完全照搬的。但他们身上的确也有些共性,特别是好奇心和对认准目标的执着。对做学问的人来说,从他们的治学之道中确实可以找到许多共同点,这也是笔者在写完全书后感悟最多之处,在本书收场的时候不揣冒昧,略加归纳,也许有兴趣的读者以此着眼重读全书,会有更多会心之处。

热爱且好奇

一个人献身于某种事业,理想的情况是他对自己所从事的工作无比热爱,对此充满了兴趣。对个人来说,从事这项工作就像在玩儿一样,而且是在玩最有意思的游戏。所以,一个人要弄清楚、搞明白自己真正感兴趣的事情是什么。有些人在很小的时候就表现出了对某些领域的天赋和爱好,例如音乐之于莫扎特。无疑,这是非常幸运的。但对于绝大多数人而言,既没那么早慧,也很难一时就确定自己的真正兴趣所在。即使是决心做生物学家的巴克也曾长期举棋不定,不知道该选哪个研究方向作为自己的终身事业。但无论是在少年时就有了明显的爱好，还是几经摸索才找到了自己的最爱或最适合自己的领域，科学家们一旦认准了目标之后，就会痴迷于他们所研究的问题，锲而不舍地钻研下去。英国生物学家贝弗里奇说过："对于研究人员来说，最基本的两种品格是对科学的热爱和难以满足的好奇心。"可以说，热爱与好奇是他们不断探索并取得成功的原动力。

控制论的奠基人维纳说过："学者的行为准则是：为追求真理而献身。这包括一种意愿，即愿意做出这种献身所要求的那种牺牲，无论是金钱上的牺牲，还是名誉上的牺牲，在极端情况下(并非绝无仅有)甚至是对自己人身安全上的牺牲。"比如，澳大利亚医生马歇尔(Barry Marshall)通过研究发现，胃溃疡并不像当时医生们所公认的那样是由酸或是紧张引起的，而是由细菌引起的。为了说服怀疑者相信他的理论，他在一次实验中吞下了培养出来的细菌，并显示其胃壁上布满了使他疼痛不已的溃疡。事后，他不得不立即服用抗生素进行治疗。后来，他和其他一些人进一步表明包括胃癌甚至心脏病在内的其他疾病也可能是由微生物引起的。马歇尔博士在几个星期内只用了几十年来一直在用的一些材料和方法就开辟了医学的新纪元。十几年后，他荣膺了诺贝尔奖。

克里克在回顾自己的成功之路时说道："我们根本不知道答案是什么，但是我们认为它非常重要，所以下决心从任何相关的方面长期顽强地思考它。实际上，没有任何其他人准备进行这样的智力投资，因为这不仅要学遗传学、生物化学、化学和物理化学(包括X射线晶体衍射——谁愿意学这种东西?),而且要从中去粗取精。没完没了的讨论是必不可少的,有时简直令人心智枯竭。如果没有强烈的兴趣,任何人都无法忍受这一切。”

只有拥有强烈的好奇心,科学家才会不畏险阻地刨根问底,才能耐得住寂寞,才会“为伊消得人憔悴”,并最终取得成功。在这一方面,本书中许多主人公都有精辟的论述,建议读者回读特殊字体所示的原话,相信大家定会有更深的感悟。

创新且求实

在科学上要有所成就,只有敢为人先一条路。美国物理学家、诺贝尔奖得主费曼(Richard Feynman)认为,怀疑和追根究底是他的天性,也是他能够不断创新,成为科学大师的基础。费曼认为,科学就是对前人论断的怀疑,并通过实践进行检验。他对科学教师说道:“我们既要教如何接受前人,也要教如何拒绝前人……认为前代大师绝无错误,这样的信念是很危险的。”回想一下,从维萨里到克里克,书中29位主人公有哪一位是墨守成规、缩手缩脚的人呢?

如何才能学会创新思维呢?美籍华裔诺贝尔奖得主李政道说:“要开创新路子,最关键的是你会不会自己提出问题。能正确提出问题,就是创新的第一步。”霍奇金就是因为问了个问题:“动作电位为什么会有超射?”才导致其发现了有关动作电位的“离子学说”。休伯尔和维泽尔发现初级视觉皮层中神经元对线条朝向的选择性也是源于谢灵顿向他们的老板库夫勒所提的一个问题：库夫勒发现猫视网膜神经节细胞的感受野有同心圆状的结构，那么皮层细胞也是这样吗？

科学家们从不盲目相信，无论是对书本上的知识，还是其他铺天盖地的媒体信息，他们努力让想法符合事实，而不是让事实迁就想法。不盲目迷信他人并不等于固执己见，当自己喜爱的观点不符合实际情况时，就要适时进行反思。克里克在总结自己的成功经验时说："我和沃森有什么值得称道之处呢？如果有的话，也许是当某些设想站不住脚时，我们总是乐于并坚决地抛弃它们。一位评论家认为我们肯定不怎么聪明，因为我们犯了这么多错误。但这正是科学发现的必经之路。许多尝试的失败不是因为研究者不够聪明，而是因为他们钻进了死胡同或稍遇困难就很快放弃了。"

克里克不仅没有固执己见，相反他曾"高价"征求批评，这不仅是由于克里克拥有宽广的胸怀，而且是由于他拥有下述深刻的认识：

> 理论生物学家应该认识到：如果以为只要有一个聪明的念头同他们想象中的事实能稍稍联系起来就可以产生有用的理论，那是相当靠不住的。认为第一次尝试就能做出好的理论，那更是不可能的。……内行们都知道，在获得最大成功之前，他们必须一个接着一个地提出理论。正是放弃一种理论而采用另一种理论的过程使得他们具有批判

性的、不偏不倚的态度,这对于他们的成功几乎是必不可少的。

本书中介绍的埃克尔斯从突触"火花"学说的领军人物转变为其对立面"汤"学说的贡献者,可以说是科学家尊重事实、改正错误的典范。

博学而笃志,切问而近思

"博学而笃志,切问而近思"是一条我从小学、中学到大学乃至工作到退休的母校的共同校训,但是长期以来,我一直是"小和尚念经——有口无心",直到耄耋之年,才对其深意有所感悟。前面提到的对科学的无比热爱和对选定目标的执着追求,不都属于"笃志"的范畴吗?而我还想和青年朋友们聊一聊博学、切问和近思。

博学

英国科学家贝弗里奇在他的名作《科学研究的艺术》(*The Art of Scientific Investigation*)一书中写道:"成功的科学家往往是兴趣广泛的人。他们的独创精神可能来自他们的博学……多样化会使人观点新鲜,而过于长时间钻研一个狭窄的领域则易使人愚钝。因此,阅读不应局限于正在研究的问题,也不应局限于自己的学科领域,甚至不应拘于科学本身。"本书中介绍的霍奇金、赫胥黎、哈特兰、休伯尔、冯·贝凯希、弗里曼、克里克、米尔纳等人不是本科读的数理,就是选修了数理。这恐怕并非偶然。

博学并不等同于万金油,不需要专长。关于专(精)

和博的关系问题，我国清末民初的著名学者梁启超有一段很精辟的论述："康先生[①]之教，特标精专、涉猎两条。无精专则不能成，无涉猎则不能通也。"中国科学院上海生命科学研究院的孙复川研究员有一个很形象的解释，他说，一个好的外科医生应该有一把很锋利的解剖刀，没有这样一把刀，他就做不好手术；但是光有一把锋利的解剖刀也还不行，他还需要有止血钳、镊子、缝合针、缝合线等，没有这些东西，他依然做不好手术。专长就好像是外科医生的那把解剖刀，而其他知识就好像是止血钳、镊子等。对霍奇金来说，生理学就是他的解剖刀，而数学、物理等知识就是他的止血钳与镊子。控制论的奠基人维纳的专长是数学，但是他始终关心他所研究的数学问题的物理意义，以及它们在现实生活中有什么可能的应用。正因为他不仅精于数学，而且对物理学、通信工程、生理学都有广博的知识，才使得他能够发现动物和自动机器在控制和信息处理方面有着共同的规律，由此创建了控制论这样一门交叉学科。克里克原来是物理学家，本来物理是他的强项，但是他又不断地学习生物学的知识，从生物化学到遗传学再到生理学和神经科学，由此使他在生物学的两个最基本也最困难的问题上都做出了巨大的贡献。

近思

勤奋并不等于说一天到晚都要扑在手头的工作中，利用余暇进行思考当下所做的事情往往也十分重要。爱因斯坦最重要的思想几乎都是他在伯尔尼专利局担任鉴

① 指他的老师康有为。

定员工作时期完成的。后来他回忆说,如果当时他是在大学里任教的话,那么为了准备演讲和职称评定论文等工作,他可能根本没有自由思考的时间,也就做不出那些重大发现了。2000年诺贝尔生理学或医学奖得主坎德尔是一位勤奋的科研人员,整天泡在实验室里。终于有一天,他的妻子丹尼丝怒火万丈,抱着儿子保罗冲到了坎德尔的实验室,冲着他尖声叫道:"你不能再这样下去了。你只想到你自己和你的工作,你一点也不关心我们俩!"坎德尔感到非常意外和委屈。过了好几天,他的心情才平静下来,并且想清楚了工作和家庭的关系,他确实应该多花一点时间在家里。让坎德尔没有想到的是,不在实验室里整天忙于实验,却使他有时间来考虑怎样用海兔来研究记忆和学习机制的问题。后来,他回忆说:"德国作曲家施特劳斯(Johann Strauss)认为他经常是在和妻子争吵以后写出最好的曲子。对我说来并非如此,但是丹尼丝要我多花一点时间陪她和保罗,实际上真的是让我停下来进行思考。……实际上,思考比只是更多地做实验更有价值。"这些思考成为坎德尔利用海兔研究记忆和学习机制的契机。

许多科学家正是在早上起身之前躺在床上时,在散步时,乃至在洗澡时有了灵感。在暇余时勤于思考,是勤奋的另一种形式。有些科学家把他们想到的点子和问题随时记录在本子上,过一段时间再拿出来审视,其中有些被否定了,有些则已经被解决了,或者可以得到肯定,或者有了进一步的发展,有些则还需要进一步研究。这是思考的好帮手，是一种非常好的习惯。

切问

“切问”就是要多向人请教的意思。这其实不限于向人请教自己不懂之处，还包括把自己的想法说出来，告诉别人，征求别人的意见，与人讨论。每个人的知识背景不同，考虑问题的角度不同，因此别人可能从一个你从未想到过的角度提出问题，找到解决问题的新思路。尽管你对你所讨论的问题长期思考，也许在这方面已经积累了大量的知识，但是正因为你一直沿着你的思路考虑这个问题，因此有可能钻进了牛角尖而不自知。他人甚至一个外行从新的角度看问题的一句话却可能振聋发聩，“柳暗花明又一村”，使思想摆脱旧习惯和旧思路。举个例子，在细菌学中采用琼脂作为固体培养基就是罗伯特·科赫(Robert Koch)在和同事赫西(Walter Hesse)讨论时，后者的妻子建议的。作为家庭主妇，她很熟悉用琼脂来做果冻之类的食品。而且把自己的想法说给别人听的过程也是整理自己思想的过程，要说服别人，往往迫使你思考得更严谨，有时候甚至对方一言未发，你就会突然大彻大悟，想到了一个以前从来也没有想到过的点子。本书中的主人公多是些乐于和人讨论，甚至争论的人，如休伯尔和维泽尔、坎德尔和阿克塞尔、克里克和克里斯托夫·科赫等。而埃克尔斯和戴尔之间的长期论战则更是一个发人深思的故事。

其实，“博学而笃志，切问而近思”这句话源自2000多年前的《论语》，其原来的解释不能完全反映现代的科学方法论,但是如果从“志”“学”“思”“问”四个方面与时俱进地加以重新解释,笔者认为它们倒是能作为做学问的方法论。不知笔者的校友和读者以为然否?

最后,笔者还想强调一下,本书并非一本贩卖“成功学”的作品,但成功者为何成功,的确是需要我们思考的。科学家都是神童或学霸?所谓的“起跑线”存在吗?幸运如何能落到“我”身上?谨以此书与读者共勉,并期待得到读者的反馈和指正。如果真有读者那样做了,这将是对本书最大的奖励!

致谢

四五年前，笔者和上海科技教育出版社的王洋编辑谈起过写此书的初步意向，得到了她的热情支持。王洋编辑是获得“2017中国好书”的拙著《三磅宇宙与神奇心智》的责任编辑。笔者把自己以前在一些杂志上发表过的几篇文章作为样文发给王洋编辑，征求她的意见。就这本书该怎么写，王洋编辑和笔者进行了多轮讨论。

列出成功科学家的几条共性，每条举几个例子固然是种方法，但是这么做往往斧凿痕迹太重，而且科学家的成才之路和治学之道只有放到他们的具体环境中去讲才能讲得深入。同时，也只有这样，读者才不会生厌，感觉不是在听人唠叨教条，而是在读生动有趣的故事，于不经意间有所感悟。所以，从讲科学家的故事出发，也许是一种更好的途径。在读者有了具象且鲜活的认识后，在本书的尾声（即成稿后的收场白）中，再对科学家之所以取得成功，其身上所拥有的共性加以简单总结，才能产生“画龙点睛”的作用。

但是，若铺开聊科学家的传奇一生，把这样的书写成标准的人物传记，并不是个好主意。科学家的一生中有许多与笔者所想讲的主题无关的事，即便它们或精彩、或离奇、或易与读者产生共鸣，介绍这些事也只会冲淡主题。所以，与一般性的人物传记不同，本书的写法并非平铺直叙，也不意在还原传主一生，而是重点介绍其取得卓越成就背后所付出的努力。比如，他们如何开展研究，如何与他人合作，如何提出问题、分析问题、解决问题的奋斗故事，尤其是在面对困境、面对选择、面对失败时，他们的态度、经验和教训。这样，也可以最大程度上避免内容过于繁杂。在这点上，笔者与王洋编辑一拍即合。

接下来，如何把这些科学家的故事组织在一起又成了一个问题。因为，即便限定在脑科学领域，但因其研究方向和主题众多，一时也难有头绪。王洋编辑建议，不妨以脑科学的发展过程为经线，在如此宏大的科学背景下，可不求其全，选择介绍那些在脑科学发展进程的主要节点上解决了关键性问题的科学家。这样，在满足笔者撰书初衷的同时，还可使读者对脑科学的概貌有大致的了解，实乃一举两得！笔者对此建议深以为然。不过，这样就得花更多的力气和更长的时间了。首先在自己的脑中，要把脑研究的整个发展史和重大事件整理出个头绪，然后精心选取在这些重大事件中做出主要贡献的科学家，最后才能进一步搜集材料，组织内容，下笔撰文。交出初稿后，我们又对开场白和各个章节导语做了大量讨论和修改。因此，如果没有上海科技教育出版社的支持和王洋编辑认真负责的把关，本书是不可能以现有的面貌呈现在读者面前的。在本书付梓之时，谨向上海科技教育出版社和王洋编辑致以最深切的谢意。

本书的部分内容曾先后在《科学》《自然》《科学世界》《赛先生》《返朴》《自然与科技》等媒体上以单篇的形式发表过。此次著书，部分内容大量引用了原有文字，得到了以上媒体的慷慨允许，在此向上述媒体深致谢意。

同时，笔者也要借机再次向几十年来帮助和鼓励自己的师友郑竺英教授、寿天德教授、汪云九教授、孙复川教授、梁培基教授、吴思教授、郭爱克教授、唐孝威教授、杨雄里教授、陈宜张教授、梅岩艾教授、俞洪波教授、童勤业教授、李光教授、曹建庭教授、林凤生教授等致以谢意。特别感谢我的挚友寿天德教授慷慨地提供了他与休伯尔及维泽尔的合影，大师兄汪云九教授提供他和克里克的合影，布劳恩教授提供他同弗里曼及哈肯教授的合影。感谢凯和布劳恩教授告诉我弗里曼教授的诸多往事。感谢弗里曼教授在他生前允许我使用他于《科学美国人》上发表的文章中的插图。

最后，感谢蓬勃发展的脑科学，让我在耄耋之年仍对其恋恋不舍，痴迷不已！

引文出处及参考文献

第一篇 脑大陆的拓荒者

维萨里:近代解剖学的奠基者

[1] Catani M, Sandrone S. 2015. *Brain Renaissance: From Vesalius to Modern Neuroscience*. New York: Oxford University Press.

[2] Wickens A P. 2015. *A History of the Brain: From Stone Age to Modern Neuroscience*. New York: Psychology Press.

[3] 顾凡及 . 2014. 脑海探险:人类怎样认识自己 . 上海:上海科学技术出版社 .

[4] 陈宜张 . 2009. 探索脑科学的英才: 从灵魂到分子之路 . 上海:上海教育出版社 .

[5] Finger S. 1994. *Origins of Neuroscience: A History of Explorations into Brain Function*. New York: Oxford University Press.

威利斯:心智所在地的发现者

[1] Finger S. 1994. *Origins of Neuroscience: A History of Explorations into Brain Function*. New York: Oxford University Press.

[2] Willis T. 1664. *Cerebri Anatome*. On open library.org. https://archive.

org/stream/cerebrianatomecu00will#page/44/mode/2up.

[3] Arraez-Aybar L-A et al. 2015. Thomas Willis, A Pioneer in Translational Research in Anatomy (on the 350th Anniversary of Cerebri Anatome). *J. Anat.*, 226: 289—300.

[4] Zoltán Molnár. 2004. Thomas Willis (1621—1675), the Founder of Clinical Neuroscience. *Nature Reviews Neuroscience*, 5: 329—335.

布罗卡：皮层功能定位论的开拓者

[1] Finger S. 1994. *Origins of Neuroscience: A History of Explorations into Brain Function*. New York: Oxford University Press.

[2] Konnikova M. 2013. The Man Who Couldn't Speak and How He Revolutionized Psychology. *Scientific American* 网站 2013年2月8日.https://web.archive.org/web/20160708172130/http://blogs.scientificamerican.com/literally-psyched/the-man-who-couldnt-speakand-how-he-revolutionized-psychology.

[3] Cobb M. 2020. *The Idea of the Brain: The Past and Future of Neuroscience*. New York: Basic Books.

高尔基：首次看到神经细胞全貌的人

[1] Mazzarello P. 2010. *Golgi*. New York: Oxford University Press.

[2] Bentivoglio M et al. 2011. Camillo Golgi and Modern Neuroscience. *Brain Research Reviews*, 66: 1—4.

[3] Finger S. 1994. *Origins of Neuroscience: A History of Explorations into Brain Function*. New York: Oxford University Press.

[4] Mazzarello P. 1998. Camillo Golgi (1843—1926). *Journal of Neurology, Neurosurgery & Psychiatry*, 64 (2): 212.

[5] Shepherda G M et al. 2011. The First Images of Nerve Cells: Golgi on the Olfactory Bulb 1875. *Brain Research Reviews*, 66: 92—105.

卡哈尔：神经科学之父

[1] Sherrington C S. 1935. Santiago Ramón y Cajal (1852—1934). *Obituary Notices of Fellows of the Royal Society*, 1(4): 424—441. https://doi.org/10.1098/rsbm.1935.0007.

[2] De Carlos J A, Borrell J. 2007. A Historical Reflection of the Contributions of Cajal and Golgi to the Foundations of Neuroscience. *Brain Research Reviews*, 55: 8—16.

[3] Santiago Ramón y Cajal et al. 1999. *Texture of the Nervous System of Man and the Vertebrates*. Berlin: Springer.

[4] Santiago Ramón y Cajal. 1917. *Recuerdos de Mi Vida, Vol. 2, Historia de Mi Labor científica*. Madrid: Moya. 英译本：Recollections of My Life (trans. E. H. Craigie with the assistance of J. Cano). 1937. Philadelphia: American Philosophical Society (Reprinted Cambridge: MIT Press, 1989).

[5] DeFelipe J. 2002. History of Neuroscience: Santiago Ramón y Cajal (1852—1934). *IBRO History of Neuroscience*. http://www. ibro. info/Pub/Pub_Main_Display.asp?LC_Docs_ID=3456.

[6] Finger S. 1994. *Origins of Neuroscience: A History of Explorations into Brain Function*. New York: Oxford University Press.

[7] Santiago Ramón y Cajal (Author), Swanson N (Translator), Swanson L W (Trans-

lator). 2004. *Advice for a Young Investigator*. Cambridge: MIT Press.

谢灵顿:脊髓功能机制研究的先驱

[1] https://en.wikipedia.org/w/index.php?title=Charles_Scott_Sherrington&oldid=961666972.

[2] Liddell E G T. 1952. Charles Scott Sherrington (1857—1952). *Obituary Notices of Fellows of the Royal Society*, 8 (21): 241—270.

[3] Sherrington C. 1906. *The Integration Action of the Nervous System*. New Haven: Yale University Press.

[4] Cobb M. 2020. *The Idea of the Brain: The Past and Future of Neuroscience*. New York: Basic Books.

[5] Eccles J, Gibson W. 1979. *Sherrington: His Life and Thought*. New York: Springer International.

[6] 陈宜张.2009.探索脑科学的英才:从灵魂到分子之路.上海:上海教育出版社.

[7] Sherrington C E. 1975. Charles Scott Sherrington (1857—1952). *Notes and Records of the Royal Society of London*, 30 (1): 45—63.

阿德里安:探索神经密码的先行者

[1] Hodgkin A. 1979. Edgar Douglas Adrian, Baron Adrian of Cambridge (30 November 1889—4 August 1977). *Biographical Memoirs of Fellows of the Royal Society*, 25: 1—73.

[2] Adrian E D.1954.Memorable Experiences in Research. *Diabetes*, 3: 17—18.

[3] Adrian E D. 1928. *The Basis of Sensation*. London: Christophers.

[4] Adrian E D. 1932. *The Mechanism of Nervous Action*. Philadelphia: University of Pennsylvania Press.

勒维:化学突触的发现者

[1] Valenstein E S. 2005. *The War of the Soup and the Sparks: The Discovery of Neurotransmitters and the Dispute Over How Nerves Communicate*. New York: Columbia University Press.

戴尔:发现神经递质的先驱

[1] Valenstein E S. 2005. *The War of the Soup and the Sparks: The Discovery of Neurotransmitters and the Dispute Over How Nerves Communicate*. New York: Columbia University Press.

霍奇金和赫胥黎:神经科学界的麦克斯韦

[1] Hodgkin A. 1996. Sir Alan L. Hodgkin. *In:* Squire L R (Ed.). *The History of Neuroscience in Autobiography Volume 1*. Washington DC: Society for Neuroscience.

[2] Hodgkin A L. 1992. *Chance and Design: Reminiscences of Science in Peace and War*. Cambridge: Cambridge University Press.

[3] Schwiening C J. 2012. A Brief Historical Perspective: Hodgkin and Huxley. *J Physiol.*, 590 (11): 2571—2575.

[4] Huxley A. 2000. Sir Alan Lloyd Hodgkin, O.M., K.B.E. (5 February 1914—20 December 1998): Elected F. R. S. 1948. *Biogr. Mems Fell. R. Soc.*, 46: 219—241.

[5] Huxley A. 2004. Andrew F. Huxley. *In:*

Squire L R (Ed.). *The History of Neuroscience in Autobiography Volume 4*. San Diego: Academic Press.

第二篇　心灵之窗的探索者

哈特兰:侧抑制原理的提出者

[1] Granit R, Ratliff F. 1985. Haldan Kefer Hartline (22 December 1903—18 March 1983). *Biographical Memoirs of Fellows of the Royal Society*, 31: 262—292.

[2] Hartline H K. 1974. Foreword. *In:* Ratliff F (Ed.). *Studies on Excitation and Inhibition in the Retina*. New York: Rockefeller University Press.

[3] Hartline H K. 1942. The Neural Mechanisms of Vision. *Harvey Lect.*, 37: 39—68.

[4] Hartline H K. 1967. Visual Receptors and Retinal Interaction. Nobel Lecture, December 12, 1967.

[5] 顾凡及等编译. 1983. 侧抑制网络中的信息处理. 北京:科学出版社.

芒卡斯尔:皮层功能柱的发现者

[1] Mountcastle V B. 2009. Vernon B. Mountcastle. *In:* Squire L R (Ed.). *The History of Neuroscience in Autobiography Volume 6*. New York: Oxford University Press.

[2] Mountcastle V B. 1957. Modality and Topographic Properties of Single Neurons of Cat's Somatic Sensory Cortex. *J Neurophysiol.*, 20: 408—434.

[3] Mountcastle V B, Davies P W, Berman A L. 1957. Response Properties of Neurons of Cat's Somatic Sensory Cortex to Peripheral Stimuli. *J Neurophysiol.*, 20: 374—407.

[4] Hubel D H. 1981. Nobel Lecture. Nobelprize.org. Retrieved 16 February 2011.

[5] Mountcastle V B. 1978. An Organizing Principle for Cerebral Function: The Unit Module and the Distributed System. *In:* Edelman G M, Mountcastle V B (Eds.). 1978. *The Mindful Brain: Cortical Organization and a Selective Theory of Brain Function*. Cambridge: MIT Press.

[6] Hawkins J et al. 2004. *On Intelligence*. London: Times Books.

[7] https://www.ncbi.nlm.nih.gov/pmc/articles/PMC1569491/.

[8] Martin K. 2015. Vernon B. Mountcastle (1918—2015): Discoverer of the Repeating Organization of Neurons in the Mammalian Cortex. *Nature*, 518 (7539): 304.

[9] Snyder S H. 2015. Vernon B. Mountcastle (1918—2015). *Nature Neuroscience*, 18 (3): 318.

休伯尔和维泽尔:朝向选择细胞的发现者

[1] Ramachandran V S, Blakeslee S. 1998. *Phantoms in the Brain: Probing the Mysteries of the Human Mind*. New York: William Morrow and Company.

[2] Hubel D, Wiesel T. 2004. *Brain and Visual Perception: The Story of a 25-Year Collaboration*. New York: Oxford University Press.

[3] Hubel D. Evolution of Ideas on the Primary Visual Cortex, 1955—1978: A Biased Historical Account [EB/OL]. Nobel Lecture, 8 December 1981 [2016-02-25]. http://www.nobelprize.org/nobel_prizes/medicine/laureates/1981/hubel-lecture.pdf.

[4] Hubel D. 1996. David H. Hubel. *In:* Squire L R (Ed.). *The History of Neuroscience in Autobiography Volume 1.* Washington DC: Society for Neuroscience.

冯·贝凯希：听觉研究的开拓者

[1] My Experiences in Diferent Laboratories, Autobiographical Speech by von Békésy (http://fizikaiszemle. hu/archivum/fsz9905/bekesy.html).

[2] Tonndorf J. 1966. Georg von Békésy and His Work. *Hearing Research*, 22: 3—10.

[3] von Békésy G. 1974. Some Biophysical Experiments from Fifty Years Ago. *Annu. Rev. Physiol.*, 36: 1—8.

[4] C. G. Bernhard. Georg von Békésy and the Karolinska Institute. *Hearing Research*, 22: 13—17.

弗里曼：脑是意义提取装置之观点的提出者

[1] Sanders R. 2016. Freeman Dies at 89. *Media relations*, April 27, 2016.

[2] Robert Kozma. 2016. Reflections on a Giant of Brain Science: How Lucky We Are Having Walter J. Freeman as Our Beacon in Cognitive Neurodynamics Research. *Cognitive Neurodynamics*, 10: 457—469.

[3] Freeman W J. 1991. The Physiology of Perception. *Scientific American*, 264(2): 78—85.

[4] Freeman W J. 1999. *How Brains Make Up Their Minds*. New York: Columbia University Press.

[5] Freeman W J. 1975. *Mass Action in the Nervous System*. New York: Academic Press.

[6] Freeman W J. 2000. *Neurodynamics: An Exploration in Mesoscopic Brain Dynamics*. London: Springer.

[7] Bressler S, Kay L, Kozma R, et al. 2018. Freeman Neurodynamics: The Past 25 Years. *Journal of Consciousness Studies*, 25 (1—2): 13—32.

[8] Freeman W J. 2007. My Legacy: A Launch Pad for Exploring Neocortex. *In:* Keynote Talk at the 2007 NSF Brain Network Dynamics Conference. https://archive. org/details/Brain_Network_Dynamics_2007-03_Walter_freeman.

[9] Wang R, Gu F. 2007. Editorial. *Cognitive Neurodynamics*, 1: 1.

[10] 弗里曼 . 2004. 神经动力学：对介观脑动力学的探索 . 顾凡及等译 . 杭州：浙江大学出版社 .

阿克塞尔和巴克：嗅觉分子生物学机制的发现者

[1] https://baike.baidu.com/item/%E7%90%86%E6%9F%A5%E5%BE%B7%C2%B7%E9%98%BF% E5%85%8B% E5%A1%9E%E5%B0%94/4138310?fromtitle=Richard%20Axel&fromid=11209454&fr=aladdin.

[2] Buck L B. 2019. Biographical. NobelPrize. org. Nobel Media AB 2019. Fri. 31 May 2019. https://www. nobelprize. org/prizes/medicine/2004/buck/biographical/.

[3] Axel R. 2019. Biographical. NobelPrize. org. Nobel Media AB 2019. Fri. 31 May 2019. https://www. nobelprize. org/prizes/medicine/2004/axel/biographical/.

[4] https://baike.baidu.com/item/%E7%90%B3%E8%BE%BE%C2%B7%E5%B7%B4%E5%85%8B? fromtitle=Linda+B. +Buck&fromid=11298809.

第三篇 心智之谜的挑战者

赫布:有关学习突触可塑性机制的提出者

[1] https://en.wikipedia.org/w/index.php?title=Donald_O._Hebb&oldid=975479749.

[2] Brown R E, Milner P M. 2003. The Legacy of Donald O. Hebb: More than the Hebb Synapse. *Nature Reviews Neuroscience*, 4 (12): 1013—1019.

[3] Hebb D O. 1949. *The Organization of Behavior: A Neuropsychological Theory*. New York: Wiley and Sons.

[4] Hebb D O. 1932. Conditioned and Unconditioned Reflexes and Inhibition. M. A. Thesis, McGill University.

[5] Adams P. 1998. Hebb and Darwin. *J. Theor. Biol.*, 195: 419—438.

彭菲尔德:脑中形体侏儒的发现者

[1] Penfield W G. Neurologist, Dies. (https://www.nytimes.com/1976/04/06/archives/wg-penfield-neurologistdies-refined-techniques-to-treat-epilepsy.html). *New York Times*, 5 April 1976. Retrieved 27 January 2018.

[2] Eccles J, Feindel W. 1978. Wilder Graves Penfield (26 January 1891—5 April 1976). *Biographical Memoirs of Fellows of the Royal Society*, 24: 472—513. https://doi.org/10.1098%2Frsbm.1978.0015.

米尔纳:探索失忆症之谜的先行者

[1] Kandel E R. 2006. *In Search of Memory: The Emergence of a New Science of Mind*. New York: W. W. Norton & Company. 中译本:罗跃嘉等译校. 2007. 追寻记忆的痕迹. 北京:中国轻工业出版社.

[2] Milner B. 1998. Brenda Milner. *In:* Squire L R (Ed.). *The History of Neuroscience in Autobiography. Volume* 2. San Diego: Academic Press.

[3] Scoville W B, Milner B. 1957. Loss of Recent Memory after Bilateral Hippocampal Lesions. *J. Neurol. Neurosurg. Psychiat.*, 20:11—21.

[4] Xia C. 2006. Understanding the Human Brain: A Lifetime of Dedicated Pursuit—Interview with Dr. Brenda Milner. *McGill Journal of Medicine*, 9(2): 165—172.

坎德尔:近代记忆研究的奠基人

[1] Kandel E. 2019. Biographical. NobelPrize.org. Nobel Media AB 2019. Tue. 26 Mar 2019. https://www.nobelprize.org/prizes/medicine/2000/kandel/biographical/.

[2] Kandel E R. 2006. *In Search of Memory: The Emergence of a New Science of Mind*. New York: W. W. Norton & Company. 中译本:罗跃嘉等译校. 2007. 追寻记忆的痕迹. 北京:中国轻工业出版社.

[3] https://en.wikipedia/org/wiki/Eric_Kandel/.

[4] Kandel E. 2005. The Molecular Biology of Memory Storage: A Dialog Between Genes and Synapses. *Bioscience Reports*, 24 (4—5): 475—522 (https://www.ncbi.nlm.nih.gov/pubmed/16134023).

[5] Kandel E R et al. (Eds.). 2012. *Principles of Neural Science (4th Edition)*. New York: McGraw-Hill Education.

[6] Kandel E. 2009. The Biology of Memory: A Forty-Year Perspective. *The Journal of Neuroscience*, 29(41): 12748—12756.

奥基夫：脑定位系统的发现者

[1] O'Keefe J. 2015. From The Nobel Prizes 2014. Published on behalf of The Nobel Foundation by Science History Publications/USA, division Watson Publishing International LLC, Sagamore Beach.

[2] O'Keefe J. 2014. Spatial Cells in the Hippocampal Formation. 2014年12月7日诺贝尔奖授奖大会上演讲的幻灯片.

爱德华·莫泽和梅-布里特·莫泽：网格细胞的发现者

[1] Edvard Moser Biographical. The Nobel Prizes 2014. Published on behalf of The Nobel Foundation by Science History Publications/USA, division Watson Publishing International LLC, Sagamore Beach, 2015. https://www.nobelprize.org/prizes/medicine/2014/Edvard-moser/biographical/.

[2] May-Britt Moser Biographical. The Nobel Prizes 2014. Published on behalf of The Nobel Foundation by Science History Publications/USA, division Watson Publishing International LLC, Sagamore Beach, 2015. https://www.nobelprize.org/prizes/medicine/2014/may-britt-moser/biographical/.

克里克：意识研究的开拓者

[1] Poggio T A, Poggio M D. 2004. Francis Harry Compton Crick. *Physics Today*, (11): 80—81.

[2] Ramachandran V S. 2004. The Astonishing Francis Crick. *Perception*, 33: 1151—1154.

[3] Ramachandran V S , Blakeslee S. 1998. *Phantoms in the Brain : Probing the Mysteries of the Human Mind*. New York : William Morrow and Company. 中译本：顾凡及译. 2015. 脑中魅影：探索心智之谜. 长沙：湖南科学技术出版社.

[4] Crick F. 1988. *What Mad Pursuit: A Personal View of Scientific Discovery*. New York: Basic Books. 中译本：吕向东、唐孝威译. 1994. 狂热的追求：科学发现之我见. 合肥：中国科技大学出版社.

[5] Koch C. 2004. *The Quest for Consciousness: A Neurobiological Approach*. Englewood: Roberts and Company Publishers. 中译本：顾凡及、侯晓迪译. 2012. 意识探秘：意识的神经生物学研究. 上海：上海科学技术出版社.

[6] Crick F H C. 1994. *The Astonishing Hypothesis : The Scientific Search for the Soul*. New York : Charles Scribner's Sons. 中译本：汪云九等译. 1998. 惊人的假说：灵魂的科学探索. 长沙：湖南科学技术出版社.

[7] Krelsler H. 2006. *Consciousness and the Biology of the Brain: Conversation with Christof Koch*. California: Regents of the University of California.

[8] Watson J D. 1968. *The Double Helix: A Personal Account of the Discovery of the Structure of DNA*. London: Weidenfeld & Nicolson Ltd. 中译本：刘望夷译. 2009. 双螺旋：发现DNA结构的故事. 北京：化学工业出版社.

加扎尼加：探索左、右脑功能分工的先驱

[1] Gazzaniga M S. 2015. *Tales from Both Sides of the Brain: A Life in Neuroscience*.

Ecco. 中译本：罗路译 . 2016. 双脑记：认知神经科学之父加扎尼加自传 . 北京：北京联合出版公司 .

拉马钱德兰：探索心智的马可·波罗

[1] Ramachandran V S. 2011. *The Tell-Tale Brain: A Neuroscientist's Quest for What Makes Us Human*. New York: W. W. Norton & Company.

[2] Ramachandran V S. 2004. *A Brief Tour of Human Consciousness: From Impostor Poodles to Purple Numbers*. New York: Pi Press.

[3] Ramachandran V S, Blakeslee S. 1998. *Phantoms in the Brain: Probing the Mysteries of the Human Mind*. New York: William Morrow and Company. 中译本：顾凡及译 . 2018. 脑中魅影 . 长沙：湖南科学技术出版社 .